Grubenklima

Glückauf-Betriebsbücher · Band 27

Grubenklima

Grundlagen, Vorausberechnung, Wetterkühlung

Mit Arbeitsblättern und Berechnungsbeispielen
für die bergbauliche Praxis

Von Dr.-Ing. Joachim Voß

Verlag Glückauf GmbH · Essen · 1981

Inhalt

Anlagen

Anhänge

Vorwort

Viele der in diesem Buch dargelegten Erkenntnisse basieren auf den Arbeiten der Forschungsstelle für Grubenbewetterung und Klimatechnik. Seit ihrer Gründung im Jahre 1957 hat die Forschungsstelle ihre Arbeit von der Grundlagenforschung zunehmend auf die Untersuchung praxisorientierter Probleme der angewandten Klimatechnik verlagert. Die Forschungsarbeiten richteten sich zunächst auf die Untersuchung der Wärmetransportvorgänge im Gebirge und der Wärmeübertragung an die Grubenwetter. Dazu gehörten als grundlegende Arbeiten die Ermittlungen der wärmetechnischen Stoffgrößen der Karbongesteine und der Förderkohle. Da in Steinkohlengruben der Wärmeaustausch durch Wasserverdunstung eine dominierende Rolle spielt, mußten auch die Verdunstungsvorgänge an der Grenze zwischen Gesteinsoberfläche und Wettern sowie die Feuchtigkeitsbewegung im anstehenden Gebirge und im Fördergut ermittelt werden. Aufgrund dieser Untersuchungen gelang es, anstelle der früheren Methode zur Vorausberechnung des Trockentemperaturanstiegs in Wetterwegen ein neues mathematisches Berechnungsverfahren für die Temperatur- und Feuchtigkeitszunahme der Wetter aufzustellen und hierfür Rechenprogramme zu entwickeln. Mit der Konzentration der Kohlengewinnung auf hochleistungsfähige Abbaubetriebe erhielten neben dem Gebirge auch die Förderkohle und insbesondere die elektrischen Betriebsmittel Bedeutung als Wärmequellen. Deshalb bedurfte es genauer klimatischer Messungen in den Strecken und Streben, um die Größe der äquivalenten Wärme- und Feuchtigkeitskennwerte in Abhängigkeit von den geothermischen und betrieblichen Verhältnissen zu ermitteln. Desgleichen mußten Langzeitmessungen über die Wärmeabgabe elektrischer Betriebsmittel erfolgen, aus deren Ergebnissen die EDV-Programme zur Klimavorausberechnung schrittweise weiterentwickelt und in ihrer Genauigkeit verbessert werden konnten.

Mit ihrer Hilfe ist man heute in der Lage, die Trocken-, Feucht- und Effektivtemperatur sowie den Wasserdampfgehalt und den Wärmeinhalt der Wetter bei Eingabe bestimmter wettertechnischer, thermischer und betrieblicher Parameter für beliebige Wetterwegabschnitte in Abbaubetrieben und Streckenvortrieben zu berechnen. Damit verbindet sich die Möglichkeit, die Fördermengen zu ermitteln, die in Abhängigkeit von der Gebirgstemperatur und der Flözmächtigkeit bei verschiedenartigen Wetterzuschnittsformen maximal erbracht werden können. Mit diesen Rechenverfahren können auch die zur Einhaltung bestimmter Klimagrenzen erforderlichen Kälteleistungen und die zweckmäßigsten Aufstellungsorte der Wetterkühler bestimmt werden.

Die Wettererwärmung infolge höherer Gebirgstemperaturen sowie größerer Wärmeabgabe der Förderkohle und der elektrischen Betriebsmittel konnte in vielen Betrieben nicht mehr allein durch wettertechnische Maßnahmen in den zulässigen Grenzen gehalten werden, sondern nur mit Hilfe von Kühlanlagen. Die in Abbaubetrieben und in Streckenvortrieben aufgestellten dezentralen Kälteanlagen waren in vielen Fällen nicht mehr in der Lage, den steigenden Kältebedarf zu decken, so daß es im Jahre 1976 zur Errichtung der ersten Zentralkälteanlage über Tage kam. Ihr folgten alsbald weitere Zentralkälteanlagen unter

11

Tage und solche mit kombinierter Kälterzeugung über und unter Tage. Die Intensivierung der Klimatechnik kommt deutlich in dem Zuwachs der im Steinkohlenbergbau insgesamt installierten Kälteleistung zum Ausdruck, die von 10 MW im Jahre 1970 auf über 150 MW zum gegenwärtigen Zeitpunkt angestiegen ist.

Bergbauspezifische Entwicklungen für den Kältetransport in isolierten Rohrleitungen waren ebenso erforderlich wie die Konstruktion leistungsfähiger Wetterkühler, die zur Übertragung der wachsenden Kühlleistungen extreme Anforderungen erfüllen müssen. Erhebliche Probleme für den Wärmeaustausch in den Strecken- und Strebkühlern entstanden durch Leistungseinbußen der Wetterkühler infolge von Verschmutzung durch Staub. Untersuchungen auf Prüfständen und Erfahrungen in den Betrieben haben dann dazu beigetragen, daß die früher ausschließlich verwendeten Rippenrohrkühler inzwischen völlig durch neue Bauformen von Streifen- und Plattenrohrkühlern ersetzt worden sind. Trotz ihrer strömungstechnisch günstigeren Konstruktion treten jedoch bei hoher Grobstaubbelastung in Abbaubetrieben vielfach noch zu hohe Druck- und Kälteleistungsverluste ein, so daß weitere Verbesserungen der Wetterkühler erforderlich sind. Zur Weiterentwicklung der maschinellen und apparativen Wetterkühlanlagen hat die Bergbau-Forschung 1979 ein Klima- und Wetterkühltechnikum in Betrieb genommen, dessen Untersuchungsergebnisse an zahlreichen neuen Kühlerbauarten schon zu erheblichen Verbesserungen bei der Kälteübertragung geführt haben.

Seit der Einführung von Effektivtemperaturgrenzwerten in Bergverordnungen in den Jahren 1965 und 1977 spielen klimaphysiologische Fragen eine wichtige Rolle. Klimakammerversuche haben nachgewiesen, welche körperlichen Leistungen unter Einhaltung vorgegebener physiologischer Grenzwerte bei bestimmten Effektivtemperaturen erbracht werden können. In neueren Versuchen wurden auch die Möglichkeiten einer Mikroklimatisierung mit individueller Kühlkleidung geprüft. Sie ergaben, daß hiermit physiologische Entlastungseffekte erzielt werden können, allerdings für den Gebrauch unter Tage noch erhebliche Verbesserungen notwendig sind. Bei den in diesem Buch dargelegten wichtigsten Erkenntnissen und Ergebnissen dieser umfangreichen und komplexen Untersuchungen in einer für den praktizierenden Wetteringenieur geeigneten Form kann nicht unerwähnt bleiben, daß sie ohne die großzügige finanzielle Unterstützung der Forschungs- und Entwicklungsarbeiten durch die Kommission der Europäischen Gemeinschaften (seit 1967) und das Land Nordrhein-Westfalen (seit 1974) nicht zustande gekommen wären.

Professor Dr.-Ing. Gerhard Mücke

1. Einführung

1.1 Was ist Grubenklima?

Für das Klima in Bergwerken (Gruben) hat sich der Begriff „Grubenklima" im deutschen Sprachgebrauch herausgebildet.

Grubenklima im engeren Sinne ist die Einwirkung von Lufttemperatur, Luftfeuchtigkeit, Wärmestrahlung und Wettergeschwindigkeit auf das Wohlbefinden und die Leistungsfähigkeit der Belegschaft. Im erweiterten Sinne könnte man auch noch den Einfluß von Staub, Lärm, Dunkelheit, Enge und anderen psychologischen Momenten (9)[1] zum Grubenklima rechnen. Es ist jedoch noch nicht gelungen, ein objektives Maß für die Summe aller Umwelteinwirkungen und ihre komplexe Bewertung zu finden. Deshalb beschränkt man sich im Bergbau auf die Bewertung des Klimas im engeren Sinne und läßt auch die Strahlung außer acht, weil ihr Einfluß an den meisten Arbeitsplätzen unter Tage gering ist.

Zur quantitativen Erfassung des Grubenklimas dienen „Klimasummenmaßstäbe", von denen es eine große Anzahl gibt, jedoch nur wenige, die sowohl das Empfinden des Menschen annähernd richtig wiedergeben als auch in der Praxis mit einem vertretbaren Aufwand bestimmbar sind.

1.2 Grubenklimatische Verhältnisse in aller Welt

Im Bergbau gibt es außerordentlich große Unterschiede in den klimatischen Verhältnissen. In Bergwerken in geringen Teufen zum Beispiel in Spitzbergen, Sibirien und Kanada trifft man, insbesondere im Winter, sehr tiefe Wettertemperaturen (Lufttemperaturen) an, teilweise weit unter dem Gefrierpunkt, und die Wetter müssen nicht selten beheizt werden.

In den tiefsten Bergwerken des Kalisalzbergbaus werden Wettertemperaturen bis über 50 °C angetroffen. Die Wetter sind jedoch sehr trocken, so daß die klimatischen Bedingungen zwar anstrengend, aber durchaus noch erträglich sind.

In sehr tiefen Steinkohlen- und Erzbergwerken herrschen vielfach Trockentemperaturen (das heißt mit einem trockenen, strahlungsgeschützten Thermometer gemessene Lufttemperaturen) zwischen 30 und 35 °C bei höheren relativen Luftfeuchtigkeiten um 90% und 35 bis 40 °C bei mittleren relativen Luftfeuchtigkeiten von 40 bis 70%. Je nach Kombination dieser Werte und der Luftgeschwindigkeit entspricht dies Klimasummenwerten, die bis an die Grenze des Erträglichen heranreichen können.

In der Mehrzahl der Bergwerke, die in geringeren Teufen und in gemäßigten bis subtropischen Klimazonen der Erde liegen, spielt die jahreszeitliche Schwankung der Luftfeuchtigkeit eine große Rolle. Im Sommer herrschen Wettertemperaturen von 20 bis 30 °C bei sehr hoher Luftfeuchtigkeit vor; dies sind unangenehme, nicht aber gefährliche Klimaverhältnisse.

[1] Die eingeklammerten Zahlen im Text verweisen auf das Schrifttumsverzeichnis.

1.3 Ursachen hoher Klimawerte

Die ungünstigen Klimawerte in den Bergwerken ergeben sich aufgrund des Wärme- und Wasserdampfzustromes von der Umgebung in die Wetter (Wetter nennt man die Luftströme in den Grubenbauen).

In trockenen Gruben, wie sie charakteristisch für den Salzbergbau sind, erfolgt nur ein Wärmezustrom; der Wasserdampfgehalt der Wetter bleibt unverändert.

Die Wärme entstammt insbesondere drei Wärmequellen, erstens der Wärme des Gebirges, zweitens der Wärmeabgabe von Maschinen und drittens der Verdichtungswärme der Wetter. Die Wärmeabgabe des Gebirges steigt mit zunehmender Gebirgstemperatur (diese wiederum mit zunehmender Teufe) bzw. genauer gesagt mit zunehmender Temperaturdifferenz zwischen Gebirge und Wettern. Sie vergrößert sich aber auch mit größerwerdender Wettermenge und zunehmender Raumgröße sowie mit abnehmendem Bewetterungsalter der Grubenräume.

Die Wärmeabgabe der Maschinen steigt mit zunehmender Fördermenge und wachsendem Mechanisierungsgrad, sie hängt aber auch von der Art der Maschinen ab. Bei gleicher Leistung ist die Wärmeabgabe von Druckluftmaschinen sehr gering, die von Elektromaschinen von gleicher Größenordnung wie die Wirkleistung, die von Dieselmaschinen annähernd dreimal so groß wie die Arbeitsleistung.

Die Verdichtungswärme entsteht beim Fallen der Wetter in geneigten oder seigeren (senkrechten) Grubenbauen durch Umwandlung der potentiellen Energie (im Gravitationsfeld der Erde) über Reibung in Wärme. Sie steigt proportional zur Teufendifferenz und zwar entsprechend rd. 1 K je 100 m Temperaturerhöhung.

In feuchten Gruben dient ein Teil des Wärmezustromes zur Verdampfung von Feuchtigkeit; die Trockentemperaturzunahme der Wetter ist entsprechend geringer. Die Verschlechterung des Grubenklimas durch eine Erhöhung der Luftfeuchtigkeit gleicht jedoch die verringerte Klimaverschlechterung durch eine kleinere Temperaturzunahme annähernd wieder aus.

1.4 Einfluß des Klimas auf den Menschen

Der Einfluß des Klimas auf den Menschen, insbesondere der Einfluß hoher Grubenklimawerte auf den arbeitenden Bergmann (also eine männliche, trainierte und zumeist relativ junge Person) ist noch viel zu wenig erforscht, um alle wichtigen Fragen quantitativ beantworten zu können. Fest steht, daß ungünstige Klimaverhältnisse einen negativen Einfluß auf die körperliche und geistige Leistungsfähigkeit des Menschen haben, und daß diese Leistungsfähigkeit zum Beispiel bei dem im deutschen Steinkohlenbergbau geltenden oberen Klimagrenzwert (Effektivtemperatur $t_{eff} > 32\ °C$) auf 50 (4, 21) bis 70% (136) zurückgeht.

Bei noch höheren Grubenklimawerten und einer mehrstündigen, schweren Arbeit besteht die Gefahr eines Hitzschlags, der unter unglücklichen Begleitumständen auch tödlich sein kann. Im südafrikanischen Goldbergbau, in dem etwa

300 000 Arbeiter unter Tage tätig sind, ist die Zahl der tödlichen Hitzschläge von ungefähr 20 je Jahr um 1940 auf 2 bis 3 je Jahr um 1970 zurückgegangen. Man bemüht sich dort, mit Hilfe sehr intensiver Maßnahmen der Wetterkühlung, die Klimaverhältnisse weiter zu verbessern.

Die klimatische Belastung des Menschen hängt jedoch nicht allein vom Klimazustand, sondern von einer großen Zahl weiterer Einflußgrößen ab, insbesondere von der Arbeitsschwere und Arbeitsdauer, von der Akklimatisation (Anpassung an die Hitzearbeit), von der Bekleidung und schließlich von individuellen Eigenschaften des Menschen, wie Alter, Gesundheit, Hitzeverträglichkeit. — Diese Aufzählung erklärt, warum die bisher geleistete Forschungsarbeit noch nicht genügt, um die nahezu unendlich große Zahl von Kombinationen aller Einflußgrößen richtig beurteilen zu können.

1.5 Maßnahmen zur Klimaverbesserung

Bei der Vielfalt der im Bergbau anzutreffenden Klimaverhältnisse, Gewinnungsverfahren, Größe und Länge der Wetterwege sowie Besonderheiten des Gebirges und der Bergtechnik ist es natürlich unmöglich, allgemeingültige Angaben vielleicht sogar quantitativer Art über Maßnahmen zur Klimaverbesserung zu machen. Oft, jedoch nicht immer, kann eine Vergrößerung der Wettermenge und eine Verbesserung der Wetterführung das Auftreten zu hoher Klimawerte verhindern. Wo diese Maßnahmen nicht reichen, läßt sich örtlich fast immer mit Hilfe von Wetterkühlanlagen eine ausreichende Senkung der Trockentemperatur der Wetter erreichen.

Bei sehr langen, engen Grubenbauen, wie den Streben im westeuropäischen Steinkohlenbergbau, zumal bei einer hohen Fördermenge je Abbau und bei vollmechanisierter Gewinnung und Förderung, kann man jedoch an die Grenzen der Klimatisierung stoßen, weil man keine ausreichende Kühlleistung im engen Streb an den Wetterstrom übertragen kann. — Um hier bei den derzeit höchsten Gebirgstemperaturen von rd. 60 °C noch eine aus wirtschaftlichen Gründen angestrebte größere Betriebspunktfördermenge von beispielsweise 3000 t v.F./d, realisieren zu können, ohne über den Grenzwert $t_{eff} = 32$ °C zu gelangen, muß man alle sinnvollen Maßnahmen zur Klimaverbesserung kombinieren, nämlich eine Verkürzung der Wetterweglänge im Streb mit Hilfe einer dritten Abbaustrecke (W-Bewetterung), eine Erhöhung der Strebwettermenge (bis etwa 4,5 m/s Wettergeschwindigkeit im Streb) und zusätzlich Wetterkühlung bis zu einem technisch und wirtschaftlich vernünftigen Maximum. — Der Übergang von Bruchbau auf Blasversatz würde eine weitere Klimaverbesserung bewirken; er wird jedoch bei Hochleistungsstreben aus technischen und wirtschaftlichen Gründen bisher nur selten angewendet.

Selbstverständlich gibt es noch eine Reihe von weiteren Maßnahmen zur Klimaverbesserung, die im Kapitel 5 behandelt werden, jedoch bei weitem nicht die Wirksamkeit der hier aufgezählten wichtigsten Maßnahmen haben.

1.6 Schutz des Bergmannes vor der Wärme

Neben den bisher besprochenen Maßnahmen, die das Auftreten von unerträglich hohen Klimawerten verhindern sollen, gibt es noch Möglichkeiten, den arbeitenden Menschen selbst oder seinen Arbeitsplatz mit Kühlung zu versorgen.

Die Kühlung des menschlichen Körpers kann generell mit Hilfe eines kalten flüssigen oder gasförmigen Mediums erfolgen. Wo die Situation dies erlaubt, könnte richtig temperiertes Wasser oder Druckluft die Kühlung bewirken. Von besonderem Wert, vor allem wegen ihrer Ortsunabhängigkeit, wäre eine autonome Kühlkleidung. Es gibt eine ganze Anzahl von Kühlkleidungen, von denen jedoch keine alle gewünschten Eigenschaften hat: ausreichende Kühlleistung und Kühldauer, aber geringes Gewicht, mäßige Kosten, Betriebssicherheit, Unabhängigkeit von einer ortsfesten Energiequelle.

Immerhin gibt es einige Arten von Kühlwesten, welche fünf der sechs obengenannten Eigenschaften aufweisen, jedoch nicht eine ausreichende Kühldauer (von mehreren Stunden). Es bleibt abzuwarten, ob Kühlkleidung zum Schutze des Bergmannes während seiner regelmäßigen Tätigkeit jemals in größerem Umfang eingesetzt werden wird.

In Bergbauzweigen mit größeren Räumen und Gleislosfahrzeugen für einen Großteil der Belegschaft könnten Kühlkleidungen eher erfolgreich sein als in den oft niedrigen, engen Abbauräumen (Langfrontbau) des westdeutschen Steinkohlenbergbaus. Hier kommt auch eher die Verwendung von klimatisierten Arbeitsplätzen, beispielsweise von Fahrzeugkabinen, infrage, da die zur Klimatisierung erforderliche Energie von den Maschinen erzeugt werden kann, die gleichzeitig Arbeitsplatz wie Arbeits- und Transportmittel der Bergleute sind.

Obwohl die Strahlungswärme im Bergbau unter Tage nur in Ausnahmefällen von Bedeutung ist, sollte in diesen Fällen dem Strahlungsschutz Aufmerksamkeit geschenkt werden, der zumeist nur einen geringen Aufwand erfordert.

Eine grundsätzliche Möglichkeit des Schutzes eines Einzelnen vor einer zu starken Hitzebelastung ist die zeitweilige Entfernung des Arbeitenden aus dem heißen Arbeitsplatz (Erholungspausen). Diese Möglichkeit ist jedoch in vielen Bergbauzweigen selten gegeben, da der nächste kühle Betriebspunkt oft viele hundert Meter oder gar einige Kilometer von den heißesten Arbeitsplätzen (in Streben und Streckenvortrieben) entfernt ist.

1.7 Gesetze und Bergverordnungen

In vielen Bergbauländern gibt es Vorschriften, Verordnungen oder Gesetze zum Schutze der Bergleute vor einer Überbeanspruchung durch hohe Klimawerte.

Überraschend ist die Vielzahl der verwendeten Klimasummenmaße und auch die sehr unterschiedliche Höhe der Temperatur- oder Klimagrenzwerte, bei der die Arbeitszeit verkürzt oder die Arbeit verboten wird.

Die extremste Klimagrenze nach kleinen Werten hin ist die in der Sowjetunion geltende Vorschrift, daß die Trockentemperatur der Wetter nicht höher als 26 °C sein darf. Hier ist der Bergmann sehr privilegiert gegenüber einem Bauern oder Arbeiter im Freien über Tage, der im Sommer durchaus Trockentemperaturen um 40 °C (und zusätzlich Strahlung) an seinem Arbeitsplatz vorfinden kann.

Die extremsten Klimawerte nach oben hin können in Bergbaugebieten auftreten, in denen keine Klimagrenzen bestehen. Das gilt aber beispielsweise nicht für den Goldbergbau Südafrikas, wo man auch ohne eine offizielle Klimagrenze mit einem großen Aufwand (auch an Wetterkühleinrichtungen) bemüht ist, gesundheitsschädliche Klimazustände zu verhüten.

Im westdeutschen Steinkohlenbergbau gibt es seit dem 3. Februar 1977 eine Klimaverordnung (18), die sehr detaillierte Vorschriften zum Schutze der Bergleute enthält. Regelmäßige Arbeit wird danach verboten bei Effektivtemperaturen über 32 °C. Diesem Klimawert entsprechen bei den im Abbau üblichen mittleren Luftfeuchtigkeiten ($\varphi \approx 50$ bis 80%) und höheren Luftgeschwindigkeiten ($w = 2$ bis 3 m/s) Trockentemperaturen von 35 bis 40 °C.

Im Erz- und Salzbergbau gilt im Bereich des Oberbergamtes Clausthal-Zellerfeld bereits seit dem 10. Dezember 1975 eine Bergverordnung (17), nach der Arbeit bei Trockentemperaturen $t_t > 55$ °C oder Feuchttemperaturen $t_f > 28$ °C verboten ist. Die Kombination $t_t = 55$ °C, $t_f = 28$ °C entspricht einer relativen Luftfeuchtigkeit von rd. 10%, also extrem trockener Luft, bei der so hohe Trockentemperaturen noch erträglich sind, zumindest bei einer nicht zu hohen Arbeitsschwere.

Während die beiden Klimagrenzwerte $t_{eff} = 32$ °C und $t_t = 55$ °C ein sehr warmes Klima repräsentieren, in dem sich die Belegschaft allerdings selten länger als 5 h aufhält (Schichtzeit 7 h, mittlere Dauer der An- und Abfahrt 2 h), sind einige Klimagrenzwerte (wie $t_t = 26$ °C) so günstig, daß bei solchen Werten keine nennenswerte Belastung des arbeitenden Menschen auftritt, vorausgesetzt, es handelt sich nicht um eine körperliche schwere, 8stündige Arbeit (19), zumal bei einer hohen Luftfeuchtigkeit und geringen Wetterbewegung. Vorausgesetzt wird außerdem eine relativ leichte Arbeitskleidung, eine normale Gesundheit und eine gewisse Gewöhnung an die Arbeit und das Klima.

1.8 Bedeutung des Grubenklimas für den Bergbau

In vielen Bergbaugebieten mit tiefen Bergwerken spielt das Grubenklima eine große Rolle. Zunächst besteht eine sicherheitliche Bedeutung darin, daß bei sehr hohen Klimawerten, wie bei Effektivtemperaturen über 32 °C, eine Gefahr für die Gesundheit oder gar das Leben der Leute besteht, die sich hier lange aufhalten und schwerere Arbeit leisten müssen.

Deshalb wird in einigen Bergbaurevieren, vor allem im Goldbergbau Südafrikas und im Steinkohlenbergbau an der Ruhr, mit großem technischen und finanziellen Aufwand Wetterkühlung vorgenommen, um Klimawerte zu gewährleisten, bei denen keine Lebensgefahr besteht. Im Goldbergbau Süfadrikas wird auch mit großem Aufwand an Zeit und Kosten eine Hitzeakklimatisation der neu eingestellten Bergleute vorgenommen.

Es gibt jedoch auch bei Klimawerten weit unter $t_{eff} = 32\ ^\circ\text{C}$ oder $t_t = 55\ ^\circ\text{C}$ Nachteile, die das Klima mit sich bringt. Erfahrungsgemäß fällt nämlich die Arbeitsleistung oberhalb von Effektivtemperaturen um 25 bis 28 °C erheblich ab. Hierin liegt die wirtschaftliche Bedeutung des Grubenklimas, und viele Bergwerke, gerade auch in den erwähnten Bergbaugebieten, bemühen sich, das Grubenklima soweit zu verbessern, daß nicht nur erträgliche, sondern verhältnismäßig angenehme Klimawerte auftreten, in denen dann auch nahezu die volle Arbeitsleistung von der Belegschaft erbracht werden kann und diese nicht ihre ganze Kraft und ihren Elan in der Arbeitszeit verbraucht.

2. Wechselwirkung Mensch — Klima — Arbeit

2.1 Wärmeerzeugung und Wärmeabgabe des menschlichen Körpers

Leistung?

Selbst im Ruhestand erzeugt der Mensch etwa 70 bis 100 W durch den Stoffwechsel. Dem Verbrauch von 1 l Sauerstoff (O_2) entspricht bei der Verbrennung der Fette, Zucker und Eiweißstoffe in der Nahrung im Mittel eine Wärmeerzeugung von 20 kJ.

Bei verschiedenen Tätigkeiten im Streb beträgt der durchschnittliche zusätzliche Energieumsatz durch Arbeit (Arbeitsenergieumsatz) nach W. Sieber (6) etwa 175 bis 290 W. Der Summenwert für die gesamte Schicht steigt beispielsweise von 5360 kJ beim Rücken von schreitendem Ausbau über 6825 kJ beim Rauben und Setzen hydraulischer Einzelstempel auf 7750 kJ bei der Kohlengewinnung mit dem Abbauhammer (Bild 1). Nach A. Houberechts (87) beträgt die gesamte Wärmeentwicklung (Bruttowärmeumsatz) bei Bohrarbeit im Streckenvortrieb 220 bis 260 W und bei der besonders schweren Ladearbeit mit der Schaufel 320 bis 380 W. Der Arbeitsenergieumsatz wäre also mit 120 bis 280 W recht gering für diese relativ schweren Arbeiten.

Überraschend hoch ist der Arbeitsenergieumsatz bei der Fahrung. Nach W. Sieber werden bereits bei normalem Gehen in einer söhligen Strecke 290 W verbraucht; beim Aufwärtsgehen in Wegen mit einer Neigung von 20 bis 30 gon und bei der Fahrung im Streb werden Werte um 580 W erreicht (Bild 2). Beim Kriechen auf allen Vieren treten Spitzenwerte von 1250 W auf (3).

Tätigkeiten mit so hoher Wärmeerzeugung wie die Fahrung sind jedoch meist nur von kurzer Dauer. Ladearbeit von Hand, Kohlengewinnung mit dem Abbauhammer und Setzen von Einzelstempeln kommen heute, im weitgehend vollmechanisierten Abbau und Streckenvortrieb auch kaum noch vor. Insofern genügen die Angaben aus dem Schrifttum (3, 6), die in den Jahren 1958 und 1963 veröffentlicht wurden, nicht mehr, um die mittlere Arbeitsleistung und Wärmeerzeugung der Bergleute zuverlässig genug abschätzen zu können. Es wäre also sehr wünschenswert, Zeitstudien und Bestimmungen des Energieumsatzes für die wichtigsten Tätigkeiten der Bergleute insbesondere im Ruhrrevier und im deutschen Kalibergbau durchzuführen, wo besonders viele warme Betriebspunkte vorhanden sind.

Es ist zu vermuten, daß der durchschnittliche Energieumsatz während der Arbeitsdauer von zumeist 5 bis 6 h nur zwischen 100 und 150 Arbeitskalorien je Stunde (116 bis 174 W) liegt, da die Arbeit öfter durch Pausen unterbrochen wird. Dazu ist der Ruheumsatz von rd. 100 W zu addieren, um die gesamte Wärmeerzeugung (also rd. 220 bis 275 W) zu erhalten.

Der Mensch muß diese insgesamt erzeugte Wärme an die Umgebung abführen können, da er sonst sehr schnell einen Hitzekollaps bekäme. Solange die Trockentemperatur der Wetter niedriger ist als die Hauttemperatur, das sind ungefähr 32 bis 34 °C, kann die Wärme durch Konvektion, Strahlung und Verdunstung von Schweiß abgegeben werden. Auf die Verdunstung entfällt bei höheren Temperaturen der Hauptanteil. Sobald die Trockentemperatur der Wetter über die Hauttemperatur ansteigt, kann Wärme nur noch durch Verdunstung abgeführt werden. Wenn auch die Feuchttemperatur (korrekter die Taupunkttemperatur) der Wetter über der Hauttemperatur liegt, kann der Schweiß nicht mehr verdunsten und der Körper keine Wärme mehr abgeben; er heizt sich auf.

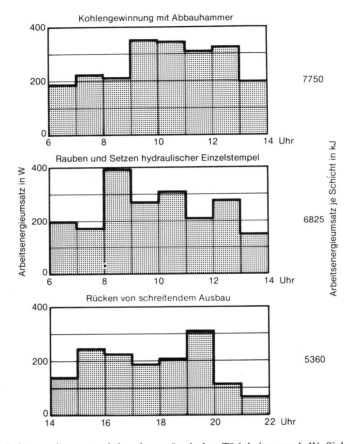

Bild 1. Arbeitsenergieumsatz einiger bergmännischer Tätigkeiten nach W. Sieber (6).

Die Gleichungen zur Berechnung der Wärmeabgabe von der Oberfläche des menschlichen Körpers sind die allgemein für Wärme- und Stoffübertragung geltenden Gleichungen, die im Abschnitt 6.2 behandelt werden. Die Schwierigkeit einer quantitativen Berechnung liegt jedoch in der mangelhaften Kenntnis der mittleren Oberflächentemperatur des Körpers, da die verschiedenen Körperpartien verschieden temperiert sind und sich diese Temperaturen bei Hitzearbeit erhöhen und in der unzureichenden Kenntnis über den Anteil des erzeugten Schweißes, der verdunstet.

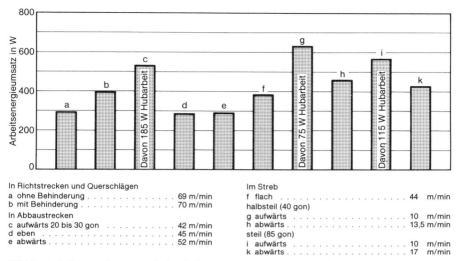

In Richtstrecken und Querschlägen
a ohne Behinderung . . . . 69 m/min
b mit Behinderung . . . . 70 m/min

In Abbaustrecken
c aufwärts 20 bis 30 gon . . . . 42 m/min
d eben . . . . 45 m/min
e abwärts . . . . 52 m/min

Im Streb
f flach 44   m/min
halbsteil (40 gon)
g aufwärts 10   m/min
h abwärts . . . . 13,5 m/min
steil (85 gon)
i aufwärts 10   m/min
k abwärts 17   m/min

Bild 2. Arbeitsenergieumsatz beim Gehen unter Tage nach W. Sieber (6).

Der menschliche Körper versucht, bei hohen Klimawerten seine Wärmeabgabe zu steigern. Das wird vor allem dadurch erreicht, daß sich die Körpertemperatur um bis zu maximal 4 K nach oben verstellt. Damit steigt auch die Hauttemperatur, und zwar umso mehr, je stärker die Haut durchblutet wird, und bei einer höheren Hauttemperatur kann der Körper natürlich mehr Wärme an die Umgebung abgeben. Deshalb wird bei hohen Klimawerten auch die Durchblutungsgeschwindigkeit gesteigert. Allerdings bedeutet das eine zusätzliche Belastung des Kreislaufes und hat seine Grenzen. Schließlich wird auch die Schweißbildung verstärkt. Der Mensch kann maximal 2,5 bis 4 l Schweiß in der Stunde erzeugen; damit ist theoretisch eine Kühlleistung von 1730 bis 2790 W zu erreichen. Diese Extremwerte können aber nur von hitzeakklimatisierten Personen und höchstens für 1 Stunde erreicht werden, danach läßt die Produktion der Schweißdrüsen nach; für eine Dauer von 6 h beträgt die Schweißrate selten mehr als 1 l/h (21). Immerhin beträgt die Verdunstungswärme von 1 l Wasser (Schweiß) je Stunde noch rd. 690 W. Praktisch ist aber die Kühlwirkung viel geringer, weil der größte Teil des Schweißes nicht auf der Haut verdunstet, sondern herabtropft.

Nach G. Eissing und J. Hettinger (20) wird eine Schweißmenge von 4 l je Schicht als Grenzwert für eine langjährige Tätigkeit empfohlen und auf diesem Wert (500 g/h bei 8 h Schichtzeit bzw. 800 g/h bei 5 h Arbeitszeit) basierend eine Reihe von Klimagrenzkurven für verschiedene Arbeitsschwere und verschieden warme Bekleidung errechnet (19). — Auf die Problematik dieser und anderer Klimagrenzkurven wird im Abschnitt 2.2 näher eingegangen.

Hier soll nur noch durch ein kurzes Rechenbeispiel verdeutlicht werden, wie schnell die Körperinnentemperatur auf lebensgefährlich hohe Werte um und über 41 °C steigen kann, wenn Temperatur und Luftfeuchtigkeit der Umgebung so hoch sind (etwa 37 °C bei voller Sättigung), daß der Körper keine Wärme mehr abgeben kann. Bei einem Körpergewicht von 75 kg, einer spezifischen Wärme des Körpers von rd. 4,2 kJ/kg · K (wie Wasser) und einer maximal zulässigen Erwärmung um 4 K (auf 41 von 37 °C) genügt eine Wärmezufuhr von $75 \cdot 4{,}2 \cdot 4 = 1260$ kJ, um zum Hitzekollaps zu kommen. Je nach Arbeitsschwere dauert dies etwa $\frac{1}{2}$ (700 W) bis 2 h (175 W).

2.2 Klimasummenmaßstäbe

Der Mensch hat ein gewisses Gefühl für das Klima, allerdings nur ein ungenaues und inobjektives: das gleiche Klima empfindet er unterschiedlich, je nach Aufenthaltsdauer, Arbeitsschwere, Gewöhnung und gesundheitlicher Verfassung. Die Trockentemperatur kann er noch weniger genau beurteilen. In der menschlichen Haut befindet sich zwar ein Netz von besonderen Nerven, den Thermorezeptoren, die aber nicht auf die absolute Temperatur, sondern nur auf Temperaturänderungen reagieren und dann bestimmte Reaktionen des Körpers auslösen, wie stärkere oder schwächere Durchblutung und Schweißabsonderung (16). Es ist durchaus möglich, daß man unter besonderen Bedingungen bei Temperaturen über 30 °C frieren kann, zum Beispiel wenn man naßgeschwitzt in einen Strom trockener Luft mit hoher Geschwindigkeit gerät. Allerdings hält dieses Frieren nicht lange an; nach kurzer Zeit ist der überschüssige Schweiß verdunstet.

Diese kurzen einleitenden Bemerkungen machen schon deutlich, wie schwierig es ist, ein Klimasummenmaß zu finden, das die Reaktion des menschlichen Körpers auf verschiedene Klimazustände richtig wiedergibt. Eine ganz besondere Schwierigkeit liegt darin, daß die Menschen individuell sehr unterschiedlich reagieren. Zunächst besteht ein Einfluß des Geschlechtes, des Alters, des Gewichtes und anderer Daten, aber selbst bei annähernd gleich alten, gleich schweren Männern bestehen oft erstaunlich große Unterschiede. C. H. Wyndham (136) zeigt als Beispiel die Häufigkeitsverteilung der Rektaltemperatur von 99 akklimatisierten schwarzen Bergarbeitern (Bild 3). 5 h nach Beginn der Arbeit streuen die Werte zwischen 37,8 und 39,8 °C, trotz gleicher Arbeitsleistung in gleichem Klima. Es kann also durchaus passieren, daß einige Leute einer Gruppe schon in die Nähe gefährlich hoher Rektaltemperaturen kommen, während die meisten noch weit davon entfernt sind.

Man muß also stets eine größere Zahl von Leuten untersuchen, will man eine zuverlässige Aussage über die Wirkung einzelner Klimafaktoren (Temperatur, Luftfeuchtigkeit, Luftgeschwindigkeit, Strahlung) und sonstiger wichtiger Einflußgrößen (Arbeitsleistung, Art der Bekleidung, psychologische Belastungen) machen.

Es gibt eine Vielzahl von Untersuchungen über diese Zusammenhänge, jedoch immer noch viel zu wenige, vor allem zu wenige systematische mit großer Zahl von Versuchspersonen und zu wenige in dem Bereich, der für den deutschen Steinkohlenbergbau interessant ist, nämlich auch mit hoher Luftgeschwindigkeit, sehr unterschiedlicher relativer Luftfeuchtigkeit, leichter Arbeitsbekleidung und bei einer Tätigkeit, die den häufigsten Arbeitsvorgängen in diesem Bergbauzweig vergleichbar ist. Trotz oder vielleicht gerade wegen der Unzulänglichkeit der Meßergebnisse gibt es annähernd 80 Klimasummenmaße (13), von denen aber nur fünf bis sechs eine größere Bedeutung gewonnen haben.

Für den Bergbau sind folgende Klimafaktoren von besonderer Bedeutung: die Lufttemperatur oder Wettertemperatur (genauer die Trockentemperatur t_t, das heißt die mit einem trockenen, belüfteten, strahlungsgeschützten Thermometer gemessene Lufttemperatur), die Luftfeuchtigkeit (je nach verwendetem Meßgerät die Feuchttemperatur t_f, die relative Luftfeuchtigkeit φ oder die absolute Luftfeuchtigkeit x, seltener die Taupunkttemperatur) und die Luftgeschwindigkeit. Darüber hinaus ist natürlich die Arbeitsleistung von entscheidender Bedeutung, aber sie muß nicht unbedingt in das Klimasummenmaß einbezogen werden, weil sich dann bereits sehr komplizierte analytische Zusammenhänge ergeben.

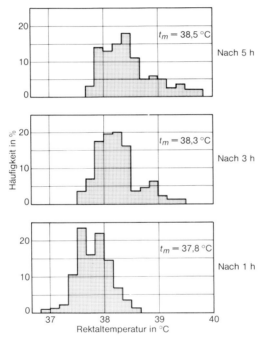

Bild 3. Häufigkeitsverteilung der Rektaltemperatur 1, 3 und 5 h nach Arbeitsbeginn nach C. H. Wyndham (136).

Das einfachste Klimamaß, allerdings noch kein Klimasummenmaß, ist die Trockentemperatur. Man kann sie mit einem Psychrometer oder näherungsweise mit einem einfachen Thermometer bestimmen. Bei annähernd konstanten Werten der Luftfeuchte und der Luftgeschwindigkeit w, insbesondere bei sehr geringen Werten der relativen Luftfeuchtigkeit φ ist die Trockentemperatur durchaus ein gutes Klimamaß, das deshalb zu Recht auch zur Festlegung von Klimagrenzwerten im Kalisalzbergbau verwendet wird (17). Wegen seiner Einfachheit dient es auch in vielen Bergbaugebieten als Klimamaßstab, in denen es hierfür nicht geeignet ist.

Ein anderes einfaches Klimamaß ist die Feuchttemperatur. Sie wird mit dem befeuchteten, belüfteten, strahlungsgeschützten Thermometer eines Psychrometers gemessen und ist ein brauchbares Maß für Bergwerke mit einer sehr hohen relativen Luftfeuchtigkeit, zumal bei wenig variierenden Luftgeschwindigkeiten. Aus diesem Grunde wird die Feuchttemperatur im Goldbergbau Südafrikas gern als Klimamaßstab verwendet; sie findet aber auch in Verordnungen anderer Bergbaureviere Anwendung.

In einigen Bergbaugebieten wird eine Kombination von t_t und t_f als einfaches Klimasummenmaß benutzt, so die von Bidlot und Ledent vorgeschlagene, auch als Belgische Effektivtemperatur t_B bezeichnete Mischtemperatur:

$$t_B = 0,1\ t_t + 0,9\ t_f \text{ in } °C \ \dots\dots\dots\dots\dots\dots\dots\dots\dots\dots\dots\dots \text{ [1]}$$

Das einfachste Klimasummenmaß, das neben t_t und t_f auch die Wettergeschwindigkeit w in m/s enthält, ist eine resultierende Temperatur t_R, wie sie im französischen Bergbau benutzt wird (75):

$$t_R = 0,3\ t_t + 0,7\ t_f - w \text{ in } °C \ \dots\dots\dots\dots\dots\dots\dots\dots\dots\dots \text{ [2]}$$

Im südafrikanischen Goldbergbau wird gerne die „Specific Cooling Power (SCP)" in W/m² verwendet, die im Schrifttum (136) als Diagramm dargestellt wird und unter vereinfachenden Annahmen ($t_t = t_f + 2$ K und Hauttemperatur $t_H = 35$ °C) die Kühlwirkung der Umgebung durch Konvektion, Strahlung und Verdunstung als Funktion der Feuchttemperatur und der Wettergeschwindigkeit angibt. Diese Kühlwirkung beträgt beispielsweise bei einer Feuchttemperatur von 30 °C und einer Wettergeschwindigkeit von 1 m/s noch 270 W/m² und sinkt auf Null bei $t_f = 35$ °C.

Es gibt eine Reihe weiterer Klimasummenmaße (13), von denen einige wichtige noch erwähnt werden sollen, die Effektivtemperatur nach C. P. Yaglou (1), der „Heat Stress Index" nach H. S. Belding and T. F. Hatch (2), die „Predicted 4 Hour Sweat Rate" nach Mc Ardle (20), der „Index of Thermal Stress" nach Givoni (21) sowie die „Linien gleicher Erholungsdauer" nach H. G. Wenzel (7, 10, 15).

Zur Bestimmung dieser Klimasummenmaße gibt es Berechnungsformeln und Nomogramme (21). Sie sind umso komplizierter, je vollständiger sie die physikalischen Gesetzmäßigkeiten bei der Wärmeübertragung und Verdunstung am menschlichen Körper wiedergeben. Deshalb hat auch keines allgemeine Bedeutung erlangt.

Man sollte für den feuchtwarmen Steinkohlenbergbau als Arbeitszeit- und Klimagrenze ein Klimamaß wählen, das die drei genannten Klimafaktoren t_t, t_f und w berücksichtigt, dessen Wert verhältnismäßig einfach bestimmt werden kann (einfaches Nomogramm oder Formel) und das von den Physiologen als einigermaßen brauchbarer Maßstab anerkannt ist. Da dies für die Effektivtemperatur t_{eff} nach C.P. Yaglou (1) weitgehend zutrifft, wird sie seit einigen Jahren in den Ländern der Europäischen Gemeinschaft als brauchbares, wenn auch nicht vollkommenes Klimasummenmaß angesehen. Als Mangel gilt, daß die Effektivtemperatur durch Untersuchungen an nichtarbeitenden Leuten ermittelt wurde und daher den Einfluß der Arbeitsschwere nicht erfaßt. Messungen an arbeitenden Bergleuten von J. Schulze-Temming-Hanhoff (12) erlauben bereits einige Kor-

24

rekturen, die den Einfluß der relativen Luftfeuchtigkeit und der Wettergeschwindigkeit bei hohen Klimawerten berücksichtigen. Es hat sich gezeigt, daß bei gleicher Höhe der Effektivtemperatur eine hohe relative Luftfeuchtigkeit ($\varphi = 90\%$) weniger gut erträglich ist als eine geringere Feuchtigkeit ($\varphi = 50\%$). Während bei $\varphi = 90\%$ und konstanter Effektivtemperatur die Erträglichkeit durch Erhöhung der Wettergeschwindigkeit von 0,5 auf 2,0 m/s spürbar gesteigert werden konnte, war dieser Einfluß bei $\varphi = 50\%$ nicht nachweisbar.

Die Forschungsergebnisse von H. G. Wenzel (10) lassen erkennen, welche Charakteristik ein verbessertes Klimasummenmaß haben muß. Während die Linien konstanter Effektivtemperatur Strahlenbündel im hx-Diagramm bilden, sind die Kurvenzüge konstanter Klimabelastung gekrümmt (Bild 4). Bei sehr hohen relativen Luftfeuchtigkeiten haben sie ungefähr die Neigung der Feuchttemperatur, im Bereich mittlerer Werte der Luftfeuchtigkeit haben sie die Neigung der Effektivtemperatur nach Yaglou und bei sehr trockenen Wettern, wie sie im Kalisalzbergbau auftreten, verlaufen sie fast horizontal.

Durch die Anlage 1 wird deutlich gemacht, welch große Unterschiede zwischen vier verschiedenen Klimasummenmaßstäben bestehen.

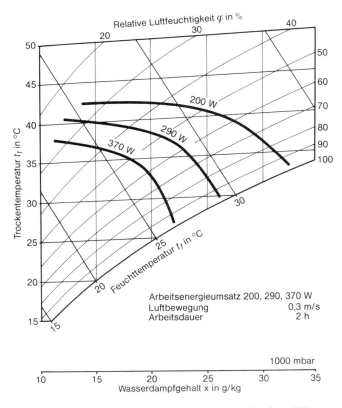

Bild 4. Kurven gleicher Erholungsdauer (90 min) nach P. Weuthen (13).

Die Linien 1 nach H. S. Belding und T. F. Hatch haben eine annähernd mittlere Neigung zwischen der Trocken- und der Feuchttemperatur, berücksichtigen beide Werte also etwa gleich. In dieser Beziehung sind sie den Linien 3 der Effektivtemperatur noch am ähnlichsten, obwohl bei der Effektivtemperatur die Feuchttemperatur schon wesentlich stärker bewertet wird als die Trockentemperatur. Die Linien 1 liegen jedoch wesentlich tiefer als die Linien 3 und der Einfluß der Geschwindigkeit ist wesentlich größer, insbesondere bei einer geringen Luftfeuchtigkeit.

Die Linien 2 gleicher spezifischer Kühlstärke haben die Neigung der Feuchttemperatur. Sie berücksichtigen die Höhe der Trockentemperatur also überhaupt nicht. Dieser Maßstab SCP kann nur im Bereich hoher relativer Luftfeuchtigkeiten ($\varphi = 90 \pm 10\%$) brauchbar sein, wie sie z. B. im südafrikanischen Goldbergbau vorherrschen. Der Einfluß der Wettergeschwindigkeit ist sehr groß, nach Meinung des Verfassers viel zu groß.

Alle drei bisher erwähnten Klimasummenmaßstäbe haben annähernd Gerade als Isolinien. Dies kann nicht richtig sein, da man weiß, daß bei sehr hohen relativen Luftfeuchtigkeiten die Neigung der Feuchttemperatur, bei sehr geringen Luftfeuchtigkeiten die Neigung der Trockentemperatur (annähernd horizontal) in etwa dem menschlichen Verhalten entspricht.

Dies spricht dafür, daß Kurven wie die Linien 4 gleicher Erholungsdauer von H. G. Wenzel am ehesten eine allgemeingültige Form haben. Leider erstrecken sich die Untersuchungen von Wenzel noch nicht auf höhere Werte der Luftgeschwindigkeit, sondern nur auf Werte unter 1 m/s.

Trotz aller Abweichungen ist es jedoch bemerkenswert, daß bei mittleren relativen Luftfeuchtigkeiten und mittleren bis höheren Luftgeschwindigkeiten, wie sie im deutschen Steinkohlenbergbau vorherrschen, die Linien $t_{eff} = 32\,°C$ (3a und 3c) und SCP = 250 W/m² als sehr hohes Wärmeabgabevermögen (2a und 2b), dicht beieinander liegen. Die Kurve 4a liegt hier ebenfalls im Bereich der Linien 2a, 2b, 3a, 3c, wobei die Kurve 4a allerdings für eine geringe Arbeitsschwere, aber auch für eine geringe Luftgeschwindigkeit gilt.

An dieser Stelle sei ein Übungsbeispiel für die Bestimmung der Effektivtemperatur eingefügt: Wie groß ist die Effektivtemperatur bei einer Trockentemperatur $t_t = 38\,°C$ und Feuchttemperatur $t_f = 32\,°C$ und einer Wettergeschwindigkeit $w = 1$ m/s? Dazu verbindet man in dem Diagramm nach C. P. Yaglou (Anlage 2) den Wert 32 °C auf der Feuchttemperaturskala mit dem Wert 38 °C auf der Trockentemperaturskala durch eine Gerade. Diese schneidet die Linie $w = 1$ m/s etwa in der Mitte zwischen den Linien $t_{eff} = 32\,°C$ und $t_{eff} = 33\,°C$; es ist also $t_{eff} \approx 32{,}5\,°C$.

2.3 Klimagrenzen im Bergbau in aller Welt

Zum Schutze der Gesundheit der Bergleute sind in vielen Staaten Gesetze oder Verordnungen erlassen worden, die die Arbeitszeit beim Erreichen bestimmter Klimawerte einschränken oder die Arbeit ganz verbieten. Die großen Unterschiede der Klimagrenzen und der benutzten Klimamaßstäbe zeigen, wie unsicher und schwierig die Klimabewertung ist, die Unterschiede hängen aber auch mit der Langsamkeit der Gesetzgebung, mit Gewohnheiten im Arbeitsleben und den sozialen Gegebenheiten zusammen.

Die erste Fassung des Allgemeinen Berggesetzes von 1865 (135) enthielt noch keine Klimavorschrift. Erst durch die Novelle vom 14. Juli 1905 wurden die § 93a bis e eingefügt, wonach bei Trockentemperaturen über 28 °C die Arbeitszeit vor Ort 6 h nicht überschreiten darf.

Eine Trockentemperatur von 28 °C ist bei den heute im deutschen Steinkohlenbergbau üblichen Wettergeschwindigkeiten und Luftfeuchtigkeiten, die 1905 viel ungünstiger waren, mit Sicherheit kein Wetterzustand, der den Bergmann ernsthaft belastet. Sie entspricht einer Effektivtemperatur von rd. 23 °C. Bis zu Effektivtemperaturen von etwa 25 °C ist für einen gesunden, akklimatisierten Bergmann ein ausgeglichener Wärmehaushalt ohne Einschränkung der Arbeitsleistung gesichert.

Erst bei Effektivtemperaturen über 28 °C belastet und ermüdet das Grubenklima den arbeitenden Bergmann, so daß Aufmerksamkeit, Reaktionsgeschwindigkeit und kritisches Urteilsvermögen nachzulassen beginnen.

Es wurde festgestellt, daß an Betriebspunkten mit hohen Temperaturen die Unfallhäufigkeit über dem Durchschnitt lag. Im Ruhrrevier war sie im Jahr 1968 an heißen Betriebspunkten ($t_t > 28$ °C) um fast 20% höher als an den übrigen Arbeitsplätzen (Unfallstatistik des LOBA Dortmund). Es ist jedoch fraglich, ob solche statistischen Aussagen einer kritischen Prüfung standhalten. Es ist zu vermuten, daß die „heißen" Arbeitsplätze vorwiegend im Streb und im Streckenvortrieb liegen, wo die Unfallhäufigkeit anders liegt als im übrigen Grubengebäude. Außerdem ist der Trennwert $t_t = 28$ °C in klimatischer Hinsicht zu niedrig; würde man aber bei $t_{eff} = 29$ °C trennen, fielen in den oberen Klimabereich nur sehr wenige Daten, so daß dadurch statistische Angaben unsicher werden.

Eine unmittelbare Gefahr für die Gesundheit beginnt erst oberhalb einer Effektivtemperatur von 32 °C (8). Das schließt allerdings vereinzelte Fälle von Hitzekollaps auch bei geringeren Klimawerten nicht aus, zumal bei nicht gesunden oder älteren Menschen und wenn schwere Arbeit geleistet werden muß. Ein Hitzekollaps ist jedoch bei weitem nicht so gefährlich wie ein Hitzschlag (21), wie im Abschnitt 2.4 erläutert wird; nach Körperruhe in kühlerer Umgebung erholt man sich im allgemeinen rasch.

Einiges über Klimagrenzen in verschiedenen Ländern:

Für *Deutschland* wird im Allgemeinen Berggesetz (135) in § 93c bestimmt, daß bei Trockentemperaturen über 28 °C die Arbeitszeit vor Ort höchstens 6 h betragen darf. Der Wortlaut des Gesetzes ist leider nicht so eindeutig und ausführlich, daß alle Fragen beantwortet werden. Gestritten wurde manchmal über die Definition des Begriffes Arbeitszeit vor Ort im Zusammenhang mit der Arbeitszeitordnung. Ein Kommentar zu § 93c ABG sagt, daß der Begriff Arbeitszeit vor Ort nach § 93c ABG nicht mit dem Begriff Arbeitszeit aus der AZO übereinstimmt, in der Arbeitszeit gleich Schichtzeit gesetzt wird. Ein anderer Streitpunkt ist die Frage, ob Pausen, Wegzeiten o. ä. in die Arbeitszeit vor Ort einzubeziehen sind. Diese Fragen sind weitgehend durch die Klimaverordnung (18) vom 3. Februar 1977, § 2, geklärt.

Wichtiger noch als die Arbeitszeitbegrenzung auf 6 h ist oft die Schichtzeitverkürzung von 8 auf 7 h nach dem Manteltarifvertrag des rheinisch-westfälischen Steinkohlenbergbaus, da wegen des zeitraubenden An- und Abmarsches zum Arbeitsplatz ohnehin vielfach keine Arbeitszeit vor Ort von mehr als 6 h (bei 8-h-Schicht) möglich ist.

Im Tarifvertrag vom 21. Dezember 1976 wird in § 9 Abs. 3 eine zusätzliche Pausenzeit (zusätzlich zur gesetzlich vorgeschriebenen Pause von 30 min) von 10, 15 oder 20 min bei Effektivtemperaturen von über 29, 30 oder 31 °C vereinbart. — Die Schichtzeit bleibt im Bereich $t_t > 28$ °C bis $t_{eff} = 32$ °C bei 7 h. — Wichtig sind auch Bestimmungen über die Beschäftigung von Jugendlichen, die regelmäßig nur bei Temperaturen unter 28 °C arbeiten sollen und über die Beschäftigung von Personen unter 21 oder über 50 Jahren, die bei $t_{eff} > 29$ °C nur mit ärztlicher Genehmigung eingesetzt werden dürfen.

In der Bergverordnung für die Steinkohlenbergwerke (BVOSt) des Oberbergamtes Dortmund vom 28. 12. 1964, § 25, ist eine obere Klimagrenze von 32 °C amerikanischer Effektivtemperatur eingeführt, oberhalb der niemand mehr beschäftigt werden darf. Diese Verordnung besteht im Oberbergamtsbezirk Saarbrücken bereits seit 1961. Sowohl die Höhe des Grenzwertes als auch der Klimamaßstab t_{eff} dürften nach dem heutigen Stand der Erkenntnisse gut gewählt sein.

Seit dem 3. Februar 1977 besteht die Bergverordnung des LOBA NW zum Schutz der Gesundheit gegen Klimaeinwirkungen im Steinkohlenbergbau (Klimaverordnung) (18). In ihr wird in § 2 festgelegt, daß Arbeitszeit die Dauer des Aufenthalts an Arbeitsplätzen unter Tage sein soll. Zusätzlich zu den bereits genannten Klimagrenzen $t_t = 28$ °C und $t_{eff} = 32$ °C wird im § 4 ein dritter Grenzwert $t_{eff} = 29$ °C eingeführt. Bei Werten $t_{eff} > 29$ °C darf die tägliche Arbeitszeit 5 h nicht überschreiten. Das Bild 5 zeigt diese 3 Klimagrenzen in einem hx-Diagramm. Die zunehmende Bedeutung, die dem Grubenklima beigemessen wird, kommt auch darin zum Ausdruck, daß man die Notwendigkeit besonderer Hitzeschutzmaßnahmen und einer Akklimatisierung betont. Weiterhin werden erstmals detailliertere Angaben über die Ermittlung der Klimawerte gemacht. Es werden Vorschriften über die Gesundheitsüberwachung und die Nachweisungen angegeben. Schließlich ist, zum ersten Mal im Steinkohlenbergbau der Bundesrepublik Deutschland, speziell für das Grubenklima eine Bergverordnung erlassen worden.

Im Bezirk des Oberbergamtes Clausthal-Zellerfeld bestand bis Ende 1975 eine Verordnung vom 1. 11. 1961 für den Salzbergbau. Das Grubenklima war durch vier Grenzen in fünf Bereiche mit verschiedenen maximalen Arbeitszeiten eingeteilt. Bei Trockentemperaturen $t_t > 28$ °C wird die Arbeitszeit auf 7 h begrenzt. Bei Feuchttemperaturen $t_f > 28$ °C oder Trockentemperaturen $t_t > 30$ °C darf nur noch 6 h gearbeitet werden. Bei einer belgischen Effektivtemperatur $t_B > 30$ °C wird die Arbeitszeit auf 4 h begrenzt, und bei einer Feuchttemperatur $t_f > 32$ °C ist regelmäßige Arbeit verboten. Bei den zumeist sehr trockenen Wettern des Kalibergbaus dürfte eine Feuchttemperatur von 32 °C allerdings nie vorkommen. In dieser Verordnung sind also drei verschiedene Klimasummenmaße verwendet worden.

Seit dem 10. Dezember 1975 gibt es eine Bergverordnung zum Schutze der Gesundheit gegen Klimaeinwirkungen im Erz- und Salzbergbau, erlassen vom

Oberbergamt in Clausthal-Zellerfeld (17). Danach bedarf Arbeit bei $t_t > 55\,°C$ oder $t_f > 28\,°C$ der Erlaubnis des Oberbergamtes. Diese Erlaubnis wird nur erteilt, wenn durch Klimakabinen o. ä. Maßnahmen sichergestellt ist, daß auf die Beschäftigten die obengenannten Klimawerte nicht einwirken.

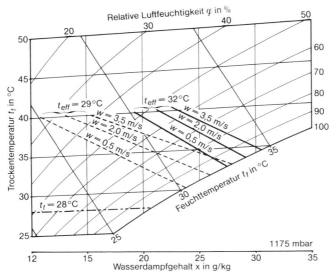

Bild 5. Klimagrenzen im Steinkohlenbergbau nach der Klimaverordnung des Landesoberbergamtes Nordrhein-Westfalen (18).

Im Bereich der Trockentemperatur zwischen 28 und 55 °C gelten folgende Schichtzeiten: bei $t_t > 28$ bis 46 °C 7,5 h, bei $t_t > 46$ bis 55 °C 7 h. Bei Werten $t_t > 37\,°C$ kommt eine Pause von 15 min zu der gesetzlichen Pause von 30 min hinzu, diese Pausen (30 bzw. 45 min) gehören zur Schichtzeit.

Wichtig ist auch der Schutz besonderer Personengruppen; Personen unter 20 Jahren dürfen bei $t_t > 46\,°C$ nicht beschäftigt werden, Personen über 50 Jahre nicht bei Werten über $t_t = 37\,°C$.

Außerdem enthält die Verordnung Vorschriften über den technischen Hitzeschutz, so gegen Strahlungswärme und künstliche Luftbefeuchtung oder zu warmes Versatzgut.

Erstmals im deutschen Bergbau wird eine Mindestwettergeschwindigkeit ($w = 0,25$ m/s) und Mindestwettermenge (6 m³/min je Beschäftigten) bei $t_t > 28\,°C$ gefordert, also vom Klima abhängig gemacht.

Im Steinkohlenbergbau *Mitteldeutschlands* gab es ebenfalls die Grenze $t_t = 28\,°C$, bei der die Arbeitszeit vor Ort höchstens 6 h betragen darf. Diese Arbeitszeitverkürzung fand aber schon bei 27 °C statt, wenn die relative Feuchte 83% und mehr beträgt oder bei 26 °C, wenn $\varphi > 86\%$, bei 25 °C, wenn $\varphi > 93\%$ und bei 24 °C, wenn $\varphi > 96\%$ ist. Die obere Klimagrenze für ein Arbeitsverbot lag bei $t_t = 36\,°C$ und $t_f = 30\,°C$ (Anlage 3).

In der *Sowjetunion* darf die Temperatur 26 °C nicht überschreiten. Außerdem bestehen Vorschriften über die Mindestwettergeschwindigkeit im Zusammenhang mit dem Grubenklima.

In *Belgien* gibt es ein allgemeines Gesetz zum Schutze der Gesundheit ohne Angaben über bestimmte Grenzen. Darüber hinaus gelten Anordnungen der Bergbehörde. In der Campine ist die Arbeit bei einer belgischen Effektivtemperatur $t_B = 30$ °C einzustellen, im südlichen Kohlenbecken, der Borinage, liegt die Grenze bei $t_B = 31$ °C.

In *Frankreich* bemüht man sich darum, daß die resultierende Temperatur $t_R \leqq 28$ °C bleibt.

In *Polen* soll die Arbeitsleistung um 4% verringert werden, wenn die Trockentemperatur den Wert 26 °C übersteigt. Bei Trockentemperaturen über 28 °C wird die Schichtzeit auf 6 h reduziert, bei $t_t > 33$ °C sind nur Rettungsarbeiten erlaubt.

In *Neuseeland* wird schon bei $t_f = 23,3$ bzw. 23,8 °C die Arbeitszeit auf 7 bzw. 6 h beschränkt.

In *Japan* wird die Arbeit bei $t_t > 37$ °C eingestellt.

In den *Niederlanden* liegt die Grenze für die Arbeitszeitverkürzung bei $t_t = 30$ °C.

In *Italien* darf 8 h gearbeitet werden, solange $t_t = 32$ °C nicht überschreitet. Zwischen 32 und 35 °C wird die Arbeitszeit auf 5 h herabgesetzt. Was bei Temperaturen über 35 °C zu geschehen hat, wird nicht gesagt. — Es ist allerdings nicht sicher, ob diese Vorschriften alle noch dem neuesten Stand entsprechen.

Diese Zusammenstellung zeigt, wie unterschiedlich die Grenzen sind. In der Sowjetunion darf die Temperatur an belegten Orten höchstens 26 °C betragen, in Italien beginnt dagegen die Arbeitszeitverkürzung erst bei $t_t = 32$ °C. In den meisten Ländern wird leider die Trockentemperatur als Klimamaßstab benutzt, obwohl heute allgemein bekannt ist, daß die Trockentemperatur zur Beurteilung des Grubenklimas nicht sehr geeignet ist.

Es ist zu hoffen, daß in der Zukunft bessere Klimagrenzen in allen Bergbaugebieten mit klimatischen Schwierigkeiten eingeführt werden, die einerseits die Gesundheit der Bergleute schützen, andererseits jedoch so bemessen sind, daß nicht von vornherein ein wirtschaftlicher Abbau unmöglich gemacht wird.

Die Anlage 3 gibt eine Übersicht über die Klimagrenzen, bei denen Arbeit verboten wird, für verschiedene Bergbauländer.

Eine Frage von allgemeinem Interesse soll noch berührt werden: der Zusammenhang zwischen Klima und körperlicher Leistungsfähigkeit. Diese Frage ist von verschiedenen Forschern untersucht worden. Natürlich streuen die Ergebnisse wegen des unterschiedlichen Verhaltens der Versuchspersonen so, daß man quantitative Angaben nur mit Vorbehalt in eine Wirtschaftlichkeitsberechnung einsetzen sollte. Aber die ungefähren Zusammenhänge sind jedenfalls bekannt. H. Brüner (4) hat in einer Veröffentlichung die bis 1959 bekannt gewordenen Untersuchungsergebnisse zusammengestellt. Danach darf man annehmen, daß akklimatisierte Versuchspersonen bis zu einem Klimawert von 28 GK die volle Leistung zu erbringen vermögen. Bei höheren Klimawerten fällt die Leistung schnell ab. Bei 32 GK liegt sie nur noch bei 50 bis 60% der Ausgangsleistung.

Bei Klimawerten um 32 GK fanden H. Brüner und seine Mitarbeiter, bei intensiver Arbeit der Versuchspersonen, daß vereinzelt die physiologischen Kennmaße — 115 Puls und gleichzeitig 38,3 Rektaltemperatur — überschritten werden.

Die meisten Untersuchungen über den Einfluß des Klimas auf die menschliche Leistungsfähigkeit sind im südafrikanischen Goldbergbau durchgeführt worden (136). Danach beträgt die Arbeitsleistung bei $t_{eff} = 32$ °C noch 75%. Es ist jedoch fraglich, ob man diese im Goldbergbau an Bantus gewonnenen Daten auf unsere Verhältnisse übertragen kann.

2.4 Grenzfälle der Hitzetoleranz

Wie sich das Grubenklima auf den Menschen auswirkt, kann man durch Messung der physiologischen Kennwerte, insbesondere der Pulsfrequenz und der Rektaltemperatur erkennen.

Die Rektaltemperatur beträgt im Normalfall ungefähr $37 \pm 0,5$ °C. Befindet man sich in einem so heißen oder feuchtwarmen Klima, daß die Wärmeerzeugung des menschlichen Körpers nicht mehr an die Umgebung abgegeben werden kann, so heizt sich der Körper auf. Bei sehr hohen Rektaltemperaturen zwischen 40 und 43 °C kommt es zum Hitzschlag (heat stroke), der meist durch Übelkeit, Erbrechen, Delirien und Koma gekennzeichnet ist (11). Die Wahrscheinlichkeit des tödlichen Ausganges eines Hitzschlages steigt mit zunehmender Rektaltemperatur (gemessen bei Einlieferung ins Krankenhaus) von 5% bei 40 °C auf etwa 70% bei 43 °C.

Bevor es jedoch zu so hohen Kerntemperaturen kommt, versucht der Körper thermoregulatorische Umstellungen durch stärkere Durchblutung des Körpers und der Haut und durch eine Steigerung der Schweißbildung. — Die stärkere Durchblutung wird durch eine höhere Herzfrequenz erreicht.

Die verstärkte Durchblutung des Körperinnern ist notwendig, um bei verringertem Temperaturgefälle zur Körperschale hin die Wärme abzuführen, dies gilt vor allem bei einer größeren Arbeitsleistung. Die verstärkte Durchblutung der Körperschale, insbesondere der Extremitäten, erhöht die Oberflächentemperatur und damit die Möglichkeit, noch Wärme an die Umgebung abzuführen. Der Schweiß hat die Aufgabe, durch seine Verdampfung dem Körper viel Wärme (Verdampfungswärme) zu entziehen.

Bei zu hohen Wärmebelastungen kann die periphere Vasodilatation ein Ausmaß erreichen, für das die verfügbare Blutmenge zu klein ist. Wichtige Körperteile werden dann ungenügend durchblutet; es kommt zu einem Kreislaufversagen, einem Hitzekollaps.

Dieser Kreislauf-Kollaps kann schon bei verhältnismäßig geringer Wärmebelastung auftreten, zum Beispiel bei langem Stehen, wird aber durch hohe Körpertemperatur und Wasserverlust begünstigt. Bei Körperruhe an einem kühlen Ort kommt es meist zu einer schnellen Erholung.

Um eine Wasserverarmung zu verhindern, muß eine ausreichende Flüssigkeitsmenge getrunken werden. Ein Wasserverlust bis zu 2% des Körpergewichtes ist im allgemeinen noch ohne Symptome. Ein Wasserdefizit von mehr als 10%, dessen Folge Delirium, Koma und Tod sind, kann in Wüstengebieten bei Trinkwassermangel in weniger als 24 h erreicht werden.

Diese kurze Darstellung der möglichen Hitzeschäden möge hier als Einführung in das Gebiet Grubenklima genügen; eine ausführlichere, aber auch noch sehr kurzgefaßte Übersicht gibt H. G. Wenzel im Schrifttum (11).

Erfreulicherweise sind, sicher auch dank der bestehenden Klimagrenzen, tödliche Hitzschläge sehr selten. Lediglich im Goldbergbau Südafrikas, wo eine sehr große Zahl von Bergleuten in hohen Klimawerten arbeitet, wurden insbesondere in der Zeit vor dem 2. Weltkrieg eine größere Zahl von tödlichen Hitzschlägen beobachtet (bis max. 25 je Jahr), so daß man die Abhängigkeit des Hitzschlages von dem Klimazustand quantitativ angeben konnte (136). Danach beginnt das Risiko des tödlichen Hitzschlages bei einer Feuchttemperatur $t_f \approx 30\,°C$ (hier 0,01 Fälle je 1000 Arbeiter), steigt bis $t_f = 33\,°C$ noch langsam, danach rascher und erreicht einen Höchstwert von 3 tödlichen Hitzschlägen je 1000 Arbeiter bei $t_f = 34\,°C$. Bei der hohen Luftfeuchtigkeit und zumeist geringen Wettergeschwindigkeit an den Arbeitsplätzen im südafrikanischen Goldbergbau sind die Zahlenwerte von Feucht- und Effektivtemperatur nahezu gleich.

Es ist jedoch problematisch, diese Zahlen auf die Verhältnisse im europäischen Bergbau zu übertragen, da Arbeitsschwere, Arbeitsbedingungen, Körpergewicht und Klimazustand (Luftfeuchte) recht verschieden sind.

Wichtig ist das Problem der Akklimatisation, der Anpassung der Bergleute an die Hitzearbeit, das deshalb abschließend für das Kapitel 2 noch erwähnt werden soll.

Es ist unumstritten, daß bei einer sinnvollen Akklimatisation die Schweißerzeugung steigt, so daß die Wärme besser an die Umgebung abgeführt werden kann und bei gleicher Hitzearbeit-Belastung die Pulsfrequenz wie die Rektaltemperatur der Leute sinkt. Eine regelmäßige Hitzeakklimatisation wird im Goldbergbau Süfafrikas für alle neuangelegten Bergleute durchgeführt. Dafür gibt es ein Trainingsprogramm von fünf Tagen Dauer, das über Tage, in einer Klimakammer, unter ärztlicher Aufsicht vorgenommen wird (8). Leute, die für Hitzearbeit weniger geeignet sind, werden so erkannt und nicht für Hitzearbeit herangezogen, die anderen kommen bereits hitzeakklimatisiert an die warmen Arbeitsplätze unter Tage.

3. Klimaverhältnisse im Bergbau

Wie schon in der Einführung kurz umrissen, gibt es im Bergbau weltweit außerordentlich unterschiedliche Klimaverhältnisse. Zunächst einmal wird das Grubenklima durch die Temperatur und Feuchtigkeit der angesaugten atmosphärischen Luft mitbestimmt, und je nach der geographischen Lage des Bergwerks wie auch der Höhe der Erdoberfläche über dem Meeresspiegel kann das Klima beim Eintritt in die Grube tropisch, subtropisch, gemäßigt oder kalt bis sehr kalt sein. Auch im Tiefbau wird das Grubenklima entscheidend von dem Zustand der angesaugten Luft mitbestimmt, solange die Bergwerke nur wenige hundert Meter tief sind — und dies trifft für eine sehr große Zahl der Bergwerke zu. Sind die Grubenbaue ausgedehnt, oder sind die Wettermengen oder -geschwindigkeiten gering, so wird sich die Trockentemperatur der Wetter an die Temperatur des Gebirges annähern. Diese Temperatur ist dicht unter der Erdoberfläche praktisch gleich der Jahresdurchschnittstemperatur der Luft über Tage. Das hat zur Folge, daß sich die Wetter im Sommer abkühlen und im Winter aufheizen. In relativ trockenen Gruben wird der Wasserdampfgehalt annähernd konstant bleiben, die relative Luftfeuchtigkeit ist dann im Sommer hoch, es kann auch Kondensation eintreten, im Winter ist sie geringer.

In feuchten Gruben, und diese überwiegen, nehmen die Wetter noch Wasserdampf auf und eine sehr hohe Luftfeuchtigkeit bei oft mäßigen oder gar niedrigen Temperaturen ist charakteristisch für viele Bergwerke.

Die geschilderten jahreszeitlichen Unterschiede sind naturgemäß in den Tropen unbedeutend und nehmen nach den Polen der Erdkugel hin zu. Tageszeitliche Unterschiede werden auf dem Weg durch die Grubenbaue zumeist rasch ausgeglichen.

Diese kurz erklärte Vielfalt von Klimabedingungen, die noch durch sehr unterschiedliche Wettergeschwindigkeiten in den Grubenbauen vergrößert wird, findet man insbesondere im Erzbergbau, der in allen Klimazonen der Erde zu finden ist.

Sind die Bergwerke sehr tief und ausgedehnt, dann spielt die Größe der Wettermengen, die Höhe der Gebirgstemperatur und das Ausmaß von Wärmeerzeugung durch Maschinen sowie die Feuchtigkeit der Grubenbaue die entscheidende Rolle, wenn auch Jahreszeit und geographische Lage nicht ganz unbedeutend sind.

Sehr tiefe Bergwerke gibt es insbesondere beim Bergbau auf wertvolle Bodenschätze, wie auf Gold und Uran, weil nur dann die sehr hohen Kosten für sehr tiefe Bergwerke zu rechtfertigen sind. Sehr tiefe Bergwerke findet man auch in hochindustrialisierten Ländern mit großem Bedarf an Rohstoffen, aber nicht ausreichenden Bodenschätzen. Zu den tiefsten Bergwerken der Welt gehören Goldbergwerke in Südafrika, Brasilien und Indien. Eine weltweite Bedeutung hat der Goldbergbau Südafrikas. Von hier stammt der Löwenanteil der Goldfördermenge in der „westlichen Welt", hier liegen die tiefsten Bergwerke der Welt (bis etwa 3800 m Teufe), und hier sind gewaltige Kühlmaschinen eingesetzt, um ein erträgliches Grubenklima zu gewährleisten. In diesen Bergwerken herrschen Trockentemperaturen zwischen 30 und 35 °C bei einer sehr hohen relativen Luftfeuchtigkeit von 90% und mehr vor.

Bergbaugebiete des anderen Typs sind der Steinkohlenbergbau, der Kalisalzbergbau und einige andere Bergbauzweige in Mitteleuropa, wo insbesondere im Steinkohlenbergbau an der Ruhr und in mehreren Kalibergwerken sehr hohe Klimawerte auftreten, trotz einer guten Bewetterung und einer auf vielen Steinkohlenbergwerken vorgenommenen intensiven Wetterkühlung.

Hauptursache der hohen Klimawerte sind die hohen Gebirgstemperaturen von maximal 60 °C im Bereich des Abbaus und der Aus- und Vorrichtungsbetriebe. Eine zweite wichtige Ursache ist die Betriebskonzentration und die maschinelle Gewinnung und Förderung mit der Wärmeabgabe von Maschinen und Fördergut.

Charakteristisch für den Salzbergbau sind die trockenen Gruben, in denen der Wasserdampfgehalt der Wetter nahezu unverändert bleibt, während die Temperatur sehr stark ansteigt, oft bis auf die Gebirgstemperatur, weil in den vielfach großen Grubenbauen nur kleine Wettergeschwindigkeiten vorherrschen und die Bohr-, Lade- und Transportfahrzeuge — zumeist sind sie mit Dieselantrieb ausgerüstet — viel Wärme abgeben. Deshalb sind hohe Trockentemperaturen mit Spitzenwerten über 50 °C, aber extrem geringe relative Luftfeuchtigkeiten von 10 bis 20% typisch.

Im Steinkohlenbergbau Westdeutschlands gibt es eine weite Skala von Temperaturen und Klimawerten an den verschiedenen Arbeitsplätzen, aber die Zahl der sogenannten heißen Betriebspunkte, das heißt der Betriebspunkte mit Trockentemperaturen über 28 °C, ist ständig gestiegen, von etwa 20% im Jahre 1960 auf rd. 60% im Jahre 1980. In den tieferen Abbaubetrieben herrschen Trockentemperaturen zwischen 32 und 36 °C bei relativen Luftfeuchtigkeiten um 70% und Wettergeschwindigkeiten von 2 bis 3 m/s vor. In den tiefen Aus- und Vorrichtungsbetrieben hat man ähnliche, teilweise sogar etwas höhere Trockentemperaturen, aber, insbesondere in konventionellen Streckenvortrieben, sehr geringe relative Luftfeuchtigkeiten um 40 bis 50% und Wettergeschwindigkeiten um 1 m/s.

In einer großen Zahl von Betriebspunkten werden Wetterkühleinrichtungen verwendet, so daß örtlich auch in sehr tiefen Grubenbauen sehr günstige Klimawerte auftreten; in Streckenvortrieben mit Kühlung sind Trockentemperaturen um 25 °C die Regel.

Nur für den westdeutschen Steinkohlenbergbau gibt es eine vollständige Übersicht über die klimatischen Verhältnisse in allen Abbaubetrieben, und da kürzlich wieder solch eine Übersicht veröffentlicht wurde (74), sollen die wichtigsten Ergebnisse im folgenden kurz mitgeteilt werden.

Im genannten Schrifttum wird in einem vereinfachten hx-Diagramm ein Überblick über die klimatischen Verhältnisse am Strebausgang im Sommer 1978 in den Abbaubetrieben des Ruhrreviers gegeben (Bild 6). Man erkennt darin, daß mindestens 80% aller Punkte im Temperaturbereich über 28 °C liegen. In der Mehrzahl der Betriebe liegt die Luftfeuchtigkeit zwischen 60 und 90%. In den heißesten Betrieben mit Trockentemperaturen über 32 °C ist die relative Feuchte etwas geringer. Klimawerte über 32 °C Effektivtemperatur tauchen nicht auf; in

19 von 240 Streben werden Effektivtemperaturen über 29 °C erreicht. Dabei ist natürlich zu berücksichtigen, daß sicher nicht alle Messungen gerade zu einem Zeitpunkt besonders intensiver Gewinnung durchgeführt worden sind. Immerhin sieht man, daß doch etwa 10 bis 20 Streben bereits in der Nähe der oberen Klimagrenze liegen, und viele davon liegen nur deshalb nicht darüber, weil hier bereits wirksame Maßnahmen zur Klimaverbesserung getroffen werden.

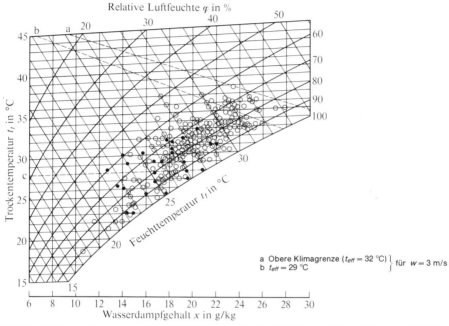

Bild 6. Wetterzustand am wärmsten Meßpunkt (meist MP 5) im Abbau (Sommer 1978).

In der genannten Veröffentlichung werden auch andere interessante Zahlenwerte und Zusammenhänge mitgeteilt, von denen hier nur wenige Beispiele erwähnt werden sollen. So zeigt die Häufigkeitsverteilung der Strebwettermengen, daß Mengen um 20 m³/s besonders häufig sind. Werte unter 10 m³/s und über 25 m³/s sind selten; vereinzelt werden jedoch rd. 40 m³/s erreicht.

Aufschlußreich ist die Zunahme der maximalen Wettertemperatur im Abbau mit der Gebirgstemperatur t_{gu} (Bild 7). Sie steigt für Bruchbau von etwa 23 °C bei $t_{gu} = 20$ °C über 33 °C bei $t_{gu} = 40$ °C auf 37 °C bei extrem hohen Gebirgstemperaturen (von max. 56,5 °C). Für Streben mit Vollversatz (offene Kreise) liegen die Temperaturen im Mittel um 3 bis 4 K niedriger.

Sehr interessant ist ein Vergleich der Mittelwerte verschiedener für das Grubenklima wichtiger Daten über einen Zeitraum von 20 Jahren (Bild 8 und Tabelle 1).

Hier im Text soll nur auf die Daten für das Ruhrrevier eingegangen werden. Im genannten Zeitraum hat sich die Gewinnungsteufe von 675 auf 892 m erhöht.

35

Tabelle 1. Mittelwerte von für das Grubenklima wichtigen Daten für Abbaubetriebe mit einem Einfallen bis 40 gon.

	Einheit	Ruhrrevier			
		1958	1966	1971	1978
Teufe am Strebfuß	m	675	737	821	892
Teufe am Strebfuß*	m	—	747	819	878
Länge der Abbaufront	m	203	207	214	228
Strebwettermenge................	m³/min	449	722	987	1137
Strebfördermenge	t v.F./d	335	660	1037	1350
Gebaute Flözmächtigkeit	m	—	1,59	1,71	1,93
Abbaugeschwindigkeit am Meßtag	m/d	—	1,87	2,56	3,05
Abbaugeschwindigkeit am Meßtag*	m/d	—	2,18	3,05	3,64
Wettergeschwindigkeit im Streb	m/s	—	2,07	3,06	2,91
Installierte elektrische Leistung im Abbau ..	kW	—	398	684	1294

* Über die Fördermenge gewogener Mittelwert; sonst arithmetische Mittelwerte.

Der Zunahme von 217 m entspricht ein Anstieg der Gebirgstemperatur um 8 K, womit eine Zunahme der Trocken- und der Effektivtemperatur in Streb- und Ausziehstrecke um 4 K verbunden wäre, wenn alle anderen Daten, insbesondere die Strebwettermenge, konstant geblieben wären.

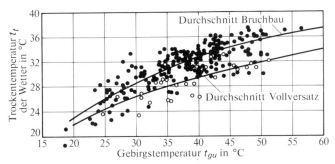

Bild 7. Höchste Trockentemperatur im Abbau im Sommer 1978. Alle Abbaubetriebe.

Die Fördermenge je Abbau stieg von 335 auf 1350 t v.F./d, die für das Klima maßgebende Rohfördermenge sogar von 480 auf 2400 t/d. Parallel zu dieser Betriebspunktkonzentration verläuft die zunehmende Mechanisierung und Elektrifizierung: die im Abbau installierte elektrische Leistung stieg von ungefähr 100 bis 150 kW auf 1294 kW. Die Wärmeabgabe der elektrischen Betriebsmittel dürfte sich von rund 50 auf rd. 400 kW erhöht haben. Mit diesem Zuwachs um 350 kW könnte man die durchschnittliche Strebwettermenge des Jahres 1958 bei trockener Wärmeübertragung um 35 K aufheizen!

Erfreulicherweise wurde auch die Strebwettermenge, und zwar von 449 auf 1137 m³/min erhöht, damit errechnet sich für das Jahr 1978 eine trockene Erwärmung um 14,5 K. Da tatsächlich nur etwa 25% der Wärme trocken übertragen

36

Aachener Revier				Saarrevier		Nieder-sachsen	Gesamt
1958	1966	1971	1978	1971	1978	1978	1978
584	589	682	688	617	772	1072	872
–	613	659	678	604	764	1107	859
196	202	203	217	208	212	228	226
365	669	847	703	1049	1403	1014	1129
338	650	911	1026	716	1364	742	1304
–	1,33	1,40	1,33	2,14	2,48	1,46	1,92
–	2,72	2,46	3,29	1,56	2,31	2,12	2,95
–	3,02	3,12	4,48	1,95	3,07	2,51	3,60
–	2,58	3,64	3,10	2,51	2,84	3,60	2,94
–	461	577	980	639	1250	1686	1283

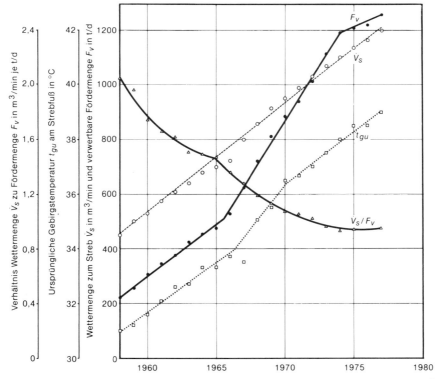

Bild 8. Verwertbare Fördermenge je Abbaubetrieb F_v, Wettermenge zum Streb $\dot{V}_S$, ursprüngliche Gebirgstemperatur t_{gu} und das Verhältnis $\dot{V}_S/F_v$ im Ruhrrevier.

werden, wird bei einer Wettermenge von 1137 m³/min die Trockentemperatur zwar nur um rd. 3,5 K, die Effektivtemperatur aber auch um rd. 3 K erhöht. Bei der Wettermenge von 449 m³/min wäre der Anstieg sogar 8,7 K in der Trockentemperatur und etwa 10 K in der Effektivtemperatur. Wie Bild 8 zeigt, ist die Steigerung der Wettermenge $\dot{V}_s$ leider deutlich geringer als die der verwertbaren Fördermenge F_v, so daß der Quotient $\dot{V}_s/F_v$ von 2 auf 1 m³/min je t/d fällt.

Aufgrund der Zunahme von Gebirgstemperatur und Elektrowärme zusammen hätte die Effektivtemperatur im Jahr 1978 trotz der Steigerung der Wettermenge um rd. 4 + 3 = 7 K höher liegen müssen als im Jahr 1958. Tatsächlich beträgt die Zunahme der Effektivtemperatur aber nur rund 3 K.

Die Ursachen für diese viel geringere Klimaverschlechterung liegen zum Teil in der verstärkten Anwendung der Y-Bewetterung, zum Teil im verstärkten Einsatz von Wetterkühlanlagen, insbesondere in den letzten 5 Jahren.

Nach den Angaben in den Klimafragebogen 1978 werden in 56 Abbaubetrieben die Wetter gekühlt. Die gesamte Kühlleistung im Abbau betrug ungefähr 40 MW. Das bedeutet eine Kühlleistung von 700 kW je gekühltem Abbau. Bezogen auf die Gesamtzahl von 240 Abbaubetrieben entfällt auf jeden immer noch eine hypothetische Kühlleistung von 167 kW, und damit kann man bei einer mittleren Wettermenge von 1137 m³/min die Effektivtemperatur um rd. 3 K senken.

Zum Schluß soll noch erwähnt werden, daß bisher über das Klima an den Arbeitsplätzen bei regelmäßiger Arbeit gesprochen wurde. Selbstverständlich gibt es Sonderfälle, in denen noch wesentlich ungünstigere Klimaverhältnisse als die genannten auftreten können. Zum Beispiel kann durch den Einbruch von heißen Wässern, wie er im deutschen Steinkohlenbergbau allerdings nur selten vorkommt, kurzzeitig ein so heißes Klima auftreten, daß die regelmäßige Arbeit eingestellt werden muß. Noch extremere Bedingungen können beim Einsatz der Grubenwehr auftreten, bei der Brandbekämpfung oder bei der Befahrung abgedämmter Strecken. Für den Einsatz von Grubenwehrleuten gibt es besondere Vorschriften (5). Danach ist die zulässige Einsatzdauer bei $t_f = 40\,°C$ noch 25 min, wenn auch $t_t = 40\,°C$ beträgt, und 15 min, wenn $t_t = 50\,°C$ ist. Bei $t_f = 32\,°C$ ist die Einsatzdauer mit 60 min überraschend gering, wenn man daran denkt, daß bei dieser Feuchttemperatur ($t_{eff} < t_f$) bei einer normalen Tätigkeit noch 5 h Arbeitszeit erlaubt sind. Es ist aber zu berücksichtigen, daß beim Grubenwehreinsatz oft besonders schwierige Verhältnisse vorliegen, daß eventuell Sauerstoffkreislaufgeräte oder Flammschutzanzüge getragen werden müssen, daß manchmal besonders schwere körperliche Arbeit geleistet werden muß, und daß nach einer Ruhepause von mindestens 2 h auch ein erneuter Einsatz erfolgen kann.

4. Ursachen der Wettererwärmung

Die Wetter erwärmen sich auf ihrem Weg durch die Grube aus mehreren Gründen, zunächst beim Einfallen in den Einziehschächten überwiegend durch Selbstverdichtung (Autokompression), und dann — insbesondere in Förderstrecken und Abbaubetrieben — durch den Wärmezufluß aus dem Gebirge und die Wärmeabgabe der Maschinen und des Fördergutes. Das Ausmaß der Wettererwärmung hängt aber auch von der Wettermenge und dem Zustand der angesaugten Luft ab, worauf im Abschnitt 4.1 eingegangen wird. Je größer die Wettermenge, umso größer ist die Wärmeübertragung vom Gebirge an die Wetter, allerdings unterproportional, so daß die Zustandsänderung der Wetter sich mit zunehmender Wettermenge abschwächt. Die Wärmeabgabe von Maschinen ist unabhängig von der Wettermenge, so daß die spezifische Wettererwärmung (Zustandsänderung) umgekehrt proportional zur Wettermenge ist. Je wärmer und feuchter die angesaugten Wetter sind, umso kleiner ist die Wettererwärmung; der am Ende der Wetterwege erreichte Klimazustand ist jedoch stets etwas wärmer, wenn die Wetter wärmer angesaugt wurden.

4.1 Einfluß der Zustandsänderungen der Atmosphäre

Da die Grubenwetter über Tage angesaugt werden, und die Atmosphäre tages- und jahreszeitlichen Temperatur- und Feuchtigkeitsschwankungen unterliegt, treten solche auch unter Tage auf.

Die tageszeitlichen Schwankungen der absoluten Luftfeuchtigkeit der Atmosphäre sind im allgemeinen gering. Die tageszeitlichen Temperaturschwankungen über Tage können dagegen sehr groß sein, sie schwächen sich aber auf dem Weg durch die Grube stark ab, so daß man im Abbau keinen tageszeitlichen Einfluß mehr erkennen kann. Als Beispiel hierfür sollen die Ergebnisse einer Temperaturmessung in einem Einziehschacht mit einer Wettermenge von 87 m^3/s mitgeteilt werden. Die Übertagetemperaturen änderten sich vom Tiefstwert $-3{,}1\,°C$ (etwa um 7 Uhr morgens) bis auf den Höchstwert $12{,}0\,°C$ (gegen 17.00 Uhr). Im Füllort der 1000-m-Sohle schwankten die Trockentemperaturen dagegen nur zwischen 11,9 und $13{,}4\,°C$. Am Ende der anschließenden, 1200 m langen Richtstrecke mit einer Wettermenge von 30 m^3/s lagen die Temperaturschwankungen bereits unter 0,2 K.

Plötzliche, starke Temperaturänderungen der Atmosphäre, die über mehrere Tage oder gar Wochen anhalten, sind dagegen auch in der Grube deutlich zu spüren, und zwar um so stärker, je größer die Wettermenge ist. Auch hierfür ein Zahlenbeispiel: Bei einem Temperaturanstieg der Luft über Tage im Tagesmittel von etwa $-6\,°C$ auf $+8\,°C$ (innerhalb 1 Woche) stieg die Temperatur am Füllort von $8\,°C$ auf $16\,°C$. Im anschließenden Wetterweg wurde in 1200 m Entfernung vom Füllort noch ein Temperaturanstieg von 22 auf ungefähr $23\,°C$ gemessen. — Ein anderes Meßbeispiel wird im Bild 9 dargestellt (48). Auch hier bedeutet der Punkt 2 das Füllort; Punkt 3 liegt am Eintritt in den Abbau.

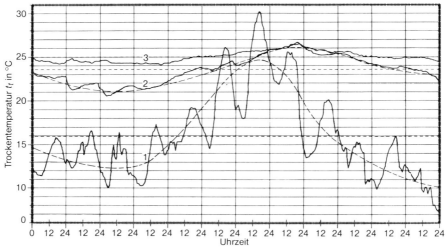

Bild 9. Dämpfung einer zweiwöchigen Temperaturschwankung der atmosphärischen Luft (Kurve 1) in den untertägigen Grubenbauen.

Die jahreszeitlichen Schwankungen der Temperatur und des Wasserdampfgehaltes der Luft werden weit in die Grube hineingetragen und sind auch im Abbau zu spüren. Wie die Auswertung der Klimastatistik zeigt, beträgt der mittlere Temperaturunterschied zwischen Sommer und Winter — über Tage im Ruhrgebiet etwa 16 K — am Strebeingang 3 K und am Strebausgang noch etwa 1,5 K. Für das Klima wichtiger als diese Temperaturänderungen ist die jahreszeitliche Schwankung der absoluten Feuchtigkeit der Wetter. Sie beträgt über Tage etwa 4 bis 5 g/kg und bleibt bis zum Eintritt in den Abbau weitgehend erhalten. Im Abbau dürfte der Unterschied zwischen Sommer und Winter dann auf etwa 3 g/kg verringert werden; das ist aber immer noch ein für das Klima viel bedeutsamerer Betrag als die Temperaturschwankung von etwa 2 K.

4.2 Selbstverdichtung der Wetter

Fallen Wetter in einen geneigten Grubenbau, beispielsweise in einen Schacht, ein, so werden sie komprimiert und erwärmen sich dabei. Diese Erscheinung gilt allgemein für das abgebremste Fallen eines Körpers im Gravitationsfeld der Erde: Potentielle Energie wird über Reibung in Wärmeenergie umgesetzt. Fällt 1 kg 101,9 m und wird abgebremst, so ist eine Arbeit von 1 kJ frei geworden. Die Enthalpiezunahme Δh der Wetter beträgt also 1 kJ/kg.

Wenn dabei kein Wasser verdunstet wird, steigt die Trockentemperatur der Wetter um 1 K je 102 m Teufendifferenz. Die Gleichungen zur Berechnung der Temperaturzunahme Δt_t von 1 kg Wettern bei einer Teufendifferenz H in m und trockener Erwärmung seien einmal genannt:

$$\dot{Q}_{ab} = \dot{m}_w \, g \, H \text{ in W} \quad \dots \dots \dots \dots \dots \dots \dots \dots \text{[3]}$$

40

$\dot{Q}_{ab}$ ist die durch Änderung der potentiellen Energie freiwerdende Wärme mit

$\dot{m}_w$ in kg/s Massenstrom der Wetter

$g = 9{,}81$ m/s^2 Erdbeschleunigung

$$\dot{Q}_{ab} = \dot{Q} = \dot{m}_w \, \Delta h \ \text{in W} \ \dotfill \ [4]$$

$\dot{Q}$ Wärmeaufnahme der Wetter

Δh Änderung der Enthalpie h in J/kg

$$\Delta h = \dot{Q}/\dot{m}_w = \frac{\dot{m}_w \, g \, H}{\dot{m}_w} \ \text{in} \ \frac{\text{kg s m m}}{\text{s kg s}^2} = \frac{\text{Nm}}{\text{kg}} = \frac{\text{J}}{\text{kg}} \ \dotfill \ [5]$$

$$\Delta t_t = \frac{\Delta h}{c_{pL}} \ \text{in K} \ \dotfill \ [6]$$

$c_{pL} = 1$ kJ/kg K $= 1000$ J/kg K spezifische Wärme der Wetter

Bei einer Teufendifferenz $H = 1$ m erhält man:

$$\Delta h = \frac{\dot{m}_w \, g \, H}{\dot{m}_w} = 9{,}81 \cdot 1 \ \text{in J/kg} \ \text{und}$$

$$\Delta t_t = \frac{\Delta h}{c_{pL}} = \frac{9{,}81}{1000} = \frac{1}{101{,}9} \ \text{in K}$$

Die Wärmequelle Selbstverdichtung ist schon in den maximal 1400 m tiefen deutschen Bergwerken bedeutend. Die Wetter erwärmen sich dadurch in trockenen Wetterwegen also um maximal 14 K. Tatsächlich ist die Wettererwärmung im Jahresmittel etwas geringer, weil die Wärme teilweise zur Verdunstung von Feuchtigkeit verwendet wird. Unabhängig davon sorgt die Speicherwirkung des Gebirges dafür, daß die Erwärmung im Sommer deutlich kleiner, im Winter entsprechend größer ist als im Jahresdurchschnitt.

In den bis zu 3800 m tiefen Goldbergwerken Südafrikas ist die Selbstverdichtung die wichtigste Wärmequelle überhaupt. Die Wetter würden sich in trockenen Schächten um 38 K, also von 12 auf 50 °C erwärmen. Dieser Temperaturanstieg um 38 K entspricht einer Enthalpiezunahme von 38 kJ/kg. Das bedeutet bei einer Wettermenge von 200 m^3/s in einem Einziehschacht eine Wärmeaufnahme von rd. 9000 kW bzw. 9 MW, entspricht also der Kühlleistung der größten zur Zeit im deutschen Bergbau geplanten zentralen Wetterkühlanlagen.

Ist der Schacht naß, so wird nur ein Teil der Enthalpiezunahme eine Temperaturerhöhung bewirken, der Rest wird zur Verdunstung von Wasser verbraucht und bewirkt so eine Erhöhung des Wasserdampfgehaltes.

Die Verdichtungswärme ist in Einziehschächten die wichtigste, oft sogar die einzige Wärmequelle von Bedeutung. In anderen geneigten Grubenbauen, insbesondere in Streben, ist die Verdichtungswärme nur eine von vielen, meistens eine unbedeutende Wärmequelle.

Steigen die Wetter in geneigten Grubenbauen auf, so expandieren sie; die Expansion hat eine Enthalpieverringerung und Temperatursenkung zur Folge, deren Wert, mit negativem Vorzeichen, derselbe ist wie bei der Kompression.

Von der Ewald-Kohle AG sind über mehrere Jahre Temperaturen in mehreren Einziehschächten gemessen worden. Dabei zeigte es sich, daß die tatsächliche

Enthalpiezunahme um 25% über dem aufgrund der Verdichtung zu erwartenden Wert lag. Es sind also außer der Verdichtung noch andere Wärmequellen wirksam. Von dieser Enthalpiezunahme entfielen dann 64% auf eine Temperaturzunahme, 36% auf eine Wasserdampfaufnahme. Die tatsächliche Temperaturzunahme der Wetter im Einziehschacht liegt deshalb mit rund 0,8 K/100 m Teufe um 20% unter dem theoretischen Wert bei adiabatischer Verdichtung trockener Luft.

Die Wärmequelle Selbstverdichtung läßt sich nicht ausschalten und sie vergrößert sich natürlich mit dem Vorrücken des Abbaus in die Teufe. Es ist kein Trost, daß im aufsteigenden Ausziehweg infolge der Expansion eine entsprechende Abkühlung stattfindet, da diese den natürlichen Auftrieb verringert und vielfach zur unerwünschten Kondensation von Wasserdampf im Ausziehschacht führt. Erfreulich ist nur die Tatsache, daß im Sommer ein Teil der Kompressionswärme an das kühlere Gebirge rings um den Schacht abgegeben wird, der dann im Winter wieder an die Wetter übertragen wird. Dadurch wird in einem tiefen Schacht bei einem jahresdurchschnittlichen Temperaturanstieg von 10 K im Winter ein Anstieg von rd. 13 K, im Sommer ein Anstieg von rd. 7 K auftreten.

Die mittlere Gewinnungsteufe nimmt übrigens in den letzten Jahren um etwa 12 m je Jahr zu. Das bedeutet, daß die Wettertemperatur allein aufgrund der Kompressionswärme jährlich um 0,1 K steigen muß. Außerdem bedeutet dieser Teufenzuwachs eine Erhöhung der Gebirgstemperatur um jährlich 0,5 K. Damit ist eine verstärkte Wärmeabgabe des Gebirges und der Förderkohle verbunden, die eine Wettererwärmung um mindestens 0,25 K je Jahr nach sich zieht. Wesentlich bedeutungsvoller als Ursache für die Zunahme der Klimaschwierigkeiten im Abbau ist allerdings die Steigerung der Betriebspunktfördermengen, die eine Vergrößerung des Wärmeflusses aus dem Gebirge (einschließlich Altem Mann) und aus der Förderkohle sowie eine verstärkte Wärmeerzeugung der elektrischen Betriebsmittel bewirkt.

4.3 Wärme aus dem Gebirge

Das Gebirge ist ein fast unerschöpfliches Wärmereservoir. Es ist nicht sinnvoll, in tiefen Gruben das gesamte Gebirge auskühlen zu wollen, um so eine Aufheizung der Wetter zu verhindern. Wollte man in einem Grubenfeld von 20 km^2 Größe das Gebirge zwischen der 800- und 1000-m-Sohle von 40 auf 25 °C abkühlen $(2,1 \cdot 10^{14}$ kJ), so müßten Kältemaschinen mit der Leistung von 100 Strebkühlanlagen mit je 700 kW 100 Jahre lang laufen. Man sollte also im Gegenteil bemüht sein, so wenig Wärme wie möglich aus dem Gebirge abzuziehen. Das legt den Gedanken nahe, die Grubenbaue zu isolieren. Eine Isolierung wäre aber sehr teuer und die Wirkung gering. Wirksamer ist ein Trockenhalten der Wetterwege, weil der Wärmeübergangswiderstand an der Oberfläche des Wetterweges, der ähnlich wie eine Isolierung wirkt, bei einer trockenen Oberfläche viel größer ist als bei einer feuchten. Alle diese Maßnahmen sind aber wenig praktikabel. Glücklicherweise wirkt das bereits abgekühlte Gebirge rund um einen Wetterweg selbst wie eine Isolierzone und bremst den Wärmestrom umso mehr, je länger und stärker der Grubenbau bewettert wurde. Eine Erhöhung der Wettermenge ist deshalb die wirksamste Maßnahme, weil erstens die natürliche Isolierwirkung des Gebirges vergrößert und außerdem die spezifische Wärmeaufnahme der Wetter verringert werden.

Der Wärmeaustausch zwischen dem Gebirge und den Wettern ist näherungsweise proportional dem Temperaturunterschied zwischen dem Gebirge und den Wettern, der Wettergeschwindigkeit und der Oberfläche der Grubenbaue. Es spielt also die sogenannte ursprüngliche Gebirgstemperatur t_{gu} eine große Rolle. Je höher diese ist, umso mehr Wärme fließt vom Gebirge in die Wetter.

Das Bild 10 zeigt die Temperatur t_{gu} als Funktion der Teufe für verschiedene Bergbaugebiete in der Welt. Die höchsten Gebirgstemperaturen im Bereich von Grubenbauen, also auch Arbeitsplätzen der Bergleute, liegen bei ungefähr 60 °C. Diese Werte werden aber zum Beispiel in der Bundesrepublik Deutschland, sowohl im Steinkohlen- als auch im Kalisalzbergbau, bereits in etwa 1300 m Teufe erreicht, während sie im südafrikanischen Goldbergbau erst in einer Teufe von 3500 bis 4000 m auftreten. Wesentlich höhere Gebirgstemperaturen als 50 bis 70 °C gibt es nur ganz vereinzelt, so in Tunnelvortrieben in Japan, wo in der Nähe von Vulkanen Werte von 90 °C und mehr gemessen wurden.

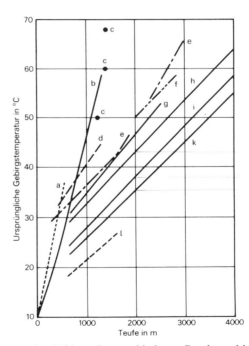

a Ungarn, Kohle
b Ruhr, Kohle
c USA (Butte), Kupfer
d Zambia, Kupfer
e Indien, Gold
f Brasilien, Gold
g Orange Freistaat, Gold
h Klerksdorp, Gold
i Ost-Rand, Gold
k Central-Rand, Gold
l Kanada, Nickel

Bild 10. Ursprüngliche Temperatur des Gebirges in verschiedenen Bergbaugebieten.

Das Bild 11 macht deutlich, daß die Gebirgstemperatur nicht nur eine Funktion der Teufe ist. Im Ruhrrevier gibt es in gleicher Teufe Differenzen bis über 10 K. Die Höchstwerte trifft man in Sätteln, die Tiefstwerte in Mulden an.

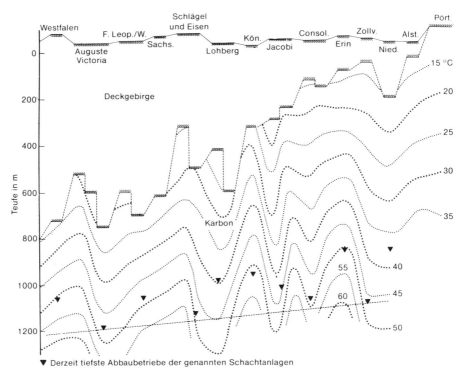

Bild 11. Ursprüngliche Gebirgstemperaturen im Karbon des Ruhrreviers (schematische Darstellung).

Die Kenntnis der Gebirgstemperatur ist notwendig und sei hier als bekannt vorausgesetzt. Auf die meßtechnische Bestimmung dieser wichtigen Größe wird später noch näher eingegangen.

In Wirklichkeit ist die Abhängigkeit der Wettererwärmung von der Gebirgstemperatur oft viel komplizierter als oben angedeutet, sie hängt von der Wärmeleitfähigkeit des Gebirges, vom Bewetterungsalter der Grubenbaue, und in feuchten Wetterwegen ganz besonders von der relativen Luftfeuchtigkeit der Wetter ab. Eine Gleichung zur vereinfachten Berechnung des Anstieges der Trockentemperatur der Wetter hat folgende Form:

$$t_{tz} = t_{gu} - (t_{gu} - t_{to})\, e^{-\frac{U \lambda_t K(\alpha)}{\dot{m}_w c_{pL} r_o} z} \text{ in °C} \quad\dots\dots\dots\dots\dots\dots\dots\dots\dots \text{[7]}$$

t_{tz} Trockentemperatur in °C am Ende des Wetterweges der Länge z in m

t_{to} Trockentemperatur in °C am Anfang des Weges

U Umfang des Wetterweges in m

λ_t Kenngröße, welche die Wärmeleitfähigkeit λ in W/mK des Gebirges und den Anteil der Wasserverdunstung an der Wärmeübertragung berücksichtigt

44

$K(\alpha)$ Altersbeiwert, das heißt eine Kenngröße, die das Bewetterungsalter des
Weges berücksichtigt

$\dot{m}_w$ Massenstrom der Wetter in kg/s

r_o gleichwertiger Radius des Wetterweges in m

Auf die verwickelten Formalismen der Klimavorausberechnung soll hier noch
nicht eingegangen werden. Sie werden im Kapitel 6 behandelt. Es genügt hier
mitzuteilen, daß Programme zur Klimavorausberechnung mit digitalen Rechenanlagen erarbeitet wurden, die das Klima in durchgehend bewetterten oder auch
in sonderbewetterten Grubenbauen in wenigen Minuten (für jeden Wetterweg)
berechnen. — Die Klimavorausberechnung ist jedenfalls ein wichtiges Mittel zur
Planung, denn man sollte rechtzeitig wissen, welche Klimawerte auftreten bzw.
welche Maßnahmen man ergreifen muß.

Die Wärmemenge, die mit Kurzschlußwettern aus dem Alten Mann herausge-
spült wird, wird übrigens bei diesen Berechnungsverfahren mit erfaßt. Welchen
Einfluß die Gebirgstemperatur auf die Temperaturen im Abbau hat, zeigt
Bild 12. Eine Änderung der Gebirgstemperatur um 1 K bringt eine Änderung
von Trocken- und Effektivtemperatur um rd. 0,5 K mit sich.

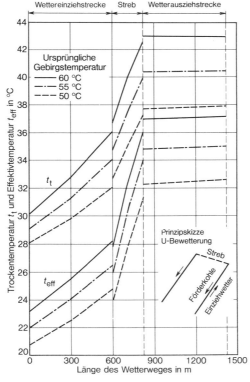

Bild 12. Trockentemperatur und Effektivtemperatur in Abbaubetrieben mit hohen ursprünglichen Gebirgstemperaturen.

Die Wärmeabgabe des festen Gebirges hängt also in erster Linie von der Höhe der Gebirgstemperatur bzw. von der Differenz zwischen Gebirgs- und Wettertemperatur und von der Wärmeleitfähigkeit des Gesteins ab. Sandstein ist stets ungünstiger als Schieferton, einmal wegen der höheren Wärmeleitfähigkeit, zum anderen wegen der im allgemeinen stärkeren Wasserzuflüsse.

Die Wärmeabgabe des Gebirges einschließlich der Wärmezufuhr aus dem Alten Mann ist vielfach die wichtigste Wärmequelle, sie wird deshalb später noch eingehend bei der Klimavorausberechnung behandelt.

Die Wärmeabgabe der Förderkohle ist ihrem Ursprung nach zwar auch ein Teil der Gebirgswärme; sie soll aber wegen der Besonderheiten bei der Wärme- und Stoffübertragung in einem eigenen Abschnitt besprochen werden.

4.4 Wärme aus Haufwerk und Fördergut

Die bedeutendste Wärmequelle dieser Art ist die Wärmeabgabe der Kohle auf Stetigförderern, insbesondere wenn die Kohle im Einziehweg der Wetter abgeführt wird. In langen Bandstrecken wurden Wärmeabgaben der Förderkohle von 230 kW und mehr gemessen. Einzelheiten über die Messungen sind im Schrifttum (77) enthalten.

Die zusätzliche Wärmeaufnahme der Wetter infolge der Wärmeabgabe der Förderkohle ist stets etwas geringer als die Wärmeabgabe der Kohle, weil der Wärmefluß aus dem Gebirge dadurch gebremst wird. Im Mittel wird die in den Wettern zu beobachtende Steigerung der Wärmeaufnahme während der Förderung 60 bis 80% der Wärmeabgabe der Förderkohle ausmachen. Die Wärmeabgabe der Kohle $\dot{Q}_K$ errechnet sich nach Gleichung [8]:

$$\dot{Q}_K = \dot{m}_K \, c_K \, \Delta t_K \text{ in kW} \dots\dots\dots\dots\dots\dots\dots\dots\dots\dots \text{[8]}$$

$\dot{m}_K$ Fördermenge (Rohkohle) in kg/s

c_K spezifische Wärme der Förderkohle $\approx 1{,}25$ in kJ/kg K

Δt_K Abkühlung der Förderkohle im betrachteten Wetterweg in K

Eine genauere Berechnung der unbekannten Größe Δt_K ist nach den Angaben im Schrifttum möglich. Sie erfordert einen großen Rechenaufwand. Eine Überschlagsrechnung ist mit der Gleichung [9] möglich; das Ergebnis kann jedoch recht ungenau sein; insbesondere bei großen Fördermengen errechnet man einen zu hohen Wert.

$$\Delta t_K \approx 0{,}0024 \, L^{0,8} \, (t_K - t_{fm}) \text{ in K} \dots\dots\dots\dots\dots\dots \text{[9]}$$

L Weglänge bzw. Länge des Stetigförderers in m

t_K mittlere Temperatur der Förderkohle am Anfang des betrachteten Weges in °C

t_{fm} mittlere Feuchttemperatur im betrachteten Wetterwegabschnitt in °C

Kennt man die Kohlentemperatur t_K nicht, so kann man davon ausgehen, daß t_K in der Abbaustrecke am Streb etwa um 4 bis 8 K unter der ursprünglichen Gebirgstemperatur im Streb liegt.

Im Gegensatz zu der früher herrschenden Meinung, daß durch die Wärmeabgabe der Förderkohle die Trockentemperatur der Wetter gemäß der Gleichung [10.1] ansteigen muß, zeigte es sich, daß nur etwa 10 bis 20% der Wärmeaufnahme der Wetter auf eine vermehrte Temperaturzunahme, aber 80 bis 90% auf eine vergrößerte Wasserdampfaufnahme zurückzuführen sind. Der größte Teil der von der Kohle abgegebenen Wärme wird also zur Verdunstung des in der Förderkohle enthaltenen Wassers verbraucht.

$$\Delta t_t = \frac{\dot{Q}_K}{\dot{m}_w \, c_{pL}} \text{ in K} \dots\dots\dots\dots\dots\dots\dots\dots\dots [10.1]$$

Aus dem Gesagten ergeben sich die folgenden Formeln zur Berechnung der zusätzlichen Temperaturerhöhung Δt_{tK} und der zusätzlichen Wasserdampfaufnahme Δx_K aufgrund der Wärmeabgabe der Förderkohle:

$$\Delta t_{tK} = \frac{0{,}7 \, \dot{Q}_K \cdot 0{,}15}{\dot{m}_w \, c_{pL}} \text{ in K} \quad \dots\dots\dots\dots\dots\dots\dots [10.2]$$

$$\Delta x_K = \frac{0{,}7 \, \dot{Q}_K \cdot 0{,}85}{\dot{m}_w \, r_v} \text{ in kg/kg} \dots\dots\dots\dots\dots\dots [11]$$

Der Wert $\dot{Q}_K$ muß über die Gleichungen [8] und [9] ermittelt werden mit $\dot{m}_w$ als Wettermenge in kg/s.

Um mit den Gleichungen [8] bis [11] vertraut zu machen, soll ein einfaches Berechnungsbeispiel folgen.

Rechendaten

Länge der Abbaustrecke $L = 700$ m
ursprüngliche Gebirgstemperatur $t_{gu} = 47\,°C$
Temperatur der Kohle am Anfang der Bandstrecke (am Streb) $t_K = 40\,°C$
mittlere Feuchttemperatur $t_{fm} = 20\,°C$

Daraus ergibt sich nach Gleichung [9] die Abkühlung der Kohle zu

$\Delta t_K = 0{,}0024 \cdot 700^{0{,}8} \cdot 20 = 9{,}1$ K

Bei einer Förderung von $\dot{m}_K = 33{,}3$ kg/s erhält man nach Gleichung [8] die Wärmeabgabe der Kohle:

$\dot{Q}_K = 33{,}3 \cdot 1{,}25 \cdot 9{,}1 = 380$ kW

Die Wettermenge betrage $\dot{V} = 15$ m³/s bzw. $\dot{m}_w = 19{,}5$ kg/s.

Dann ist nach Gleichung [10.2]:

$$\Delta t_{tK} = \frac{0{,}7 \cdot 380 \cdot 0{,}15}{19{,}5 \cdot 1} = 2{,}0 \text{ K}$$

und nach der Gleichung [11]:

$$\Delta x_K = \frac{0{,}7 \cdot 380 \cdot 0{,}85}{19{,}5 \cdot 2500} = 0{,}0046 \text{ kg/kg} = 4{,}6 \text{ g/kg}.$$

Nehmen wir an, der Wetterzustand am Strebeingang betrage vor Beginn der Förderung $t_t = 28\,°C$ und $t_f = 22\,°C$, dann ändern sich diese Werte während der Förderung auf $t_t = 30\,°C$ und $t_f = 25{,}7\,°C$. Der Wasserdampfgehalt steigt von 12,4 auf 17 g/kg und die relative Feuchte von 58 auf 70%. Nimmt man eine Wettergeschwindigkeit von $w = 1,5$ m/s an, so steigt die Effektivtemperatur von 20,8 auf 24,2 °C, das ist eine ganz beträchtliche Verschlechterung des Klimas, die natürlich auch noch im nachfolgenden Wetterweg, vor allem im Streb, spürbar ist, sich allerdings über der Weglänge abschwächt.

Im Schrifttum (77) sind Meßergebnisse mitgeteilt, die diese überraschend hohen Rechenergebnisse bestätigen. Danach steigt beim Anlaufen der Förderung die Trockentemperatur am Ende einer 900 m langen Kohlenabfuhrstrecke bzw. am Strebeingang von 28 °C bei Förderruhe auf 32 °C während intensiver Förderung. Dieser ungewöhnlich hohe Temperaturanstieg ist dadurch bedingt, daß erstens die Kohle recht trocken war, zweitens die Wettermenge mit rd. 8 m^3/s gering war und außerdem natürlich die Wärmeabgabe der Bandantriebe mit zu der Erwärmung beiträgt. Klimatisch bedeutsamer ist trotzdem die Zunahme der relativen Luftfeuchtigkeit am Strebeingang von 52 auf etwa 75% (Bild 13).

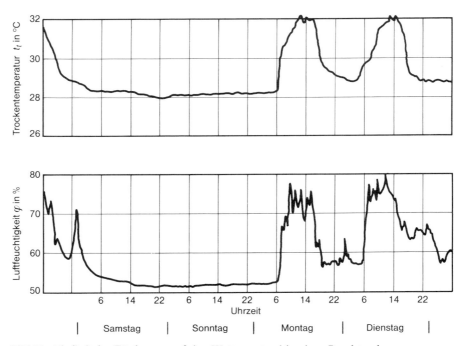

Bild 13. Einfluß der Förderung auf den Wetterzustand in einer Bandstrecke.

4.5 Wärmeabgabe von Maschinen

Eine Wärmequelle, deren Bedeutung ständig zunimmt, ist die Wärmeabgabe von Maschinen oder anderen Betriebsmitteln. Sie ist zwar von der Teufe unabhängig, wenn man davon absieht, daß mit der Teufe auch die Förderwege etwas länger werden, aber diese Wärmequelle ist so bedeutend, daß sie bei der Klimaplanung für mechanisierte Betriebspunkte von besonderem Gewicht ist. Man kann davon ausgehen, daß die von elektrischen Betriebsmitteln aus dem Netz aufgenommene elektrische Energie $\dot{Q}$ in kW annähernd vollständig in Wärme umgesetzt wird, sofern keine Hubarbeit geleistet wird. Diese Wärme wird an die Umgebung abgeführt und das ist vor allem der Wetterstrom, der über diese Betriebsmittel streicht.

Nehmen wir vorerst vereinfachend an, daß die Wärmeabgabe der Maschinen $\dot{Q}_{ab}$ gleich der Wärmeaufnahme $\dot{Q}$ der Wetter ist, dann gelten folgende einfache Beziehungen

$$\dot{Q} = \dot{m}_w \, \Delta h \text{ in kW} \quad\dotfill\quad [4]$$

Bei trockener Wärmeübertragung ist

$$\Delta h = c_{pL} \, \Delta t_t \text{ in kJ/kg} \quad\dotfill\quad [12]$$

und daraus ergibt sich die Bestimmungsgleichung für den Temperaturanstieg der Wetter Δt_t:

$$\Delta t_t = \frac{\dot{Q}}{\dot{m}_w \, c_{pL}} \text{ in K} \quad\dotfill\quad [13]$$

Der Massenstrom der Wetter $\dot{m}_w$ ist bekanntlich

$$\dot{m}_w = \dot{V} \varrho \text{ in kg/s} \quad\dotfill\quad [14]$$

mit dem Wettervolumenstrom $\dot{V}$ in m³/s und der Dichte der Wetter ϱ in kg/m³.

Sind in einem Abbau 1500 kW installiert und werden im Durchschnitt des Tages 700 kW verbraucht und in Wärme umgesetzt, so kann dadurch die durchschnittliche Wettermenge im Streb von rd. 20 m³/s um 28 K erwärmt werden [700 : (20 · 1,25 · 1)]. Im Steinkohlenbergbau, wo stets Feuchtigkeit vorhanden ist und verdunstet, werden nur etwa 30% der Wärme trocken übertragen. Die Trockentemperatur der Wetter würde also um rd. 8 K und die Effektivtemperatur um mindestens den gleichen Betrag steigen. Nach neuesten Forschungsergebnissen ist die Situation etwas günstiger, weil ein Teil der Wärme, etwa 30%, mit dem entsprechend erwärmten Fördergut aus dem Abbau abtransportiert wird. Es bleibt aber immer noch eine das Klima außerordentlich verschlechternde Erhöhung von Trocken- und Effektivtemperatur um jeweils 5 bis 6 K übrig. Diese errechneten Werte wurden durch Messungen in einem Abbau mit einer großen Fördermenge von 3200 t v.F./d von W. Schlotte bestätigt (139). Das Bild 14 zeigt, wie sich die Wärmeabgabe von Maschinen und Fördergut auf das Klima auswirken.

Ähnlich große Klimabeeinflussungen treten in Streckenvortrieben mit Vollschnittmaschinen auf, wo bis zu 1200 kW elektrischer Leistung installiert sind und im ortsnahen Streckenteil im Mittel der Schneidschichten mit 18 h/d 400 kW (Bild 15) an die Wetter abgegeben werden (71). Da die Wettermenge in Streckenvortrieben zumeist kleiner als im Abbau ist, erwärmen sich die Wetter entsprechend stark, trotz im Mittel kleinerer Energieumsätze als im Abbau.

Dieselmaschinen geben bei gleicher mechanischer Leistung wegen ihres schlechten Wirkungsgrades übrigens annähernd dreimal so viel Wärme ab wie elektrische Betriebsmittel. — Dieser Umstand ist zu beachten, wenn man Überlegun-

gen anstellt, ob man die elektrischen Maschinen im Abbau der Steinkohlenbergwerke durch Dieselaggregate ersetzen kann. Dies ist sicher nur für einen kleineren Teil der Maschinen möglich.

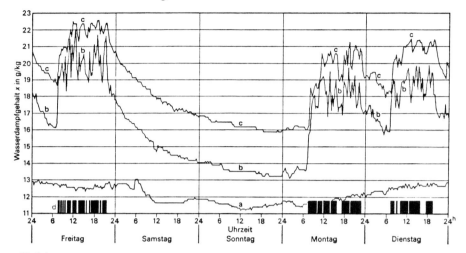

a Strebeingang
b Strebausgang
c Ende der ausziehenden Abbaustrecke

Bild 14. Wasserdampfgehalt der Wetter in Abhängigkeit vom Betriebsvorgang (Gleichstromführung von Kohle und Wettern).

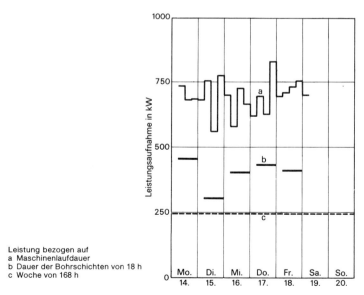

Leistung bezogen auf
a Maschinenlaufdauer
b Dauer der Bohrschichten von 18 h
c Woche von 168 h

Bild 15. Die Leistung der elektrischen Betriebsmittel im maschinellen Gesteinsstreckenvortrieb von 14. bis 20. Januar 1974; insgesamt sind 1180 kW installiert.

50

Rechenbeispiel

Hat man eine Vollschnittmaschine in einem Streckenvortrieb mit einer Leistung von 1000 kW, so wird bei einer durchschnittlichen Leistungsaufnahme von 42% eine Wärmemenge $\dot{Q} = 420$ kW frei. Wird diese Wärme einem Wetterstrom von $\dot{V} = 8$ m³/s bzw. $\dot{m}_w = 10,4$ kg/s konvektiv, also trocken übertragen, so erhielte man entsprechend Gleichung [13] den Temperaturanstieg:

$$\Delta t_t = \frac{\dot{Q}}{\dot{m}_w \, c_{pL}} = \frac{420}{10,4 \cdot 1} = 40 \text{ K}$$

In Wirklichkeit ist wieder, wie bei der Wärmeabgabe des Fördergutes, die Wärmeaufnahme der Wetter kleiner als die Wärmeabgabe der Maschine (71), weil ein Teil der Wärme an das gewonnene Gestein abgegeben wird und weil der vor dem Arbeiten der Maschine vorhandene Wärmefluß aus dem Gebirge verringert wird. Übrigens geht auch hier ein großer Anteil der Wärme in Form von Wasserdampf in die Wetter über. Solange man keine genaueren Untersuchungsergebnisse vorliegen hat, kann man damit rechnen, daß etwa 80% der Wärmeabgabe der Betriebsmittel in geringem Abstand hinter diesen als zusätzliche Wärmeaufnahme der Wetter zu beobachten sind, und zwar zu 75 bis 90% in Form von latenter Wärme (mit dem Wasserdampf). Das ergibt immerhin noch eine Temperaturerhöhung um 3 bis 8 K. Noch nachteiliger auf das Klima wirkt sich die Feuchtigkeitsaufnahme aus.

Zur Wärmeabgabe der Antriebe von Fördermitteln ist noch ergänzend zu sagen, daß nur etwa 10 bis 15% der elektrischen Energie an den Antrieben in Wärme umgesetzt werden. Der größere Teil wird erst am Fördermittel, über dessen ganze Länge verteilt, durch Reibung in Wärme umgesetzt, und diese Wärme wird wieder, wenn auch nicht in dem Ausmaß wie die Wärme aus der Kohle, hauptsächlich zur Verdunstung von Feuchtigkeit auf dem beladenen Förderer verbraucht.

4.6 Weitere Wärmequellen

Weitere erwähnenswerte Wärmequellen sind die Wärmeabgabe von warmen Rohrleitungen, Oxydationswärme und Grubenbrände. Natürlich gibt es auch Wärmesenken, durch die den Wettern Wärme entzogen wird, nämlich kalte Rohrleitungen, Kühlmaschinen und die schon erwähnte Expansion.

4.6.1 Wärmeübertragung an Rohrleitungen

Die wichtigsten Wärmequellen dieser Art sind heiße Druckluftleitungen, die man heute wegen der üblichen Zwischen- oder Nachkühlung der Druckluft nur noch selten findet, und Rohrleitungen zur Abführung warmen Wassers, insbesondere Kühlwasserleitungen. Von besonderer Bedeutung ist die Wärmeübertragung an Kaltwasserleitungen. — Auf die rechnerische Behandlung des Wärmeaustausches an Rohrleitungen wird im Abschnitt 6.3 näher eingegangen.

4.6.2 Oxydationswärme

Nach den wenigen bekannt gewordenen Untersuchungsergebnissen zur Frage der Bedeutung der Oxydation als Wärmequelle darf man annehmen, daß die Oxydation keinen großen Einfluß auf das Klima hat. Vereinzelt wurden im Abbau ungewöhnlich hohe Wärmeaufnahmen der Wetter gemessen, die möglicherweise auf die Oxydation von Pyrit zurückzuführen sind, das im Flöz und Flöznebengestein reichlich vorhanden war. Vereinzelte Angaben aus sowjetischem Schrifttum bestätigen, daß in einem Abbau kaum mehr als etwa 30 kW Oxydationswärme anfallen.

4.6.3 Wärmeabgabe von heißen Quellen

Diese Wärmequelle ist örtlich mitunter sehr bedeutend. Man sollte das warme Wasser möglichst an der Entstehungsstelle erfassen und am besten in Rohrleitungen, wenigstens aber in einer abgedeckten Wasserseige, abführen. In den tiefen Grubenbauen der deutschen Steinkohlenbergwerke sind heiße Quellen jedoch selten.

4.6.4 Grubenbrände

Grubenbrände stellen eine von ihrer Intensität und Ausdehnung abhängende und dementsprechend sehr verschieden große Wärmequelle dar. Die Nähe eines verdeckten Grubenbrandes wirkt sich — ähnlich wie die Nähe heißer Quellen — in einer örtlichen Überhöhung der Gebirgstemperaturen aus.

4.6.5 Wetterkühler

Wetterkühler sind neben nicht isolierten Kaltwasserrohrleitungen die einzigen Wärmesenken von Bedeutung. Ihre Leistung liegt zumeist zwischen 10 bis 20 kW bei Strebteilkühlern und 100 bis 250 kW bei Streckenkühlern. Wetterkühlmaschinen sind Wetterkühlern in ihrer Wirkung gleichzusetzen. — Diese Wärmesenken werden in den Abschnitten 9.3 und 9.4 noch eingehend behandelt.

5. Wichtige Maßnahmen zur Klimaverbesserung

Noch mehr als beim Kapitel 4 gelten die folgenden Ausführungen in erster Linie für den Abbau im deutschen bzw. im westeuropäischen Steinkohlenbergbau, also für den Strebbau oder Langfrontbau, wenn auch natürlich viele Maßnahmen, wie die Erhöhung der Wettermenge oder die Verwendung von Druckluft als Antriebsenergie oder die Wetterkühlung grundsätzlich die gleiche Wirkung in anderen Bergbauzweigen oder bei anderen Abbaumethoden haben. Die angeführten Zahlenbeispiele gelten jedoch alle für den Strebbau. — Man kann das Grubenklima durch verschiedene Maßnahmen verbessern, zumeist sind diese Maßnahmen aber mit zusätzlichen Kosten oder mit Nachteilen in anderer Hinsicht verbunden.

5.1 Erhöhung der Wettermenge

Die Wettermenge als wichtige Einflußgröße für das Grubenklima soll zuerst genannt werden. Sie hat nicht nur einen entscheidenden Einfluß auf das Klima, sie ist auch eine der wenigen Größen, die man durch betriebliche Maßnahmen stärker verändern kann, mitunter sogar mit einem verhältnismäßig geringen Kostenaufwand.

Die stärkste Wettererwärmung findet bei hohen Gebirgstemperaturen im Streb statt. Deshalb ist es auch besonders wirksam, die Wettermenge im Streb zu erhöhen. Diesen Weg hat man auch in den vergangenen 20 Jahren beschritten. Die Strebwettermenge, einschließlich eines Schleichwetterstromes in unmittelbarer Nähe des Strebes, stieg im Durchschnitt von 450 m³/min im Jahr 1958 über 990 m³/min im Jahr 1971 auf 1140 m³/min im Sommer 1978. Die Wettermenge wurde also fast verdreifacht. Es ist aber zu erkennen, daß sich der Anstieg der Strebwettermenge verlangsamt. Die in Verbindung mit neuen Ausbauarten (Schildausbau) eher kleiner werdenden lichten Querschnitte der Streben gestatten keine nennenswerten Erhöhungen der Strebwettermengen mehr, wenn man den von der Bergbehörde geplanten Grenzwert der mittleren Wettergeschwindigkeit $w = 4,5$ m/s nicht überschreiten will. Bei Schildausbau beträgt der lichte Querschnitt A in Abhängigkeit von der gebauten Flözmächtigkeit M etwa

$$A = 3 \, (M - 0,3) \text{ in m}^2 \quad \dots\dots\dots\dots\dots\dots\dots\dots\dots\dots \quad [15]$$

Die Grenzwettermenge im vom Ausbau abgegrenzten Streb liegt also bei 570, 1380 und 2200 m³/min, wenn $M = 1$, 2 oder 3 m ist. Für die derzeitige mittlere Flözmächtigkeit im westdeutschen Steinkohlenbergbau von 1,9 m ergäbe sich bei Schildausbau eine Wettermenge $\dot{V} = 1200$ m³/min. Zusammen mit der strebnahen Schleichwettermenge kommt man auf rd. 1400 m³/min. Diesem Grenzwert kommt der 1978 gemessene Durchschnittswert von 1140 m³/min schon recht nahe. Vielfach ist man schon an den Grenzen der Wettermengensteigerung angelangt, etwa im Abbau bei geringer Flözmächtigkeit wegen der zu hohen Wettergeschwindigkeit oder im gesamten Grubengebäude wegen des Zuschnitts der Wetterwege.

Immerhin gibt es noch viele Abbaue, in denen man die Strebwettermenge erhöhen könnte, und die maximale Strebwettermenge sollte in tiefen Abbauen stets angestrebt werden, auch wenn Wetterkühlung vorgenommen wird. Welch starken Einfluß die Wettermenge auf die Temperaturen am Strebausgang hat, zeigt Bild 16 für den heute noch vorherrschenden Typ der Wetterführung, die sogenannte U-Bewetterung.

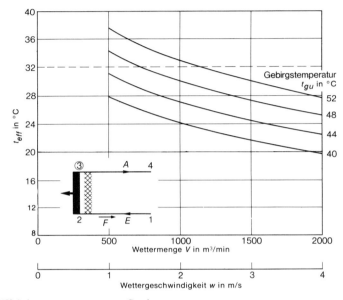

Bild 16. Effektivtemperatur t_{eff} am Strebausgang.

Im Gegensatz zu den Ausführungen in einigen älteren Veröffentlichungen bewirkt eine Erhöhung der Wettermenge im Abbau auch über 20 m³/s hinaus noch eine nennenswerte Temperatursenkung (79). Vor allem läßt sich eine wesentliche Klimaverbesserung erreichen. Das liegt daran, daß neben der Temperatur auch die Luftfeuchtigkeit sinkt, während die Wettergeschwindigkeit steigt. Übrigens ist es nicht damit getan, die in den Abbau einziehende Wettermenge zu erhöhen, diese Wetter müssen möglichst nahe an den Streb herangeführt werden und dürfen nicht als Schleichwetter durch den Alten Mann ziehen, wo sie sich außerdem noch mit Wärme und Wasserdampf beladen.

Zusammenfassend muß man zum Thema Strebwettermenge jedoch sagen, daß diese trotz aller Mühen viel langsamer gestiegen ist als zum Beispiel die Rohfördermenge je Betriebspunkt, die sich seit 1958 verfünffacht hat, während die Strebwettermenge nicht ganz verdreifacht werden konnte. Deshalb mußte vor allem eine sehr stark vergrößerte Leistung von Wetterkühlanlagen dafür sorgen, daß sich das Klima in den letzten Jahren nicht mehr nennenswert verschlechterte.

Bei Abbaubetrieben mit großen Fördermengen aus großen Teufen ist eine Berechnung der im Hinblick auf das Klima wünschenswerten Strebwettermenge eigentlich überflüssig. Das Ergebnis lautet fast immer: die Wettermenge sollte so groß sein wie unter den gegebenen Umständen möglich.

Das Bild 17 macht deutlich, wie rasant im letzten Jahrzehnt die Fördermenge je Abbau, die installierte elektrische Leistung je Abbau und insbesondere die im Bergbau verfügbare Kälteleistung für die Wetterkühlung gestiegen sind. Die mittlere Gebirgstemperatur stieg immerhin von 33,5 auf 39,5 °C, womit allein eine Klimaverschlechterung um rd. 3 K in Trocken- und Effektivtemperatur in Streb und Ausziehstrecke bei sonst unveränderten Daten bewirkt würde. Die verwertbare Fördermenge stieg von 500 auf 1300 t v.F./d, die installierte elektrische Leistung von etwa 400 auf 1300 kW und die Kälteleistung von rd. 10 MW im Jahre 1970 bis 1978 auf schon 124 MW. Im Dezember 1980 wurde ein neuer Höchststand von 146 MW erreicht.

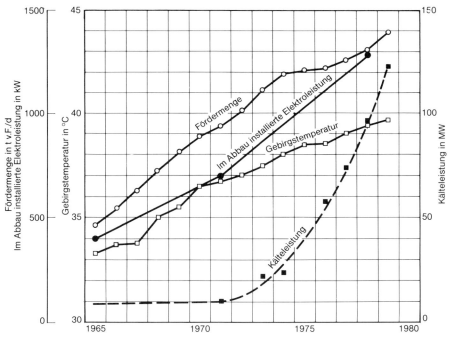

Bild 17. Entwicklung von Gebirgstemperatur, Fördermenge, installierter Elektroleistung und Kälteleistung je Abbaubetriebspunkt im westdeutschen Steinkohlenbergbau.

5.2 Hangendbehandlung

Wie schon erwähnt, nehmen die Kurzschlußwetter durch den Alten Mann viel Wärme auf, die dem Hauptwetterstrom am Strebende bzw. in der ausziehenden Abbaustrecke beigemischt wird. Die Aussage gilt für den heute weit überwiegend angewendeten Bruchbau. Diese Wärmequelle entfällt bei gut eingebrachtem Vollversatz. Bei niedriger Temperatur übt das Versatzgut eine zusätzliche Kühlwirkung auf die Wetter aus. Bei Blasversatz kommt noch die klimaverbessernde Wirkung der Druckluft hinzu. Je höher die Gebirgstemperatur und je größer die Fördermenge ist, umso größer wird die Kühlwirkung des Versatzes, und sie kann die Kühlwirkung einer kleinen bis mittleren Strebkühlanlage mit 400 bis 500 kW erreichen (81). Vollversatz ist eine recht teure Maßnahme zur Klimaverbesserung und wird deshalb zumeist nur angewandt, wenn auch andere gewichtige Gründe dafür sprechen.

Das Bild 18 zeigt als Auswertung von Messungen in vielen Abbauen, wie sich die Wettererwärmung im Streb durch Anwendung von Blasversatz verringert.

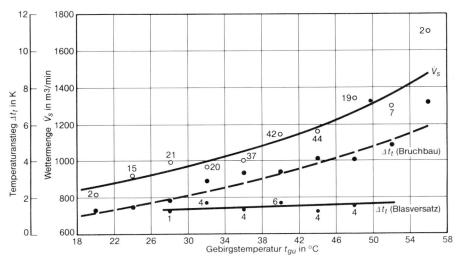

Bild 18. Strebwettermenge $\dot{V}_S$ und Temperaturanstieg im Streb Δt_l bei verschiedenen Gebirgstemperaturen. Die Ziffern an den Kurven geben die Zahl der gemittelten Abbaubetriebspunkte an.

5.3 Wetterführung

Vorteilhaft ist Abwärts- anstelle von Aufwärtsbewetterung. Da die Wetter dem Abbau über ausgekühlte Strecken auf einer höheren Sohle zugeführt werden, sind im Abbau um 1 bis 2 K günstigere Temperaturen zu erwarten.

Noch etwas wirksamer ist die Gleichstromführung von Wettern und Förderkohle. Wenn diese im Abbau in der gleichen Richtung fließen, also die Kohle in der ausziehenden Abbaustrecke abgefördert wird, herrschen in der einziehenden Abbaustrecke und im Streb erheblich günstigere Klimabedingungen, denn die Wärmequellen Förderkohle und Fördermittel sind hier nicht vorhanden. Die Effektivtemperaturen können um 4 bis 5 K am Strebeingang und um 1 bis 2 K am Strebausgang günstiger sein als bei Förderung in der einziehenden Abbaustrecke.

Zumeist bedeutet abfallende Wetterführung auch Gleichstromführung; die Vorteile addieren sich deshalb (Bild 19). Die genannten Zahlen gelten jedoch nur für große Teufenunterschiede und große Fördermengen sowie lange Abbaustrecken. Im Durchschnitt beträgt der Gewinn nur etwa 3 K am Strebeingang und 1 K am Strebausgang. — Außerdem sollte auch der Nachteil der Abwärtsbewetterung nicht übersehen werden, daß die höchsten Klimawerte auf der tiefsten Sohle vorliegen, auf der die Förderung umgeht und die Ausrichtung vor besonderen Klimaschwierigkeiten steht.

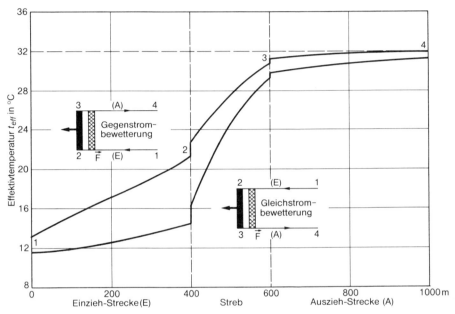

Bild 19. Die Veränderung der Effektivtemperatur t_{eff} im Abbau bei Gegenstrom- (obere Kurve) und Gleichstrombewetterung bei $t_{gu} = 48 \,°C$; $F_R = 3000 \,t/d$; $\dot{V} = 1500 \,m^3/min$.

Einen großen Einfluß auf das Grubenklima haben die verschiedenen Bewetterungsformen im Abbau. Insbesondere bei dünneren Flözen ist die Strebwettermenge begrenzt und es treten bei hohen Teufen und großen Fördermengen sehr ungünstige Klimaverhältnisse auf. Bei der üblichen U-Bewetterung, das heißt Abbaustrecken und Streb bilden eine U-Form, können durch die Abbaustrecken keine größeren Wettermengen fließen, als sie durch Streb und Alten Mann ziehen. Das gilt auch für die Z-Bewetterung. Deshalb erwärmen sich die relativ kleinen Wettermengen auch in den Abbaustrecken stärker. Besonders hohe Klimawerte treten in der ausziehenden Abbaustrecke auf, weil die Wärme aus dem Alten Mann hier hinzukommt.

Die Verhältnisse in der Ausziehstrecke können mit Hilfe der Y-Bewetterung entscheidend verbessert werden, wenn man am Strebausgang einen genügend großen Frischwetterstrom dem Strebwetterstrom beimischt. Das Bild 20 zeigt, welche Klimaverbesserung dadurch erreicht werden kann. Die Effektivtemperaturen lassen sich um maximal 5 K senken. Dieser sehr hohe Effekt wird allerdings nur mit einer großen Frischwettermenge von 1000 m³/min erreicht.

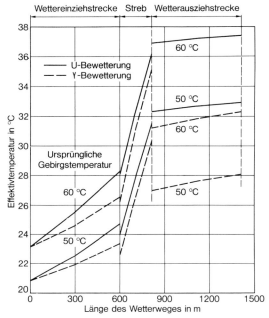

Bild 20. Verbesserung der klimatischen Bedingungen durch Wetterauffrischung.

Im Streb selbst kann dadurch jedoch keine nennenswerte Verbesserung erzielt werden. Hier kann nur die Bewetterung mit drei Abbaustrecken, wie die W-Bewetterung, einen großen Erfolg bringen, weil man, in wettertechnischer Hinsicht, praktisch die Streblänge halbiert. Allerdings ist die Auffahrung einer dritten Abbaustrecke mit erheblichen Mehrkosten verbunden, die sich zumeist nicht allein aus klimatischen Gründen rechtfertigen lassen.

Das Bild 21 zeigt links oben in schematischer Form die W-Bewetterung. Die drei Abbaustrecken bilden zusammen mit dem Streb bei etwas Phantasie den Buchstaben W. Das Bild verdeutlicht, wo die Grenzen der Klimabeherrschung bei hohen Gebirgstemperaturen und großen Fördermengen liegen. Es gilt für eine Gebirgstemperatur von 60 °C und für eine Fördermenge von 2700 t v.F./d und für eine Flözmächtigkeit von 1,7 m entsprechend einer Wettermenge im Streb von 20 m³/s (in jeder Strebhälfte).

Bei U-Bewetterung könnte man das Klima nicht mehr beherrschen. Selbst bei einer Kühlleistung von 1,5 MW im Abbau, davon 460 kW im Streb, würde die Effektivtemperatur am Strebende 34 °C erreichen, also weit über der Arbeitsverbotsgrenze von 32 °C liegen. Man müßte die Fördermenge auf rd. 1500 t v.F./d senken, um 32 °C nicht zu überschreiten (137).

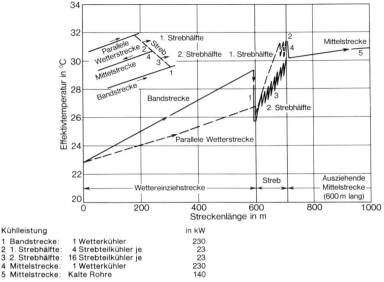

Bild 21. Klimawerte im Abbau mit W-Bewetterung bei 60 °C Gebirgstemperatur und 2700 t v.F./d sowie Wetterkühlung (Gesamtleistung 1,07 MW).

Bei der W-Bewetterung fließen je 20 m³/min von beiden Seiten dem Streb zu, so daß in der Mittelstrecke 40 m³/s ausziehen. Die Abbauwettermenge kann also verdoppelt werden. Jetzt ist es möglich, mit einer Kälteleistung von rd. 1,1 MW, davon wieder 460 kW im Streb, unter dem oberen Klimagrenzwert zu bleiben. Allerdings kann man nicht überall so große Abbauwettermengen zur Verfügung stellen. Insbesondere bei größerer Flözmächtigkeit wird man die theoretisch (mit $w = 4,5$ m/s) erlaubte Grenzwettermenge in W-Streben kaum verwirklichen können.

5.4 Weitere Maßnahmen

Eine bedeutende Wärmequelle ist die mit Schleichwettern im Streb und ausziehender Abbaustrecke aus dem Alten Mann abgeführte Wärme. Sie ist bei Vorbau und U-förmiger Wetterführung besonders groß. Eine Klimaverbesserung kann durch Rückbau oder Abdichtung der Strecken gegen den Alten Mann erreicht werden.

Es gibt eine Reihe von weiteren Maßnahmen zur Klimaverbesserung, wie die Verwendung von Druckluft als Antriebsenergie; die aber heute nur in Sonderfällen von Bedeutung sind. Ein besonderes Kapitel ist die Isolierung von Wetterwegen. Eine 10 cm dicke Schicht aus Polyurethanschaum würde schon sehr wirksam sein. Die Kostenfrage und sicherheitliche Probleme (Brandgefahr u. a. m.) verhindern jedoch noch eine Verwendung der Isoliermaterialien in größerem Umfang. — Leider ist ausgerechnet im Streb, wo die stärkste Wärmezufuhr erfolgt, eine Isolierung der Oberfläche praktisch unmöglich.

Eine weitere Maßnahme zur Klimaverbesserung ist die Beseitigung von unnötigen Feuchtigkeitsquellen in den Wetterwegen. Besonders nachteilig wirken sich Wasser aus wassergekühlten Motoren, hydraulischem Ausbau und Rückzylindern im Streb aus, wenn sie einfach auf dem Liegenden herabfließen. Man sollte diese Feuchtigkeitsquellen so gering wie möglich halten; unvermeidliche Wasserzuflüsse, beispielsweise in Streckenvortrieben, sollten gesammelt und in Rohrleitungen abgeführt werden. Der schädliche Einfluß der Feuchtigkeit darf jedoch nicht überschätzt und zu sehr verallgemeinert werden.

Eine besonders wichtige Möglichkeit der Klimatisierung ist natürlich die Wetterkühlung.

5.5 Wetterkühlung

Die Wetterkühlung ist, zusammen mit einer ausreichenden Strebwettermenge, die wirksamste Maßnahme zur Klimatisierung. Das Bild 22 macht deutlich, in welchem Umfang selbst bei einer Gebirgstemperatur von 60 °C, allerdings bei einer durchschnittlichen Fördermenge von 1350 t v.F./d, die Effektivtemperaturen im Abbau gesenkt werden können, wenn man sehr hohe Kühlleistungen zwischen 840 und 1535 kW aufbringt. Die Darstellung gilt wieder für eine Flözmächtigkeit von 1,7 m und eine Wettermenge von 1200 m^3/min oder 20 m^3/s, diesmal für U-Bewetterung.

Wird nicht gekühlt, so würden in der ausziehenden Abbaustrecke Effektivtemperaturen um 37 °C auftreten, man läge also weit oberhalb des Grenzwertes $t_{eff} = 32$ °C, regelmäßige Arbeit wäre verboten und auch unmöglich. Man braucht eine Gesamtkühlleistung von 840 kW, davon 465 kW im Streb, um gerade 32 °C zu gewährleisten. Die Gesamtleistung von 840 kW an den Wetterkühlern und, auf der Ausziehseite, an nicht isolierten Kaltwasserrohren, kann bei dem heutigen Stand der Technik mit einer Kältemaschine der Nennleistung 1 MW ohne weiteres, auch bei dezentraler Wetterkühlung, zur Verfügung gestellt werden. Sehr viel schwerer zu verwirklichen ist die Kühlleistung von 465 kW im Streb. Dazu wären theoretisch 20 Strebkühler normaler Baugröße oder 40 Kleinstkühler notwendig. Wegen Minderleistung oder Ausfall einiger Kühler durch Verschmutzung oder Beschädigung müßten tatsächlich etwa 30 Strebkühler oder 60 Kleinstkühler eingesetzt werden. — Bisher gibt es noch keinen Abbau, in dem im Streb eine so große Kühlleistung tatsächlich erreicht wurde. Man liegt hier also an der Grenze des technisch Möglichen. Andererseits kann man oft nicht ganz ohne Kühlung im Streb auskommen. Man könnte jedoch das Kühlverfahren variieren, etwa in dem man nur 230 kW in der heißeren Strebhälfte aufstellt und die Kühlleistung vor dem Streb von 230 auf rd. 600 kW erhöht. Dann hätte man bei einer Gesamtkühlleistung von 600 + 230 + 140 = 970 kW etwa die gleiche Kühlwirkung wie bei der Leistung von 840 kW mit der stärkeren Strebkühlung. Will man die Effektivtemperatur auch nur um 2 K auf rd. 30 °C senken, so braucht man aber die maximale Kühlung im Streb von 465 kW und Kühlung mit 700 kW vor dem Streb, einen weiteren Streckenkühler von 230 kW hinter dem Streb und schließlich noch 140 kW Wärmeaustausch an der Kaltwasserrohrleitung. Diese Kühlleistung von insgesamt rd. 1,5 MW ist sicherlich das Maximum an Kühlung, das man in einem Abbau bei 1,7 m Flözmächtigkeit und U-Bewetterung realisieren kann. Es dürfte schon sehr schwierig sein, eine Kühlleistung von 700 kW in der einziehenden Abbaustrecke, nicht zu weit vom Streb, an die Wetter zu übertragen; anstelle der konventionellen Streckenkühler sollte man besondere Kühlerbauarten mit einem großen Querschnitt verwenden, durch die man nahezu den gesamten Wetterstrom schicken kann.

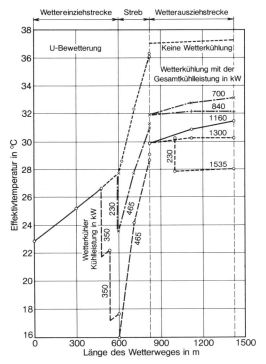

Bild 22. Effektivtemperaturen in einem Abbau mit 60 °C Gebirgstemperatur mit und ohne Wetterkühlung.

6. Klimavorausberechnung

Bevor die Grundlagen der Klimavorausberechnung besprochen werden, sollen die Klimafaktoren erläutert werden, die schon mehrfach genannt und benutzt wurden, allerdings bisher nur als Begriffe, insbesondere bei der Beschreibung des Grubenklimas, nicht auch als Faktoren, die in Klimaberechnungen verwendet werden.

6.1 Klimafaktoren

Klimafaktoren werden jene Größen genannt, die das Klima beeinflussen bzw. die den Wetterzustand bestimmen. Hier sollen die wichtigsten rechnerischen Beziehungen zusammengestellt und einige Zusammenhänge erläutert werden.

6.1.1 Trockentemperatur

Die Bezeichnung Trockentemperatur steht im Gegensatz zu der Bezeichnung Feuchttemperatur, auf die später noch eingegangen wird. Wenn man ganz allgemein von Wettertemperatur spricht, ist stets die Trockentemperatur der Wetter t_t gemeint. Sie ist eine Zustandsgröße, die man als ein Maß für die Bewegungsenergie der Moleküle, bei Gasen als Maß für die mittlere Geschwindigkeit der Moleküle ansehen kann.

Die Temperatur der Grubenwetter wird in der Regel mit dem trockenen Thermometer eines Psychrometers gemessen, und zwar in Grad Celsius (°C). Die absolute Temperatur in Grad Kelvin (K) ist bekanntlich

$$T = t_t + 273,16 \text{ in K} \quad \dots \dots \dots \dots \dots \dots \dots \dots \dots \text{ [16]}$$

Beispiel: $t_t = 30\,°C \triangleq T = 303,16\,K$

6.1.2 Luftfeuchtigkeit

Die Grubenwetter sind ein Gemisch von trockener Luft und Wasserdampf. Man bezieht den Wasserdampfgehalt x auf 1 kg trockene Luft; es ist also

$$x = \frac{m_D}{m_L} \text{ in kg/kg} \quad \dots \dots \dots \dots \dots \dots \dots \dots \text{ [17]}$$

m_D Masse des Wasserdampfes in kg
m_L Masse der trockenen Luft in kg.

Obwohl der Wasserdampfgehalt der Grubenwetter nur 0,5 bis 2% beträgt, hat er doch einen entscheidenden Einfluß auf das Grubenklima.

Die relative Luftfeuchtigkeit φ bezeichnet das Verhältnis von tatsächlich in den Wettern herrschenden Wasserdampfdruck p_D in Pa zu dem Sättigungsdampfdruck, dem höchstmöglichen Dampfdruck p_S in Pa, der eine Funktion der Trockentemperatur ist.

1 mbar = 0,75 Torr   1 bar = 10^5 Pa
      = 10,2 kp/m^2 = 10^5 N/m^2
      = 100 Pa
      = 100 N/m^2

$$\varphi = \frac{p_D}{p_S} \quad \dots\dots\dots\dots\dots\dots\dots\dots\dots\dots\dots\dots\dots \quad [18]$$

Zumeist wird die relative Luftfeuchtigkeit φ in Prozent angegeben. Dann ist

$$\varphi = \frac{p_D}{p_S}\ 100 \text{ in } \% \quad \dots\dots\dots\dots\dots\dots\dots\dots\dots\dots \quad [19]$$

Die relative Feuchte und die absolute Feuchte der Grubenwetter werden in den meisten Fällen nicht unmittelbar gemessen, sondern aus den mit einem Psychrometer gemessenen Werten Trockentemperatur und Feuchttemperatur ermittelt. Die Feuchttemperatur t_f in °C ist der tiefste Wert, den ein befeuchtetes und belüftetes Thermometer erreichen kann, sie wird deshalb auch als Kühlgrenztemperatur bezeichnet.

Zur rechnerischen Bestimmung des Wasserdampfgehaltes und der relativen Luftfeuchtigkeit dienen Gleichung [18], [20] und [21]:

$$p_D = p_f - 0,5\ (t_t - t_f)\ \frac{p}{755} \text{ in mbar} \quad \dots\dots\dots\dots\dots \quad [20]$$

dies ist die sogenannte Sprungsche Beziehung, und

$$x = \frac{R_L}{R_D}\ \frac{p_D}{p - p_D} = 0,622\ \frac{\varphi\ p_S}{p - \varphi \cdot p_S} \text{ in kg/kg} \quad \dots\dots\dots\dots \quad [21]$$

p_f Sättigungsdampfdruck bei der Feuchttemperatur t_f in mbar
p Luftdruck in mbar
R_L 287 Nm/kg K, Gaskonstante trockener Luft
R_D 462 Nm/kg K, Gaskonstante des Wasserdampfes

Die Gleichung [21] ergibt sich aus der Definitionsgleichung [17] unter Berücksichtigung der Gasgesetze von Boyle-Mariotte und Gay-Lussac in der Schreibweise:

$$m = \frac{p\ V}{R\ T} \text{ in kg} \quad \dots\dots\dots\dots\dots\dots\dots\dots\dots\dots\dots \quad [22]$$

V Gasvolumen in m^3

Hat man für hunderte von Psychrometermeßwerten t_t und t_f die Werte x und φ zu bestimmen, so ist die Rechnung sehr aufwendig. Hier bringt die Benutzung des hx-Diagrammes große Vorteile. Dieses Diagramm wird im Abschnitt 6.1.7 erklärt (61).

6.1.3 Luftdruck

Der Luftdruck p ist nach der Trockentemperatur die zweite Zustandsgröße für trockene Luft. Der Einfluß des Luftdruckes auf das Klima ist nicht so bedeutend wie der von Temperatur und Luftfeuchtigkeit. Man braucht den Luftdruck bei Klimamessungen in erster Linie zur Bestimmung der Dichte der Wetter ϱ.

$$\varrho = \frac{100\,p}{R_f\,T} \text{ in } kg/m^3 \quad \dots\dots\dots\dots\dots\dots\dots\dots\dots\dots\dots \text{[23]}$$

p Luftdruck in mbar
R_f Gaskonstante feuchter Luft in Nm/kg K

R_f kann bei weniger genauen Klimauntersuchungen als konstant angenommen werden. Es ist angenähert $R_f \approx 289$ Nm/kg K. Für genauere Untersuchungen ist die Gleichung [24] zu benutzen:

$$R_f = \frac{x\,R_D + R_L}{1 + x} \text{ in } Nm/kg\,K \dots\dots\dots\dots\dots\dots\dots\dots\dots \text{[24]}$$

Die Grubenwetter sind — wie gesagt — ein Gasgemisch, hauptsächlich aus trokkener Luft und aus Wasserdampf. Nach dem Gesetz von Dalton übt jedes Gas in einem Gasgemisch einen Teildruck aus, der dem Raumanteil des Gases entspricht; der meßbare gesamte Gasdruck p ist gleich der Summe der Gasteildrükke. Für ein Luft-Wasserdampf-Gemisch gilt also:

$$p = p_L + p_D \text{ in mbar} \dots\dots\dots\dots\dots\dots\dots\dots\dots\dots\dots \text{[25]}$$

bzw.

$$p_L = p - p_L \text{ in mbar} \quad \dots\dots\dots\dots\dots\dots\dots\dots\dots\dots \text{[26]}$$

6.1.4 Wettergeschwindigkeit

Die Wettergeschwindigkeit w hat ebenfalls einen bedeutenden Einfluß auf das Grubenklima. Trockentemperatur, Feuchttemperatur und Wettergeschwindigkeit werden bei der Bildung der amerikanischen Effektivtemperatur berücksichtigt.

6.1.5 Strahlung

Weicht die Temperatur der Oberflächen eines Raumes stark von der Raumtemperatur ab, so spielt die Strahlung eine wichtige Rolle bei der Beurteilung des Raumklimas. In durchgehend bewetterten Grubenbauen liegt die Oberflächentemperatur nur wenig über der Wettertemperatur; der Einfluß der Strahlung ist deshalb gering. Eine Berechnungsgleichung für die Strahlung wird bei den Grundlagen der Klimavorausberechnung gebracht werden (vgl. Gleichung [37]).

6.1.6 Enthalpie

Noch nicht erwähnt wurde bisher die Enthalpie h, das heißt der spezifische Wärmeinhalt der Wetter. Diese Zustandsgröße ist bestimmt durch folgende Beziehung:

$$h = c_{pL}\,t_t + c_{pD}\,x\,t_t + r_v\,x \text{ in } kJ/kg \dots\dots\dots\dots\dots\dots \text{[27]}$$

c_{pL} 1 kJ/kg K, spezifische Wärme trockener Luft
c_{pD} 1,93 kJ/kg K, spezifische Wärme des Wasserdampfes
r_v 2500 kJ/kg, Verdampfungswärme des Wasserdampfes bei einer Temperatur von 0 °C

Die Enthalpie h, und ebenso φ und x, können entweder nach den angegebenen Gleichungen berechnet oder aus einem hx-Diagramm abgegriffen werden.

6.1.7 Verwendung des *hx*-Diagrammes

Es sollen einmal die Größen φ, x und h aus den Psychrometer-Meßwerten t_t und t_f berechnet werden.

Nehmen wir wieder wie bei der Bestimmung der Effektivtemperatur als Zahlenbeispiel die Werte $t_t = 38\ °C$ und $t_f = 32\ °C$.

Zur Berechung braucht man die Gleichungen [19], [20], [21] und [27]. Die Dampfdrücke p_S und p_f kann man einer Sättigungsdampfdrucktafel entnehmen. Eine Tafel für den Sättigungsdampfdruck in mbar ist im Schrifttum (70) enthalten.

$p_S = 66,3$ mbar
$p_f = 47,5$ mbar

Der Luftdruck betrage $p = 1117,2$ mbar.

Dann erhält man nach Gleichung [20]:

$$p_D = 47,5 - 0,5\,(38 - 32) \cdot \frac{1117,2}{755} = 43,1 \text{ mbar},$$

nach Gleichung [19]:

$$\varphi = \frac{43,1}{66,3} \cdot 100 = 65\%,$$

nach Gleichung [21]:

$$x = 0,622 \cdot \frac{43,1}{1074,1} = 24,96 \cdot 10^{-3} \text{ kg/kg} = 24,96 \text{ g/kg},$$

nach Gleichung [27]:

$$h = 1 \cdot 38 + 1,93 \cdot 0,0249 \cdot 38 + 2500 \cdot 0,0249 =$$
$$= 38 + 1,82 + 62,25 = 102,1 \text{ kJ/kg}$$

Man sieht, daß es einigen Zeitaufwand erfordert, um für nur ein Wertepaar t_t, t_f die Größen φ, x und h zu errechnen. Aus dem *hx*-Diagramm kann man diese Werte viel schneller, allerdings nicht ganz so genau abgreifen.

Es sind im Schrifttum (61, 70) *hx*-Diagramme für 1000, 1075, 1100, 1125 und 1150 mbar enthalten; hier ist eines für $p = 1125$ mbar als Anlage 16 eingefügt.

Zu Beginn einige Worte zum Aufbau des *hx*-Diagrammes: Trägt man in einem rechtwinkligen Koordinatensystem die Enthalpie über dem Wasserdampfgehalt x auf, so zeigt es sich, daß die Isothermen, also die Linien konstanter Trockentemperatur, Geraden sind. Der uns interessierende Bereich der ungesättigten Wetter ist auf einen schmalen Streifen zusammengedrängt. Dieser Nachteil läßt sich vermeiden, wenn man ein schiefwinkliges Koordinatensystem wählt: zweckmäßig dreht man die *h*-Achse gerade so weit, daß die Gerade $t_t = 0$ horizontal liegt und mit der *x*-Achse zusammenfällt. Ein solches schiefwinkliges System liegt unserem *hx*-Diagramm für Grubenwetter, wie es P. Weuthen (61) entworfen hat, zugrunde. Da das *hx*-Diagramm exakt nur für einen bestimmten Luftdruck gilt, wurden mehrere Blätter für verschiedene Drücke gezeichnet. Es existiert bei der Forschungsstelle für Grubenbewetterung und Klimatechnik der Bergbau-Forschung GmbH Essen auch ein Computer-Programm zum Zeichnen von *hx*-Diagrammen mit jedem gewünschten Luftdruck.

Das *hx*-Diagramm enthält folgende Größen (Bild 23):

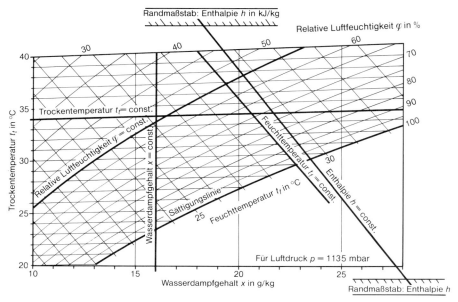

Bild 23. *hx*-Diagramm für Grubenwetter.

1. Die relative Luftfeuchtigkeit φ: Die Linien gleicher relativer Feuchte verlaufen leicht gekrümmt von links unten nach rechts oben. Die Linie $\varphi = 100\%$ nennt man die Sättigungslinie.

2. Die Trockentemperatur der Wetter t_t: Linien konstanter Werte t_t verlaufen fast waagerecht, etwas nach rechts ansteigend. Die Skaleneinteilung befindet sich auf der Ordinate, das heißt der linken senkrechten Begrenzungslinie des Koordinatensystems.

3. Die Feuchttemperatur t_f: Die Linien $t_f = $ const. sind Geraden, die ungefähr parallel zueinander verlaufen und von rechts unten nach links oben ansteigen. Die Skala für die Feuchttemperatur liegt auf der Sättigungslinie. Für $\varphi = 100\%$ ist naturgemäß der Zahlenwert von Trocken- und Feuchttemperatur derselbe, da bei Sättigung der Luft am feuchten Thermometer keine Verdunstung und damit keine Kühlung stattfinden kann.

4. Der Wasserdampfgehalt x: Die Linien $x = $ const. stehen senkrecht. Die Skala ist auf der Abszisse, das ist gleichzeitig die Isotherme $t_t = 0$, aufgetragen. Zu beachten ist die Einheit g/kg. Die Zahlenwerte für x sind also mit 10^{-3} malzunehmen, damit man auf die bei Berechnungen übliche Einheit kg/kg kommt.

5. Die Enthalpie h: Die Linien gleicher Enthalpie verlaufen etwas steiler als die Linien $t_f = $ const. Um das Bild nicht unübersichtlich werden zu lassen, sind die Isenthalpen $h = $ const. nicht eingezeichnet worden. Ihre Lage ist aber festgelegt durch die als Randmaßstab eingezeichnete Skala für h.

In den *hx*-Diagrammen ist zumeist auch eine Skala für den Dampfdruck p_D eingezeichnet.

Tragen wir einmal zur Übung den Wetterzustand $t_t = 38\,°C$, $t_f = 32\,°C$ in das Diagramm (Anlage 16) ein und greifen φ, x und h ab:

φ = 65%, wie durch die Rechnung,

h = 101,6 kJ/kg, also einen um 0,5 kJ/kg zu kleinen Wert

x = 0,0248 kg/kg, also einen um 0,00016 kg/kg bzw. 0,16 g/kg zu kleinen Wert

p_D = 43,1 mbar

Die Abweichung des *x*-Wertes ist mit 0,16 g/kg für genaue Rechnungen schon ein wenig groß. Sie liegt darin begründet, daß $p = 1117,2$ mbar ist, während das Diagramm für $p = 1125$ mbar gilt.

Die Abweichung des *x*-Wertes von rd. 0,2 g/kg entspricht allerdings andererseits einem Meßfehler bei der Bestimmung der Feuchttemperatur von $\Delta t_f \approx 0,1\,°C$, das ist die Meßgenauigkeit des großen Psychrometers. Man sieht, daß nur bei sehr genauen Untersuchungen und bei Abweichungen des Luftdruckes von mehr als 8 mbar die Genauigkeit der Auswertung von Klimamessungen mit dem *hx*-Diagramm nicht ausreicht. — Allerdings sind die obengenannten Zahlen mit einem Ablesefehler behaftet, der bei dem in Anlage 16 wiedergegebenen Format relativ groß, bei dem in der Praxis bevorzugten Format DIN A 3 aber gering genug ist.

6.2 Grundlagen der Wärme- und Stoffübertragung

6.2.1 Wärme

Wärme ist eine Form der Energie. In jedem Körper steckt Wärme, solange seine Temperatur über dem absoluten Nullpunkt der Temperatur liegt.

Die in einem Körper enthaltene Wärme ist etwa verhältnisgleich

▷ der Menge, der Masse des Körpers m in kg;
▷ seiner absoluten Temperatur T in K;
▷ einer Materialkonstanten, der spezifischen Wärme c in J/kg K.

Die Wärme hat die Einheit Joule (J). Das Formelzeichen für Wärme ist Q. Man kann also schreiben:

$$Q \approx m\,c\,T \text{ in J} \dots \dots \dots \dots \dots \dots \dots \dots \dots \dots \dots \text{ [28]}$$

Diese Beziehung ist allerdings nur eine Näherung, weil die spezifische Wärme zwar eine Stoffgröße ist, sich aber mit der Temperatur ändert.

Bei den uns interessierenden Untersuchungen über die Wärmebewegung im Gebirge oder die Wärmeaufnahme der Wetter wird vor allem nach den in einer Zeiteinheit übertragenen Wärmemengen $\dot{Q}$ in W gefragt. Die Bestimmungsgleichung für die Wärmeaufnahme der Wetter lautet dann:

$$\dot{Q} = \dot{m}_w\,c_{pL}\,\Delta t_t \text{ in W} \dots \dots \dots \dots \dots \dots \dots \dots \dots \text{ [29]}$$

Bezieht man die übertragene Wärme auf die Einheit der Übertragungsfläche A, so erhält sie als Symbol den kleinen Buchstaben $\dot{q}$:

$$\dot{q} = \frac{\dot{Q}}{A} \text{ in W/m}^2 \dots \dots \dots \dots \dots \dots \dots \dots \dots \dots \text{ [30]}$$

Die Gleichung [29] gilt nur, wenn der Gasstrom lediglich eine Temperaturänderung erfährt. Bei den Grubenwettern ist es aber bekanntlich die Regel, daß neben der Temperaturänderung ein Wärmeaustausch durch Aufnahme (Verdunstung) oder Abgabe (Kondensation) von Wasserdampf erfolgt. Deshalb muß man die Gleichung [4] benutzen, die unter Berücksichtigung der Gleichung [27] lautet:

$$\dot{Q} \approx \dot{m}_w \left(c_{pL} \Delta t_t + c_{pD} \, x \, \Delta t_t + r_v \, \Delta x \right) \text{ in W} \dots \dots \dots \dots \dots \dots \text{ [31]}$$

Der Anteil $\dot{m}_w \cdot r_v \cdot \Delta x$ an der Wärmeaufnahme der Wetter $\dot{Q}$ wird als „latente", das heißt verborgene, nicht fühlbare Wärme bezeichnet. Diese Bezeichnung ist unglücklich gewählt, denn man kann sie als Klimaverschlechterung fühlen, und man kann sie auch messen, allerdings nicht mit einem trockenen Thermometer. Deshalb sollte man von Verdampfungswärme sprechen.

Die Wärme wird, physikalisch richtig, in der Definitionsgleichung [28] auf den absoluten Nullpunkt (0 K = −273,16 °C) bezogen. In der Technik gibt es auch andere Bezugswerte, wie den Wert $t = 0$ °C. So wird der spezifische Wärmeinhalt, die Enthalpie h (vgl. Abschnitt 6.1.6) auf $t = 0$ °C bezogen.

6.2.2 Wärmeleitung

Die Natur strebt danach, einen Ausgleich unterschiedlicher Temperaturen herzustellen. Herrschen in einem Körper Temperaturunterschiede, so fließt Wärme von Orten höherer zu Orten tieferer Temperatur. Im Innern eines festen Körpers erfolgt dieser Wärmefluß durch Wärmeleitung. Physikalisch gesehen überträgt ein Molekül oder Atom seine überschüssige Schwingungsenergie an die benachbarten, weniger energiereichen Moleküle, und so pflanzt sich diese Bewegungsenergie, die man Wärme nennt, durch den festen Körper fort: das ist der Vorgang der Wärmeleitung. Die durch die Flächeneinheit in der Zeiteinheit fließende Wärmemenge $\dot{q}$ in W/m^2 hängt einmal von der Steilheit des Temperaturgefälles dt/dn oder $grad_n \, t$ in K/m und zweitens von einer Stoffeigenschaft, der Wärmeleitfähigkeit λ in W/mK ab:

$$\dot{q} = \lambda \frac{dt}{dn} \text{ in W/m}^2 \dots \dots \dots \dots \dots \dots \dots \dots \dots \dots \text{ [32]}$$

Diese Beziehung nennt man das Fouriersche Gesetz. Der Quotient dt/dn ist die Steilheit des Temperaturgefälles senkrecht zu den Flächen gleicher Temperatur, den Isothermenflächen und wird auch als Gradient (*grad*) bezeichnet. Der Index n bei $grad_n$ bedeutet in Normalenrichtung, also senkrecht zu den Isothermen.

Am einfachsten sieht das Fouriergesetz, das in Gleichung [32] seine allgemeine Form hat, für stationären, das heißt zeitlich und örtlich unveränderlichen Wärmefluß in einer Platte aus (Bild 24).

Die Platte sei beliebig ausgedehnt und habe die Dicke s in m. Auf einer Seite soll eine Temperatur t_2 herrschen, die andere Seite habe eine (geringere) Temperatur t_1. Durch diese Platte wird dann durch Leitung eine Wärmemenge fließen:

$$\dot{q} = \lambda \frac{t_2 - t_1}{s} \text{ in W/m}^2 \dots \dots \dots \dots \dots \dots \dots \dots \dots \text{ [33]}$$

Der gesamte Wärmefluß $\dot{Q}$ durch eine Platte mit der Fläche A ist

$$\dot{Q}_{Platte} = \lambda \frac{t_2 - t_1}{s} A \text{ in W} \quad \ldots \ldots \ldots \ldots \ldots \ldots \ldots \ldots \ldots \ldots \ldots \ldots \quad [34]$$

Der stationäre Wärmefluß durch eine Rohrleitung der Länge l mit dem Innenradius r_1 und dem Außenradius r_2 läßt sich nach Gleichung [35] bestimmen:

$$\dot{Q}_{Rohr} = \lambda \frac{t_2 - t_1}{r \ln \frac{r_2}{r_1}} 2 \pi r l \text{ in W} \quad \ldots \ldots \ldots \ldots \ldots \ldots \ldots \ldots \ldots \ldots \quad [35]$$

Der Radius r kürzt sich heraus; er wurde hier aber mitgeschrieben, um die Verwandtschaft mit Gleichung [34] erkennen zu lassen.

Diese Wärmeleitungsgleichungen gelten nur für ein stationäres Temperaturfeld, also nicht etwa für einen Abkühl- oder Aufheizvorgang, der zu den instationären Vorgängen gehört, weil sich die Temperaturen im Verlaufe der Zeit verändern. Sie gelten auch nur im Innern eines Körpers; an der Oberfläche müssen die Gesetzmäßigkeiten der Wärmeübertragung und gegebenenfalls der Stoffübertragung berücksichtigt werden.

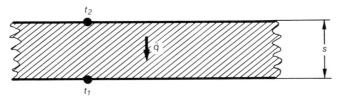

Bild 24. Wärmestromdichte $\dot{q}$ in W/m^2 bei stationärem Wärmefluß durch eine Platte der Dicke s in m.

6.2.3 Wärmeübertragung

An der Oberfläche eines festen Körpers, der von einem gasförmigen oder auch flüssigen Stoff überströmt wird, kann der Wärmeaustausch durch Konvektion, Strahlung und Leitung erfolgen.

Bei der Wärmeübertragung vom Gebirge an den Wetterstrom spielt nur die Konvektion eine Rolle. Unter Konvektion versteht man einen Wärmetransport senkrecht zur Übertragungsfläche und senkrecht zur Wetterrichtung, bewirkt durch Querbewegungen im strömenden Medium. Ein makroskopisch großes Volumen des Mediums, das sich an der Oberfläche befindet und eine entsprechend hohe Temperatur hat, bewegt sich von der Oberfläche fort und führt so Wärme mit sich in die kühleren Partien des strömenden Mediums.

6.2.3.1 Konvektion

Die Wärmeübertragung durch Konvektion läßt sich berechnen:

$$\dot{Q}_k = \alpha_k (t_o - t_l) A \text{ in W} \quad \ldots \ldots \ldots \ldots \ldots \ldots \ldots \ldots \ldots \ldots \ldots \quad [36]$$

Die Gleichung [36] kann man als Bestimmungsgleichung für die Wärmeübergangszahl α_k in W/m^2 K ansehen. Sie läßt sich ermitteln, wenn man die übertragene Wärme $\dot{Q}_k$, die Oberflächentemperatur t_o, die Wettertemperatur t_l und die Übertragungsfläche A gemessen hat bzw. kennt. Die durch Konvektion übertragene Wärme ist also — wie bei der Wärmeleitung — einer Fläche und einem Temperaturunterschied proportional. Der Proportionalitätsfaktor α_k hängt vor allem von der Oberflächenbeschaffenheit (Rauhigkeit) und von der Wettergeschwindigkeit w ab (45).

Für Überschlagsrechnungen in Strecken in Steinkohlengruben gilt:

$$\alpha_{k\ Strecke} \approx (3{,}5 - 5{,}8) \cdot w^{0{,}8} \text{ in W/m}^2\text{ K} \quad\dots\dots\dots\dots\dots\dots\dots [36.1]$$

In Streben ist der Wert höher, weil der Ausbau einen größeren Wetterwiderstand hat und dadurch die Turbulenz vergrößert wird

$$\alpha_{k\ Streb} \approx (5{,}8 - 9{,}3) \cdot w^{0{,}8} \text{ in W/m}^2\text{ K} \quad\dots\dots\dots\dots\dots\dots\dots [36.2]$$

Diese Formeln gelten für Wettergeschwindigkeiten über 2 m/s; bei kleineren Wettergeschwindigkeiten ($w \leqq 1$ m/s) muß man den Einfluß der freien Konvektion berücksichtigen; näherungsweise kann man dann den nach Gleichung [36.1] oder [36.2] errechneten Wert um 2,3 bis 3,5 W/m² K vergrößern. Nähere Angaben findet man im Schrifttum (45, 30, 32). Einige Bilder aus dem Schrifttum (45) sind hier als Bilder 25 bis 28 eingefügt.

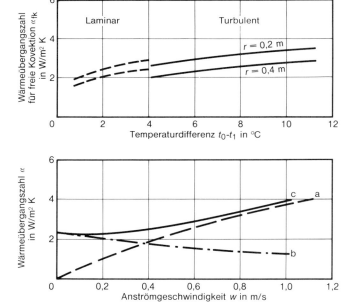

Oben: Wärmeübergangszahlen für freie Konvektion, nach M. Jakob
r Halbmesser der Lutte

Unten: Überlagerung von freier und erzwungener Konvektion
a Erzwungene Konvektion α_{ek}
b Freie Konvektion α_{fk}
c Konvektion α_k

Bild 25. Wärmeübergang durch Konvektion an Lutten (außen) in sonderbewetterten Grubenbauen.

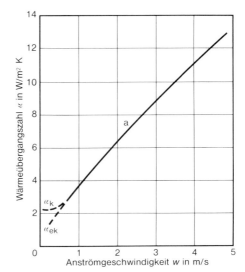

$\alpha_{ges} = \alpha_k + \alpha_s$
α_s Strahlungseinfluß, rd. 5,8 W/m² K
a $\quad \alpha_k \approx \alpha_{ek}$, gilt für gut verlegte, glatte Lutten

Bild 26. Wärmeübergangszahlen α_k an außen längsangeströmten Luttenleitungen bei höheren Wettergeschwindigkeiten.

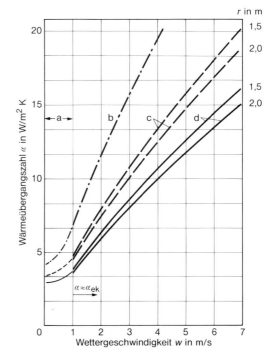

a Überlagerung durch freie Konvektion $\alpha = \alpha_k$
b Strebmittelwert, $\varepsilon = 2,5$
c Strecke mit rauhen Stößen (Ausbau, $\varepsilon = 1,7$)
d Strecke mit glatten Stößen, $\varepsilon = 1,35$
ε Rauhigkeitsfaktor

Näherungsgleichung: $\alpha_{ek} \approx 3,8 \, \varepsilon \dfrac{w^{0,75}}{d^{0,25}}$

Bild 27. Wärmeübergangszahlen in Strecken und Streben.

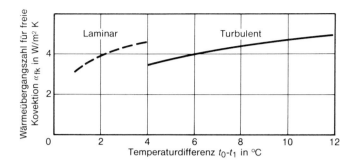

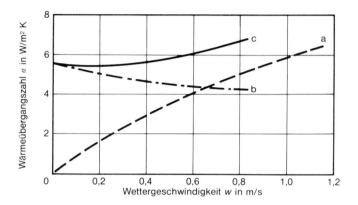

Oben: Freie Konvektion in Wetterwegen
Näherungsgleichung nach M. Jakob
$\alpha_{fk} \approx (t_0 - t_l)^{0,333}$
Unten: Überlagerung von freier und erzwungener Konvektion
a Erzwungene Konvektion α_{ek}
b Freie Konvektion α_{fk}
c Konvektion α_k

Bild 28. Wärmeübergang durch Konvektion in sonderbewetterten Grubenbauen.

6.2.3.2 Strahlung

Vom Gebirge kann an den Wetterstrom keine nennenswerte Wärmemenge durch Strahlung übertragen werden, weil die Hauptgase, Sauerstoff und Stickstoff, keine Wärmestrahlung absorbieren. Der Gewichtsanteil der übrigen Gase und Dämpfe im Wetterstrom beträgt höchstens 2 bis 3%, so daß man deren Wärmeabsorption vernachlässigen kann. Die Strahlung spielt dagegen eine Rolle, wenn Flächen unterschiedlicher Temperatur vorhanden sind; z. B. wird der warme Kohlenstoß eine beträchtliche Wärme an die kühle Blasversatzfront abstrahlen. Durch Strahlung wird natürlich auch Wärme von den umgebenden Flächen an den menschlichen Körper übertragen. Da die Oberfläche des Gebirges aber selbst bei sehr hohen Gebirgstemperaturen nur wenige Grad über der Wettertemperatur liegt und auch die Körperoberfläche bei hohen Klimawerten etwa 35 °C beträgt, kann der menschliche Körper höchstens 50 W durch Abstrahlung des Gebirges aufnehmen. Höchstens in der Nachbarschaft von heißen Motoren o. ä. kann eine erhebliche Wärmezufuhr für den Menschen durch Strahlung erfolgen. Die Wärmeabgabe durch Strahlung $\dot{Q}_s$ läßt sich näherungsweise errechnen nach der Gleichung [37]

$$\dot{Q}_s = C_s \left[\left(\frac{T_2}{100} \right)^4 - \left(\frac{T_1}{100} \right)^4 \right] A \text{ in W} \quad \dots \dots \dots \dots \dots \dots \quad [37]$$

Darin ist C_s in W/m² K⁴ die Strahlungszahl der Körperoberfläche; bei Gesteins- und Kohlenoberflächen, aber auch beim menschlichen Körper, dürfte sein:

$$C_s \approx 5,2 \text{ in W/m}^2 \text{ K}^4 \quad \dots \dots \dots \dots \dots \dots \dots \dots \dots \quad [38]$$

Auf das für die Klimavorausberechnung nicht sehr bedeutsame Problem der Wärmestrahlung soll hier nicht näher eingegangen werden (25, 30).

6.2.4 Stoffübertragung

Wir wollen hier nur die Übertragung von Wasserdampf betrachten, das heißt die Wasserverdunstung. An einer Wasseroberfläche gilt — mit gewissen Einschränkungen — das Lewissche Gesetz:

$$\frac{\alpha}{\beta} = \varrho \, c_p \text{ in Ws/m}^3 \text{ K bzw. J/m}^3 \text{ K} \quad \dots \dots \dots \dots \dots \quad [39]$$

Darin ist β in m/s bzw. m³/m² s die Stoffübergangszahl. Die verdunstete Wasserdampfmenge $\dot{m}_D'$ in kg/m² s läßt sich bei Kenntnis von β und der Oberflächentemperatur t_o des Wassers (näherungsweise der Wassertemperatur) sowie dem Dampfteildruck in den Wettern p_D in mbar nach Gleichung [40] berechnen:

$$\dot{m}_D' = \frac{\beta}{R_D \, T} (p_{DO} - p_D) \text{ in kg/m}^2 \text{ s} \quad \dots \dots \dots \dots \quad [40]$$

Darin bedeuten R_D die schon erwähnte Gaskonstante des Wasserdampfes und p_{DO} den Dampfdruck an der Wasseroberfläche. Dieser ist identisch mit dem Sättigungsdampfdruck p_s bei der Temperatur der feuchten Oberfläche und kann Dampfdrucktafeln (70) entnommen werden.

Hat man aber keine sehr feuchte Oberfläche, so kann auch nicht die gleiche Wassermenge verdunsten wie an einer Wasseroberfläche. Man berücksichtigt dies in der Rechnung so, daß man anstelle von β einen durch das Experiment zu ermittelnden Wert β', die „wirksame" Stoffübergangszahl in Gleichung [40] einsetzt (66). Kennt man das Verhältnis β'/β zum Beispiel als Funktion der Feuchtigkeit des Gesteins in der Nähe der Oberfläche, so kann man $\dot{m}_D'$ errechnen (34). Die insgesamt übertragene Wasserdampfmenge ist dann

$$\dot{m}_D = \dot{m}_D' A \text{ in kg/s} \quad \dots \dots \dots \dots \dots \dots \dots \dots \quad [41]$$

und die damit übertragene latente Wärme beträgt

$$\dot{Q}_v = \dot{m}_D \, r_v \text{ in W} \quad \dots \dots \dots \dots \dots \dots \dots \dots \dots \quad [42]$$

6.2.5 Wärme- und Wasserdampfaufnahme der Wetter

Die Wasserdampfmenge $\dot{m}_D$ gelangt in den Wetterstrom $\dot{m}_w$ in kg/s und erhöht deren Wasserdampfgehalt um den Betrag Δx nach Gleichung [43]:

$$\Delta x = \frac{\dot{m}_D}{\dot{m}_w} \text{ in kg/kg} \dots \dots \dots \dots \dots \dots [43]$$

so wie die durch Konvektion an die Wetter abgegebene Wärme $\dot{Q}_k$ (vgl. Gleichung [36]) deren Trockentemperatur um den Betrag Δt_t erhöht:

$$\Delta t_t = \frac{\dot{Q}_k}{c_{pL}\,\dot{m}_w} \text{ in K} \dots \dots \dots \dots \dots \dots [13.1]$$

Es ist jedoch sehr schwierig, das Verhältnis β'/β zu ermitteln. Aus diesem und aus anderen Gründen wird dieser direkte Weg der Berechnung nach Gleichung [43] und [13.1] im allgemeinen nicht angewandt. Über die bei uns üblichen Verfahren zur Klimavorausberechnung wird im nächsten Abschnitt gesprochen.

6.3 Klimavorausberechnung für Grubenbaue

6.3.1 Allgemeines

Die Klimaplanung sollte für tiefe Gruben mit Hochleistungsstreben Teil der Abbauplanung sein. Sie soll im voraus untersuchen, ob und mit welchen Maßnahmen man in den geplanten Abbaubetrieben erträgliche Klimabedingungen für die Bergleute schaffen kann. Voraussetzung für die Klimaplanung ist ein zuverlässiges Verfahren der Klimavorausberechnung. Wenn die Berechnung zu dem Ergebnis führt, daß selbst bei Anwendung aller klimaverbessernden Maßnahmen einschließlich Wetterkühlung die vorgeschriebene Klimagrenze im geplanten Abbau überschritten wird, so ist der Abbau — zumindest in der geplanten Art — nicht durchzuführen. In diesem Fall muß durch die Abbauplanung einschließlich einer Wirtschaftlichkeitsberechnung geprüft werden, ob eine andere, klimatisch günstigere Abbauführung oder Hangendbehandlung oder gar Herabsetzung der geplanten Förderleistung in Betracht kommt oder ob man die Lagerstätte aufgeben muß. Wenn die Berechnung ergibt, daß sich erträgliche Klimawerte im geplanten Abbaubetrieb verwirklichen lassen, werden die technische Zweckmäßigkeit und die Wirtschaftlichkeit der Maßnahmen zur Klimaverbesserung näher untersucht.

Technische Fragen stehen dann im Vordergrund, wenn Wetterkühlung notwendig ist und trotzdem noch sehr ungünstige Klimawerte zu erwarten sind. Angaben über die Leistung und zweckmäßige Aufstellung der Kältemaschinen und Wetterkühler, die Notwendigkeit der Isolierung der Kühl- und Kaltwasserleitungen und die an den verschiedenen Arbeitsplätzen der Bergleute auftretenden Klimawerte können nur mit Hilfe eines genauen und zuverlässigen Berechnungsverfahrens gemacht werden. Die Bestimmung der optimalen Wettermenge ist hier weniger wichtig, da eingangs schon festgestellt wurde, daß man auf jeden Fall eine möglichst große Wettermenge braucht.

Wirtschaftliche Fragen finden besondere Beachtung, wenn man das Grubenklima technisch beherrscht, das heißt ein Überschreiten der Klimagrenze nicht zu befürchten ist. Im Falle der Wetterkühlung wird untersucht, ob die Rückkühlung des Kühlwassers oder die Isolierung der Kaltwasserleitung den erforderlichen Kostenaufwand rechtfertigen und ob die bei einer weiteren Klimaverbesserung zu erwartende Leistungssteigerung der Belegschaft die Kosten einer stärkeren Wetterkühlung überwiegt. Man wird auch kritisch prüfen wollen, bei welcher Wettermenge und bei welcher Kühlleistung ein Minimum der Kosten eintritt und ob man nicht ohne Wetterkühlung auskommen kann.

6.3.2 Klimavorausberechnung ohne elektronische Rechenanlagen

Die in den letzten Jahren von der Forschungsstelle für Grubenbewetterung entwickelten genaueren Klimavorausberechnungsverfahren sind so zeitraubend, daß sie nur mit Hilfe digitaler Rechenanlagen schnell genug gelöst werden können. Deshalb wurden diese Verfahren für Digitalrechner programmiert. Muß man eine Berechnung mit dem Rechenschieber durchführen, so verwendet man zweckmäßig eine 1965 vom Verfasser veröffentlichte Methode (34). Charakteristisch für dieses Verfahren ist die Verwendung der aus dem früheren Schrifttum (23) bekannten, verhältnismäßig einfachen Gleichung und eines Kennwertes ε_t, das ist das Verhältnis von trockener ($\dot{m}_w \, c_{pL} \, \Delta t_t$) zu gesamter ($\dot{m}_w \, \Delta h$) Wärmeaufnahme der Wetter.

Diese Gleichung zur Berechnung der Änderung der Trockentemperatur über der Länge des Wetterweges gilt eigentlich nur für trockene Wetterwege, die man im Steinkohlenbergbau ganz selten findet. Daraus ergibt sich auch der Nachteil des Verfahrens, dessen Genauigkeit zum Beispiel für die Planung von Strebkühlanlagen im allgemeinen nicht mehr ausreicht. Sein Vorteil ist aber die einfachere Berechnung. Außerdem ist dieses Verfahren gut dazu geeignet, die Grundzüge der Klimavorausberechnung kennenzulernen. Die Gleichung lautet (34):

$$t_{gu} - t_{tz} = (t_{gu} - t_{to}) \, e^{- \frac{U \, \lambda_t \, K(\alpha)}{\dot{m}_w \, c_{pL} \, r_o} z} \text{ in K} \quad \ldots \ldots \ldots \ldots \ldots \ldots \ldots \ldots \text{[7.1]}$$

Um diesen Textteil nicht über Gebühr auszudehnen, wird eine detaillierte Behandlung des Berechnungsweges im Anhang gebracht. Hier sollen nur die Grundzüge und die wichtigsten Ergebnisse der Berechnungsbeispiele erwähnt werden.

Im Anhang 1 wird der Temperaturverlauf bzw. die Temperaturzunahme der Wetter in einem trockenen Wetterweg errechnet. Die dort angeführte Gleichung [6] ist nahezu identisch mit der Gleichung [7.1] mit dem Unterschied, daß anstelle der Rechengröße $\lambda_t = \varepsilon_t \, \lambda_{äq}$ die Wärmeleitfähigkeit des Gesteins λ in die Rechnung eingesetzt wird. In einem trockenen Wetterweg ist ja die mittlere Wärmeleitfähigkeit λ der Gesteine um den Grubenbau gleich der äquivalenten Wärmeleitfähigkeit $\lambda_{äq}$ des Wetterweges, vorausgesetzt es sind keine zusätzlichen, nicht getrennt berechenbaren Wärmequellen da, die eine scheinbare Vergrößerung der Wärmeleitfähigkeit auf den Wert $\lambda_{äq}$ bewirken. Die Bedeutung der äquivalenten Wärmeleitfähigkeit wird im Abschnitt 7.2 genauer erklärt. In einem trockenen Wetterweg ist der Anteil $\varepsilon_t = 1$ und damit $\lambda_t = \lambda_{äq}$ bzw. $= \lambda$ beim Fehlen von Zusatzwärmequellen. Die mittlere Wärmeleitfähigkeit des Gebirges um den Wetterweg ist in einem homogenen, isotropen Gebirge, wie es angenähert in einer mächtigen Sandsteinbank, in einem Steinsalzgebirge oder im Granitgestein verwirklicht ist, einfach gleich der Wärmeleitfähigkeit des Gesteins. In vielen realen Wetterwegen, wie in einer Abbaustrecke im Steinkohlenbergbau, ist die Situation jedoch etwas komplizierter. Dies soll anhand des Bildes 29 erklärt werden: Um den Wetterweg herum befinden sich drei verschiedene Gesteine (Schieferton, Kohle, Sandstein). Sie haben verschiedene Wärmeleitfähigkeiten λ (31). Kohle hat einen Wert $\lambda = 0,35$ W/mK, Schieferton hat senkrecht zur Schichtung den Wert $\lambda_\perp = 1,9$, parallel zur Schichtung den Wert $\lambda_{\parallel} = 2,7$ W/mK. Sandstein hat recht verschiedene Werte $\lambda_{\parallel} = 3,2$ bis $4,4$ W/mK und eine geringere Anisotropie ($\lambda_\perp = 0,9\ \lambda_{\parallel}$). Aus diesen Werten muß man eine mittlere Wärmeleitfähigkeit λ_m unter Berücksichtigung der Gesteinsanteile am Umfang des Grubenbaues errechnen. Sie könnte im Beispiel nach Bild 29 den ungefähren Wert $\lambda_m = 0,5 \cdot 3,8 + 0,3 \cdot 0,35 + 0,2 \cdot 1,9 = 2,43$ W/mK haben. Durch eine Aufblätterung des Nebengesteins, vor allem im Hangenden, und die Isolierwirkung der so entstandenen Hohlräume im Gebirge wird die wirkliche mittlere Wärmeleitfähigkeit λ_m oft deutlich kleiner sein als der wie oben errechnete Wert. Man kann diesen realen Wert nur durch Messungen im Wetterweg bestimmen (43) und sollte ihn zur Unterscheidung vom Stoffwert λ als effektive Wärmeleitfähigkeit λ_{eff} bezeichnen. Die Bezeichnung äquivalente Wärmeleitfähigkeit $\lambda_{äq}$ ist dagegen erst dann angebracht, wenn Wärmequellen zusätzlich zum Gebirge vorhanden sind, die man nicht getrennt rechnerisch erfassen kann oder will und die man deshalb in der Form eines Zuschlages zum Wert der mittleren Wärmeleitfähigkeit berücksichtigt (59). Solche Zusatzwärmequellen sind zum Beispiel Wärmezuströme aus dem Alten Mann, Wärmeabgabe von Förderkohle oder Oxida-

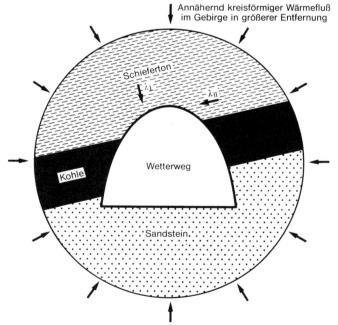

Bild 29. Prinzip des Wärmeflusses vom Gebirge in den Wetterweg unter Berücksichtigung der starken Anisotropie in Schieferton.

tionswärme. Nach diesem zum Verständnis der Berechnung notwendigen Vorgriff auf das Kapitel 7 zurück zum Berechnungsbeispiel im Anhang 1. Es wird dort jeder Zahlenwert genannt, so daß man den Rechengang leicht verfolgen kann.

In einem Wetterweg von 1500 m Länge mit 45 °C Gebirgstemperatur, einer Wettertemperatur von 20 °C am Anfang und einem Bewetterungsalter von 5 Jahren steigt die Wettertemperatur bei einer sehr kleinen Wettermenge von 12 m³/s auf 36 °C, bei 18 m³/s auf 32,3 °C, bei 36 m³/s auf 27,2 °C und bei einer für Hauptwetterwege normalen Wettermenge von 54 m³/s auf 25,1 °C. Der Temperaturanstieg Δt_t verringert sich also mit zunehmender Wettermenge von 16 auf 5,1 K.

In einer teilweise feuchten Strecke, wie sie im westeuropäischen Steinkohlenbergbau üblich sind, würde die Temperatur der Wetter weit weniger steigen, weil ein erheblicher Anteil des Wärmezustromes aus dem Gebirge, oft 50 bis 70% (34), zur Verdunstung von Feuchtigkeit verbraucht werden. In der obengenannten Strecke würden sich die Temperaturanstiege entsprechend verringern, ungefähr auf 50% der für trockene Verhältnisse errechneten Werte.

Das Bild 30 gibt einen Überblick über die Wettererwärmung in einer 4000 m langen Strecke mit durchschnittlicher Wärmeleitfähigkeit und Feuchtigkeit bei Variation der Gebirgstemperatur, Wettermenge und des Bewetterungsalters.

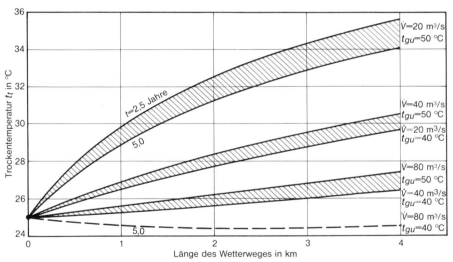

Bild 30. Anstieg der Wettertemperatur in einer 4 km langen Gesteinsstrecke. Einfluß der Gebirgstemperatur t_{gu}, des Alters t und der Wettermenge $\dot{V}$.

Es gibt in verschiedenen Bergbauländern der Erde eine Reihe von Vorschlägen, das Grubenklima vorauszuberechnen. Auf dieses reichhaltige Schrifttum kann hier nicht eingegangen werden; Hinweise auf diese Veröffentlichungen findet man im Literaturverzeichnis verschiedener Arbeiten (34, 36, 26, 29). Kaum einer dieser Vorschläge hat eine größere praktische Bedeutung bekommen, insbesondere wegen folgender Mängel. Viele Verfahren berücksichtigen den Einfluß der Wasserverdunstung in einer zumindest für den westeuropäischen Steinkohlenbergbau falschen Weise, so daß das Temperaturfeld im Gebirge und letztlich auch die Wettererwärmung falsch berechnet werden. Viele Verfahren sind sehr zeitraubend, wurden aber nicht für die Berechnung mit EDV-Anlagen programmiert. Einige Verfahren sind nur auf die besonderen Verhältnisse in einem bestimmten Bergbaugebiet zugeschnitten und oft zu sehr vereinfacht. Fast alle diese Berechnungen befassen sich recht intensiv, wenn auch nur mathematisch, mit dem Wärmezufluß aus dem festen Gebirge in die Wetter; aber der Wärmezustrom aus dem Fördergut oder aus dem Alten Mann sowie die Wärmeabgabe elektrischer Betriebsmittel werden kaum oder nur über Faustformeln berücksichtigt, obwohl gerade diese Wärmequellen in modernen Steinkohlenbergwerken das Grubenklima entscheidend mitbestimmen.

Wesentlich komplizierter als die im Anhang 1 erklärte Vorausberechnung des Wettertemperaturverlaufes in einem trockenen Wetterweg ist die Klimavorausberechnung für Abbaustrecken und Streben mit Wasserverdunstung, Wärmeabgabe von Fördergut und Maschinen und eventuell einem Wärmezufluß mit Schleichwettern aus dem Alten Mann.

Ein kurzer Abriß der Klimavorausberechnung für solche Wetterwege ohne die Hilfe von elektronischen Rechenanlagen findet man im Schrifttum (34, 43).

Der Wärmezustrom aus dem festen Gebirge, aus dem Alten Mann (in Streben und ausziehenden Abbaustrecken) und aus der Förderkohle (in Streben und Kohlenabfuhrstrecken) wird gemeinsam berechnet, indem man bei der Berechnung des Temperaturfeldes im Gebirge anstelle der Wärmeleitfähigkeit λ die sogenannte äquivalente Wärmeleitfähigkeit $\lambda_{\ddot{a}q}$ in die Temperturleitzahl a bzw. die Fourierzahl *Fo* einsetzt und auch in die Gleichung [7.1] zur Berechnung des Temperaturanstieges die Größe $\lambda_{\ddot{a}q}$ über die Rechenhilfsgröße $\lambda_t = \varepsilon_t \lambda_{\ddot{a}q}$ einführt. Es würde zu weit führen, hier das Berechnungsverfahren zu erläutern; deshalb wird ein vollständiges Berechnungsbeispiel für einen Streb als Anhang 2 gebracht. Darin wird auch die Problematik der Berechnung der Wärmeabgabe der elektrischen Betriebsmittel angedeutet. Außerdem wird das Prinzip der Berechnung der Zustandsänderung der Wetter in einem Wetterkühler erklärt. Bezüglich weiterer Einzelheiten muß auf das genannte Schrifttum verwiesen werden.

In der Praxis ist die Klimavorausberechnung allerdings noch etwas schwieriger als in diesem Planungsbeispiel. Man muß zum Beispiel zuerst einmal das Alter t des Strebes ausrechnen, das hier bereits angegeben ist. Ein Streb hat ja kein klar definiertes Alter im Sinne der Bewetterungsdauer; am Kohlenstoß ist er sehr jung, an der Versatzseite bzw. Bruchkante je nach Strebbreite und Abbaugeschwindigkeit viel älter. Ein anderes Problem ist bei einer Planung die Wahl der Strebwettermenge, die von der bekannten Einziehwettermenge am Anfang der Abbaustrecke je nach Schleichwetterverlusten mehr oder weniger stark abweichen kann. Auch das Problem der Auswahl der wärmetechnischen Kenngrößen in Abhängigkeit von den Besonderheiten des Abbaus wurde hier nicht berührt; die Werte $\lambda_{\ddot{a}q}$ und η_f sind unter den Daten des Strebes zu finden. Die Hauptschwierigkeit der Berechnung ist aber die Abschätzung des Verhältnisses ε_t, die nur aufgrund reicher Erfahrung einigermaßen zuverlässig sein kann. Beispiele für die Kenngrößen $\lambda_{\ddot{a}q}$ und η_f geben die Bilder 31 und 32.

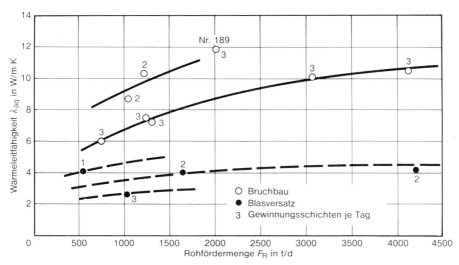

Bild 31. Äquivalente Wärmeleitfähigkeiten für Streben im Bereich hoher Gebirgstemperaturen.

Wegen dieser Schwierigkeit vor allem wurde ein neues Klimavorausberechnungsverfahren entwickelt, das im folgenden Kapitel kurz beschrieben wird.

Bevor wir auf die Rechnung mit Hilfe von EDV-Programmen eingehen, soll jedoch noch eine wichtige und einfache Rechnung erklärt werden, die man rasch z. B. während einer Besprechung durchführen kann, um sich einige konkrete Zahlen, etwa über erforderliche Kühlleistungen, zu verschaffen.

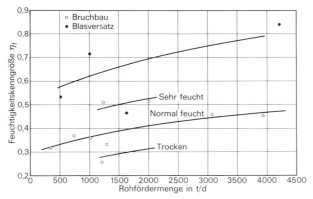

Bild 32. Feuchtigkeitskenngröße η_f für Streben im Bereich hoher Gebirgstemperaturen.

Oft taucht bei Planungsgesprächen über das Grubenklima die Frage auf, welche Kühlleistung man wohl benötigen wird, wenn man im Abbau die Wetter vor dem Streb oder im Streckenvortrieb am Luttenende möglichst stark abkühlen will. Diese Frage läßt sich rasch mit Hilfe von Gleichung [4] lösen:

$$\dot{Q} = \dot{m}_w\,\Delta h \text{ in W oder kW} \quad\dots\dots\dots\dots\dots\dots\dots\dots\dots\dots \text{[4]}$$

In der Praxis wird man $\dot{Q}$ in kW berechnen, muß also die größtmögliche Enthalpiedifferenz Δh in kJ/kg K in die Rechnung einsetzen, die man mit einem vernünftigen technischen Aufwand erzielen kann.

Beispiel: Eine Wettermenge $\dot{V} = 1200$ m³/min bzw. 20 m³/s in der einziehenden Abbaustrecke hat im Sommer eine Trockentemperatur von ungefähr 28 °C bei einer relativen Feuchtigkeit von 60%. Dafür beträgt die Enthalpie, aus einem hx-Diagramm für 1125 mbar $h_1 = 60,5$ kJ/kg. In der Praxis wird man die Wetter in einer Abbaustrecke kaum tiefer als auf rd. 10 °C (bei nahezu Sättigung) abkühlen können; am Kühleraustritt hätte man dann die Enthalpie $h_2 = 27,0$ kJ/kg. Die maximale Enthalpiedifferenz beträgt also $\Delta h = h_1 - h_2 = 33,5$ kJ/kg und über den Massenstrom $\dot{m}_w = \varrho \, \dot{V} \approx 1,3 \cdot 20 = 26$ kg/s erhält man die maximale Kühlleistung $\dot{Q} = 26 \cdot 33,5 = 870$ kW. Diesen Grenzwert kann man erreichen mit einer „Kühlwand", wie sie auf dem Bergwerk Monopol verwendet wird, indem man den gesamten Wetterstrom durch die Kühler schickt. Bei Verwendung von einigen konventionellen Streckenkühlern, also bei Kühlung nur eines Teilwetterstromes, wird man dagegen Mühe haben, diese Kühlleistung zu verwirklichen.

Ähnlich einfach ist die überschlägige Berechnung der Kühlwirkung Δh eines Kühlers oder einer kalten Rohrleitung mit bekannter Kühlleistung $\dot{Q}$ nach Gleichung [5]:

$$\Delta h = \frac{\dot{Q}}{\dot{m}_w} \text{ in kJ/kg} \dots \dots \dots \dots \dots \dots \dots \dots [5]$$

Allerdings kennt man die Kühlleistung $\dot{Q}$ nicht ohne weiteres, denn sie hängt von Wetterzustand und Wettermenge, Wassertemperatur und anderen Größen ab. Auf diese Zusammenhänge wird im Kapitel 9 eingegangen.

6.3.3 Klimavorausberechnung mit elektronischen Rechenanlagen (EDV-Anlagen)

Die Grundzüge des heute von uns verwendeten Verfahrens zur Klimavorausberechnung sind in der Zeitschrift Glückauf (46) in sehr geraffter Form veröffentlicht. Eine ausführlichere Darstellung findet man im Schrifttum der Jahre 1969 bis 1973 (41, 50).

Diese Verfahren gehen unmittelbar von den Grundgleichungen der Wärmeleitung, Wärmeübertragung und Verdunstung aus, die in einer etwas geänderten Form im Schrifttum (46) zusammengestellt sind; sie entsprechen fast den Gleichungen [32], [36] und [40] und lauten:

$$\dot{q} = - \lambda_{eff} (grad_n \, t)_o \text{ in W/m}^2 \dots \dots \dots \dots \dots \dots [44]$$

$$\dot{q}_k = \alpha \, (t_o - t_l) \text{ in W/m}^2 \dots \dots \dots \dots \dots \dots \dots [45]$$

$$\dot{q}_v = \frac{\beta' \, r_v}{R_D \, T} (p_{Do} - p_{DL}) \text{ in W/m}^2 \dots \dots \dots \dots [46]$$

Die Bedeutung der Zeichen ist im Abschnitt 6.2 erklärt.

Aus dem Gebirge fließt der Wärmestrom $\dot{q}$. Er ist umso größer, je höher die Wärmeleitfähigkeit λ_{eff} bzw. $\lambda_{äq}$ und je steiler das Temperaturgefälle im Gestein unter der Oberfläche $(grad_n \, t)_o$ ist. Die Wärmeleitfähigkeit von Sandstein ist etwa 2mal so groß wie die von Schieferton und 10mal so groß wie die von Kohle. Bei Schieferton bewirkt ein Aufblättern der Schichten oft eine starke Verringerung der Wärmeleitfähigkeit senkrecht zur Schichtung. Der Gradient $(grad_n \, t)_o$ ist umso größer, je jünger der Wetterweg ist.

Ein Teil des Wärmestromes $\dot{q}$ wird an der Oberfläche trocken übertragen, durch Konvektion. Dieser Teil $\dot{q}_k$ dient zur Temperaturerhöhung der Wetter. Er ist proportional der Wärmeübergangszahl α, die mit der Wettergeschwindigkeit steigt und der Differenz zwischen der Oberflächentemperatur t_o und der Wettertemperatur t_t. Die Oberflächentemperatur ist umso höher, je jünger und je trockener der Wetterweg ist.

Der Rest der Wärme $\dot{q}_v = \dot{q} - \dot{q}_k$ wird durch Verdunstung übertragen und erhöht den Wasserdampfgehalt der Wetter. Er ist umso größer, je höher die Oberflächentemperatur, die den Dampfdruck p_{Do} bestimmt, je feuchter die Oberfläche und je trockener die Wetter sind. In feuchten Wetterwegen ist $\dot{q}_v$ zumeist wesentlich größer als $\dot{q}_k$.

Man erkennt, daß die Bestimmung der Oberflächentemperatur Voraussetzung für eine Berechnung der Wärmemengen ist.

Diese Berechnung ist sehr zeitraubend, wie die Zusammenstellung der dafür erforderlichen Gleichungen [47 bis 55] erkennen läßt (46):

$$t_o = t_R + \frac{t_{gu} - t_R}{Bi} \, K\,(\alpha_{eff}) \quad \dots\dots\dots\dots\dots\dots\dots\dots \quad [47]$$

$$K\,(\alpha_{eff}) = f\,(Fo, \, Bi) \quad \dots\dots\dots\dots\dots\dots\dots\dots\dots\dots\dots \quad [48]$$

$$Fo = \frac{\lambda_{eff}\, t}{c\, \varrho_g\, r_o^2} \quad \dots\dots\dots\dots\dots\dots\dots\dots\dots\dots\dots\dots \quad [49]$$

In Fo steht t für die Zeit, sonst bedeutet t die Temperatur.

$$Bi = \frac{\alpha_{eff}\, r_o}{\lambda_{eff}} \quad \dots\dots\dots\dots\dots\dots\dots\dots\dots\dots\dots\dots \quad [50]$$

$$t_R = \frac{t_t\,(1 - c'\, c'') + c'\, t_f\,(c'' + f\,(t_f))}{1 + c'\, f\,(t_o)} \quad \dots\dots\dots\dots\dots\dots \quad [51]$$

$$\alpha_{eff} = \alpha\,(1 + c'\, f\,(t_o)) \quad \dots\dots\dots\dots\dots\dots\dots\dots\dots \quad [52]$$

$$c' = \frac{\eta_f\, r_v}{c_p\, \varrho\, R_D\, T} \quad \dots\dots\dots\dots\dots\dots\dots\dots\dots\dots\dots \quad [53]$$

$$c'' = 0{,}009\, b \quad \dots\dots\dots\dots\dots\dots\dots\dots\dots\dots\dots\dots\dots \quad [54]$$

$$f\,(t) = a_1\, t^4 + a_2\, t^3 + a_3\, t^2 + a_4\, t + a_5 \quad \dots\dots\dots\dots\dots \quad [55]$$

$a_1 = 3{,}021957 \cdot 10^{-7}$
$a_2 = 2{,}543219 \cdot 10^{-5}$
$a_3 = 2{,}841914 \cdot 10^{-3}$
$a_4 = 0{,}1441669$
$a_5 = 4{,}529490$

Die Gleichung [47] ist die Bestimmungsgleichung für t_o. Darin taucht eine Größe t_R auf, die sogenannte Richtpunkttemperatur, die nach Gleichung [51] berechnet werden kann. Leider ist in Gleichung [51] wieder t_o enthalten, so daß die Rechnung zunächst mit einem geschätzten Wert für t_o begonnen und das Gleichungssystem iterativ durchlaufen werden muß, bis sich der Wert t_o nicht mehr nennenswert verändert. Dieses Gleichungssystem stellt nur einen kleinen Ausschnitt aus der Klimavorausberechnung für einen Wetterweg dar und es ist klar, daß die Berechnung nur durch die Hilfe von elektronischen Rechenanlagen mit einem vertretbaren Zeitaufwand vorgenommen werden kann. Deshalb hat die Forschungsstelle für Grubenbewetterung und Klimatechnik die Berechnung programmiert und ist bemüht, das Verfahren noch zu verbessern und zu ergänzen.

Es ist nicht möglich, hier die Klimavorausberechnung für Streben und Abbaustrecken ausführlich zu erläutern oder gar auf Einzelheiten des EDV-Programmes einzugehen. Hier muß auf das Schrifttum (34, 41, 46, 50, 51, 53, 59) verwiesen werden.

Einen Einblick in verschiedene Berechnungsprobleme gibt auch ein Beispiel einer Klimavorausberechnung für einen Streb, der als Anhang 2 diesem Buch beigefügt ist. Wenn auch dieses Beispiel die Methodik der Berechnung von Hand wiedergibt, so erkennt man doch gut, welche Bedeutung die Wärmeabgabe der Betriebsmittel und die Wetterkühlung haben und daß der Pferdefuß der Berechnung von Hand die Abschätzung des trockenen Anteiles ε_t an der Wärmeübertragung ist.

Ergänzend wird anhand eines Vordruckes für die Eingabedaten (Anlage 11) und drei vom Rechner ausgedruckten Ergebnisblättern (Anlage 12 bis 14) ein Eindruck von der Klimavorausberechnung für einen Streb vermittelt. Die Eingabedaten sind identisch mit denen für das Berechnungsbeispiel im Anhang 2, so daß man die Ergebnisse miteinander vergleichen kann. In der Anlage 15 sind die für einen Streb mit und ohne Kühlung errechneten Zustandsänderungen der Wetter aufgezeichnet.

Bemerkenswert ist das Ergebnis, daß die Trockentemperatur am Strebeingang durch die Kühlung um rd. 9 K abgesenkt wird, daß aber am Strebausgang nur eine Temperatursenkung um 3 K übrigbleibt. Kühlung am Strebeingang ist also weniger geeignet, um die Trockentemperatur am Strebausgang zu senken. Die Effektivtemperatur wird etwas stärker von 27,8 auf 23,7 °C verbessert bei einer Klimaverbesserung um rd. 12 K am Strebeingang.

Bei Verwendung von Strebkühlern, die gleichmäßig über die gesamte Streblänge verteilt werden, könnte man bei einer nur geringen Erhöhung der Kühlleistung von 580 auf 650 kW die Trockentemperatur um etwa 5 K, die Effektivtemperatur sogar um rd. 6 K verbessern. Allerdings hat die Kühlung im Streb bekanntlich ihre Probleme (vgl. Kapitel 9).

Die Genauigkeit des Berechnungsverfahrens ist, von Sonderfällen abgesehen, durchaus zufriedenstellend. Unsicherheiten kommen aber dadurch zustande, daß man in einem Planungsfall nicht genau genug vorhersehen kann, wieviel Wetter etwa durch den Alten Mann ziehen, oder ob Wasserzuflüsse aus dem Gebirge auftreten werden. Man kennt auch noch nicht genau genug beispielsweise den Einfluß der Streblänge und der Fördermenge auf die in die Rechnung einzusetzenden Kenngrößen. Durch diese Umstände bedingt kann man die Unsicherheit der Klimavorausberechnung mit etwa ± 2 K in der Trocken- und in der Effektivtemperatur angeben.

Das ist im Grunde schon eine gute Genauigkeit, wenn man bedenkt, daß an einer Stelle im Streb Temperaturunterschiede von 2 bis 3 K zwischen Kohlenstoß und Versatzfront auftreten können, während die berechneten Werte als Durchschnittswerte über dem Querschnitt zu verstehen sind. Aber vielfach wünscht sich die Zeche viel genauere Ergebnisse, weil eine Angabe $t_{eff} = 31 \pm 2\,°C$ eben nicht garantiert, daß Werte über 32 GK ausgeschlossen sind.

Doch selbst wenn die Rechnung zu 100% richtig wäre, gibt es noch ein anderes Problem, nämlich die Einhaltung der Planungsdaten. Wenn man die geplante Wettermenge, Abbaugeschwindigkeit und Streblänge nicht einhält, oder die geplante Abdichtung der Streckendämme unterläßt, dann darf man natürlich nicht erwarten, daß die Vorausberechnung mit der Wirklichkeit übereinstimmt.

6.3.4 Klimavorausberechnung für sonderbewetterte Grubenbaue

Der Wärmezustrom aus dem Gebirge in die Wetter erfolgt nach den gleichen Gesetzmäßigkeiten wie in durchgehend bewetterten Grubenbauen. Dennoch ist die Klimavorausberechnung für sonderbewetterte Grubenbaue ein besonderes Problem. Einmal hat die sonderbewetterte Strecke an jeder Stelle ein anderes Bewetterungsalter, zum zweiten ändert sich die Wettermenge über der Streckenlänge infolge von Leckverlusten an der Luttenleitung, drittens beeinflußt der Wärmeaustausch durch die Luttenwand hindurch das Grubenklima erheblich. Deshalb soll diesem besonderen Thema der Klimavorausberechnung ein größerer Abschnitt gewidmet werden, zumal bisher Angaben über das Grubenklima und über die Kühlwirkung von Wetterkühlanlagen sich fast ausschließlich auf durchgehend bewetterte Grubenbaue bezogen, insbesondere auf Streben und Abbaustrecken.

6.3.4.1 *Einführung*

In Bergwerken, in denen im Bereich hoher Gebirgstemperaturen gearbeitet wird, treten immer häufiger auch in der Aus- und Vorrichtung ungünstige klimatische Verhältnisse auf.

Bisher lag das Schwergewicht der Forschung und der Arbeit in der Praxis bezüglich des Grubenklimas beim Abbau. Diese Tendenz zeigt sich auch im Schrifttum der letzten Jahre im In- und Ausland. In ihm wird berichtet über Rechnungen und über Messungen im Abbau, die den Einfluß der Wettermenge, Wetterführung, Fördermenge und Wetterkühlung auf das Grubenklima untersuchten (86, 99, 100, 137, 53, 54, 56, 75, 59).

Zu wenig Beachtung fanden dagegen die grubenklimatischen Verhältnisse in sonderbewetterten Streckenvortrieben, obwohl spätestens seit der Verwendung von Vortriebsmaschinen auch hier große Wärmemengen anfallen und hohe Lufttemperaturen auftreten können. Deshalb hat sich die Forschungsstelle für Grubenbewetterung und Klimatechnik (FGK) der Bergbau-Forschung GmbH in Essen in letzter Zeit verstärkt diesem Problemkreis zugewandt.

6.3.4.2 *Klimavorausberechnung*

Um die Bewetterung und Klimatisierung von Streckenvortrieben planen zu können, muß eine zuverlässige Klimavorausberechnung möglich sein. Es gibt nun schon seit etwa 15 Jahren eine Reihe von mathematischen Verfahren für die Vorausberechnung der Wettertemperatur in Streckenvortrieben (28, 35, 37, 39). Die Mehrzahl dieser Verfahren gilt jedoch nur für trockene Grubenbaue, oder der Einfluß der Verdunstung auf die Temperaturverteilung in Gebirge und letztlich die Temperatur der Wetter wird nicht richtig berücksichtigt. Außerdem fehlte bis vor etwa 10 Jahren ein Computer-Programm, um die zeitraubende Berechnung mit Hilfe von digitalen Rechenanlagen schnell und genau genug durchführen zu können.

Ein solches Berechnungsprogramm, das auch die Wasserverdunstung an der Oberfläche der Grubenbaue physikalisch richtig wiedergibt, wurde deshalb 1971 von der FGK entwickelt (45). Dieses Berechnungsprogramm erlaubt bereits die Variation einer Vielzahl von wichtigen Einflußgrößen, wie der Wettermenge, der Leckverluste an der Lutte, einer eventuellen Luttenisolierung, der Vortriebsgeschwindigkeit, der Abmessungen der Strecke und der Luttenleitung, der Gebirgstemperatur und der Gesteinsart.

Wichtiger als Unterschiede aufgrund verschiedener mathematischer Verfahren oder Randbedingungen (55) ist für das Ergebnis der Berechnung die Kenntnis wärmetechnischer Größen, wie der Wärmeleitfähigkeit des Gebirges, der Feuchtigkeitskenngröße des Grubenbaues und der Wärmedurchgangszahl der Luttenleitung. Die Kenntnis der Gebirgstemperatur wird vorausgesetzt.

Diese Größen können teils durch Untersuchungen im Laboratorium, teils durch Wärmebilanzmessungen in der Grube ermittelt werden. Letzte Sicherheit über den Wert des Computerprogrammes und der Kenngrößen können genaue Messungen unter Tage und der Vergleich der Meßergebnisse mit den Berechnungen geben. Dabei sollten die Daten des untersuchten Grubenbaues für einen solchen Vergleich geeignet sein; insbesondere ist eine hohe Gebirgstemperatur erwünscht.

6.3.4.3 Konventionelle Streckenvortriebe

In blasend sonderbewetterten Streckenvortrieben — im deutschen Steinkohlenbergbau findet man ausschließlich die blasende Sonderbewetterung angewendet — und bei der konventionellen Auffahrung, also Bohren und Sprengen, sind die Wettermenge und die richtige Wahl von Luttenleitung und Lüfter ausschlaggebend für das Grubenklima. Abgesehen von wenigen Fällen mit besonders hoher Gebirgstemperatur, großer Streckenlänge und relativ hoher Vortriebsgeschwindigkeit ist das Grubenklima mit sehr großen Wettermengen stets ohne Wetterkühlung zu beherrschen. Der Luttendurchmesser sollte möglichst groß gewählt werden, so daß man mit einer verhältnismäßig geringen Leistung auskommt und die Wetter durch den Lüfter nicht zu sehr erwärmt werden. Im deutschen Bergbau werden überwiegend Luttendurchmesser von 0,8 und 1 m verwendet. Vereinzelt wählt man auch noch größere Lutten oder es werden zwei Luttenleitungen verlegt. Die modernen dazu passenden Luttenlüfter haben Laufraddurchmesser von 0,9 m und eine Antriebsleistung von 75 kW. Damit kann man 13,3 m^3/s bei einer Luttenlänge von 2000 m und einem Luttendurchmesser von 1 m fördern.

Es wurde eine größere Zahl von Klimavorausberechnungen für blasend sonderbewetterte, konventionell aufgefahrene Streckenvortriebe vorgenommen, um den Einfluß verschiedener Größen aufzuzeigen. Die Bilder 33 und 34 enthalten die wichtigsten Ergebnisse.

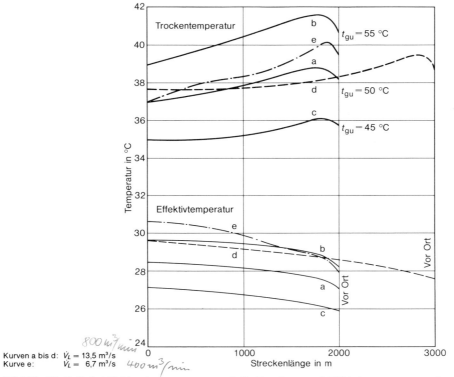

Kurven a bis d: $\dot{V}_L = 13,5$ m³/s
Kurve e: $\dot{V}_L = 6,7$ m³/s

Bild 33. Einfluß der Gebirgstemperatur t_{gu} auf die Trocken- und Effektivtemperaturen in einer mit Schießarbeit aufgefahrenen Strecke.

Bild 33 zeigt Trockentemperaturen und Effektivtemperaturen (Klimawerte) über der Streckenlänge. Die Kurve a gilt für folgende Daten:

Gebirgstemperatur	$t_{gu} = 50$ °C
Nebengestein	Schieferton
Luttendurchmesser	$d_L = 1,0$ m
Wettermenge am Lüfter	$\dot{V}_L = 13,5$ m³/s
Leckverluste an der Lutte	1% je 100 m
Streckenlänge	$L = 2000$ m
Streckenquerschnitt	$A = 20$ m²
Vortriebsgeschwindigkeit	$v = 3$ m/d
Feuchtigkeitskenngröße	$\eta_f = 0,1$

Die Trockentemperatur beträgt für diesen Fall vor Ort 38,2 °C, erreicht in etwa 200 m Entfernung von der Ortsbrust den Maximalwert 38,8 °C und fällt in Ortsferne bis auf 37,0 °C ab. Die Effektivtemperatur steigt von rd. 27 °C vor Ort auf 28,4 °C am Streckenansatz.

Ändert sich bei sonst gleichen Daten die Gebirgstemperatur um 5 K, so verändert sich die Trockentemperatur im gleichen Sinne um rd. 2,5 K, die Effektivtemperatur um 1,2 K. Wird die Wettermenge um 6,8 m³/s, also auf die Hälfte reduziert, dann steigt die Trockentemperatur in Ortsnähe um 1,2 K, die wichtigere Effektivtemperatur in Ortsnähe um rd. 1 K, in Ortsferne sogar um rd. 2 K. Eine Erhöhung der Streckenlänge von 2000 auf 3000 m verändert die Trockentemperatur nur wenig, die Effektivtemperatur steigt jedoch um 1 K. Das Bild 34 läßt u. a. erkennen, daß eine weitere Erhöhung der Streckenlänge um 1000 m die Effektivtemperatur nochmals um rd. 1 K erhöht. Näherungsweise überlagern sich also die Einflüsse additiv.

Wenn auch die Änderung jeweils einer Einflußgröße das Grubenklima nur mäßig beeinflußt, so addieren sich doch diese Auswirkungen, und die Effektivtemperatur liegt in einer 4000 m langen Strecke mit 5 m/d Vortriebsgeschwindigkeit im Sandstein trotz einer für diese Länge noch hohen Wettermenge $\dot{V}_L = 10 \text{ m}^3/\text{s}$ bereits weit oberhalb der Klimagrenze $t_{eff} = 32 °C$, oberhalb der ein Arbeitsverbot vorliegt. Hier wäre also Wetterkühlung unbedingt erforderlich. Insgesamt bestätigen die Berechnungen jedoch die Aussage, daß man bei Verwendung großer Wettermengen in konventionell aufgefahrenen Strecken zumeist ohne Wetterkühlung auskommt.

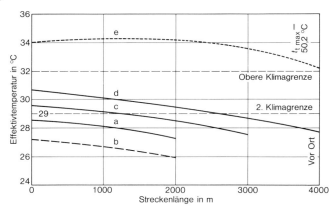

Kurven a, c und d: $t_{gu} = 50 °C$; $\dot{V}_L = 13,5$ m³/s; $v = 3$ m/d; Schieferton
Kurve b: wie oben, aber $t_{gu} = 45 °C$
Kurve e: $t_{gu} = 55 °C$; $\dot{V}_L = 10,0$ m³/s; $v = 5$ m/d; Sandstein

Bild 34. Einfluß der Gebirgstemperatur, der Wettermenge und anderer Daten auf das Grubenklima.

6.3.4.4 Maschinelle Streckenvortriebe

Große klimatische Schwierigkeiten können allerdings trotz guter Bewetterung bei Verwendung von Teil- und Vollschnittmaschinen in Streckenvortrieben auftreten. Um für diese maschinellen Streckenvortriebe eine zuverlässige Planung der Sonderbewetterungs- und ggf. Wetterkühlanlagen vornehmen zu können, mußten zunächst einmal klimatische und wärmephysikalische Untersuchungen in den ersten maschinellen Streckenvortrieben vorgenommen werden. Untersuchungen dieser Art in Strecken mit Vollschnittmaschinen (71) zeigten, daß diese Maschinen, bezogen auf die Laufzeit, rd. 700 kW aus dem elektrischen Netz entnehmen (Bild 35), und diese Energie wird nahezu vollständig in Wärme umgesetzt und an die Umgebung abgeführt. Erfreulicherweise erwärmen sich die Wetter nicht in gleichem Umfang, da die bis 350 t schwere Maschine und auch das Gestein während der Schneidzeit Wärme speichern, die erst bei Stillstand der Maschine wieder abgegeben wird. Deshalb beträgt die Wettererwärmung aufgrund der Wärmeabgabe der Vollschnittmaschine einschließlich Entstaubungsanlage, Förderbändern und Pumpen maximal 400 kW. Immerhin ist diese Wärmemenge so groß, daß man zumeist eine Klimatisierung mit Wetterkühlanlagen vornehmen muß, deren Kühlleistung zumeist 200 bis 400 kW beträgt.

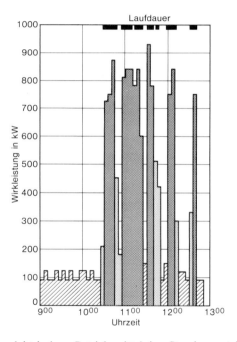

Bild 35. Leistung der elektrischen Betriebsmittel im Streckenvortrieb mit Vollschnittmaschine.

In einem Planungsfall mit extrem ungünstigen Bedingungen: 58 °C Gebirgstemperatur und 3500 m Streckenlänge mußten trotz einer außergewöhnlich großen Wettermenge von 1400 m³/min sehr große Kühlleistungen vorgesehen werden, um das Klima zu beherrschen. Das Bild 36 zeigt die errechneten Effektivtemperaturen im Streckenvortrieb. Es war eine Kälteleistung von 1,17 Mcal/h bzw. 1,36 MW erforderlich, um an keiner Stelle den oberen Klimagrenzwert $t_{eff} = 32$ °C zu überschreiten. Von der Kühlleistung wurden 350 kW vor Ort und rd. 1 MW an den Kaltwasserrohren von 2 · 3,5 km Länge an die Wetter übertragen. — Die Wetterkühlung in einer anderen Strecke mit Vollschnittmaschine wird im Schrifttum geschildert (102).

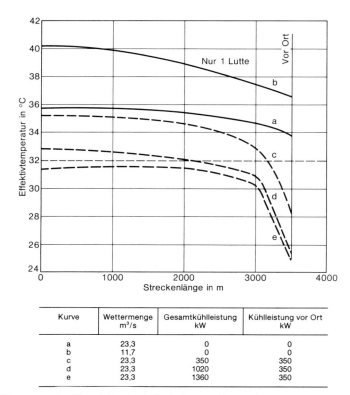

Kurve	Wettermenge m³/s	Gesamtkühlleistung kW	Kühlleistung vor Ort kW
a	23,3	0	0
b	11,7	0	0
c	23,3	350	350
d	23,3	1020	350
e	23,3	1360	350

Bild 36. Klimawerte im Vortrieb mit Vollschnittmaschine auf der 1250-m-Sohle.

6.3.4.5 Ein neues Klimavorausberechnungsprogramm

In Streckenvortrieben mit Vollschnittmaschinen und noch mehr in Flözstreckenvortrieben mit Teilschnittmaschinen liegen oft so komplizierte wärmetechnische Verhältnisse bei der Bewetterung, Gewinnung, Förderung, Entstaubung und Kühlung vor, daß das 1971 entwickelte Computerprogramm den Anforderungen bei der Planung nicht mehr genügt. Deshalb wurde 1979 ein wesentlich erweitertes Programm zur Klimavorausberechnung in blasend sonderbewetterten Streckenvortrieben geschaffen (57). Die Vielfalt der Berechnungsmöglichkeiten soll am Beispiel eines 800 m langen Flözstreckenvortriebes erläutert werden, in dem vor kurzem von der FGK sehr genaue Untersuchungen durchgeführt wurden (73, 114).

Das Bild 37 zeigt die gemessenen Teilwetterströme und ihre Wärmeaufnahme im 100 m langen ortsnahen Teil der Strecke. In der Hauptlutte fließt eine Wettermenge von 9,5 m³/s am Lüfter und von 8,0 m³/s vor Ort; die Leckverluste betragen also 1,5 m³/s. Ein Teilwetterstrom von rd. 2 m³/s fließt vom Luttenaustritt zur Ortsbrust und nimmt dabei 10 kW Wärme auf. Der größere Teilwetterstrom von rd. 6 m³/s fließt in der Strecke zurück und erwärmt sich dabei um 68 kW, und zwar überwiegend aufgrund einer Wasserdampfaufnahme. Von diesen Wettern werden 3,3 m³/s von einem Lüfter mit 35 kW Leistung angesaugt und fließen dann durch den Verdampfer einer Wetterkühlmaschine, in dem sie um 90 kW gekühlt werden. Die gekühlten Wetter werden in Ortsnähe ausgeblasen, vermischen sich mit den vorher erwähnten 2 m³/s, nehmen nochmals 35 kW Wärme auf und fließen dann über den Schneidkopf der Teilschnittmaschine zur Naßentstaubungsanlage. Am Bohrkopf und im Entstauber nimmt dieser Teilwetterstrom von 5,3 m³/s nochmals 170 kW, teils als sensible, überwiegend als latente Wärme auf. Dieser feuchte und sehr warme Wetterstrom vermischt sich nach dem Verlassen der Entstaubungsanlage am Punkt e in Bild 37 mit den 2,7 m³/s, die hier in der Strecke fließen. Der Gesamtwetterstrom von 8 m³/s strömt dann in der Strecke zurück. Er nimmt Wärme aus dem Gebirge auf, kühlt sich an der Luttenleitung und an den Rohrleitungen mit dem Kühlwasser für die Wetterkühlmaschine ab, nimmt Feuchtigkeit in der Strecke auf und vermischt sich mit den Leckverlusten aus der Lutte. Dazu kommt noch die Wärmeabgabe des Gummigurtförderers. Diese große Vielfalt an Wärmeaustausch-, Vermischungs- und Verdunstungsvorgängen in allen Teilwetterströmen kann vom neuentwickelten Klimavorausberechnungsprogramm berücksichtigt werden. Die Rechnung ergab eine hervorragende Übereinstimmung mit den gemessenen Klimawerten, Wärmeströmen und Wettermengen an allen Meßstellen.

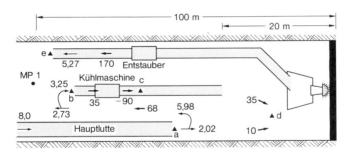

Bild 37. Schematische Darstellung der Wärmemengen und Teilwetterströme bei einem Streckenvortrieb mit Teilschnitt-Vortriebsmaschine.

Eine so detaillierte Berechnung ist naturgemäß nur sinnvoll in Verbindung mit sehr genauen Messungen. Bei der Planung einer Sonderbewetterung, also zu einem frühen Zeitpunkt, wenn man noch gar nicht alle Details kennt, genügt eine Berechnung mit angenommenen mittleren Daten, insbesondere der Wettermengenverteilung, der Wärmeerzeugung der elektrischen Betriebsmittel und dem Anteil der Wasserverdunstung an der Wettererwärmung.

Eine zuverlässige Klimavorausberechnung für maschinell aufgefahrene Streckenvortriebe ist auf jeden Fall nur möglich, wenn aufgrund der Ergebnisse zahlreicher klimatischer, wettertechnischer und wärmephysikalischer Untersuchungen die eben genannten Daten genau genug abgeschätzt werden können. Nach dem bisherigen Stand des Wissens, der noch nicht ausreichend ist, gelten folgende Daten und Erkenntnisse:

1. Die Wärmedurchgangszahl der Luttenleitung kann dem Schrifttum (45) entnommen werden; sie ist ausreichend genau.

2. Die äquivalente Wärmeleitfähigkeit in Streckenvortrieben ist gleich dem Mittelwert der Wärmeleitfähigkeit der Gesteine (33), in denen sich der Grubenbau befindet.

3. Die Feuchtigkeitskenngröße beträgt im Hauptteil der Strecke $\eta_f = 0,15 \pm 0,1$. Ein Wert von 0,05 gilt für eine sehr trockene Strecke, der Wert 0,25 für eine Strecke mit recht feuchter Oberfläche. Im ortsnahen Streckenteil sind die Werte zumeist doppelt so hoch. Diese Werte gelten für den deutschen Steinkohlenbergbau, in dem der Wasserzufluß aus dem Gebirge gering ist.

4. Die mittlere Wärmeerzeugung der elektrischen Betriebsmittel im ortsnahen Streckenteil betrug in den drei bisher untersuchten Gesteinsstrecken mit Vollschnittmaschinen 200, 370 und 400 kW, in den Flözstreckenvortrieben mit Teilschnittmaschinen 120, 230 und 280 kW.

5. Im ortsfernen Hauptabschnitt fielen zumeist nur 30 bis 40 kW Wärme von den Fördermitteln an.

6. Einen großen Einfluß auf das Klima hat die Kühlwirkung des vor Ort versprühten und des in Rohren fließenden Wassers. In einem Fall wurden bis zu 25 m³/h gekühlten Wassers versprüht, das eine Kühlwirkung von 186 kW ausübte. Die Kühlwirkung der Wasserleitung betrug in drei Strecken mit Wetterkühlmaschinen 110, 150 und 160 kW.

Unter Berücksichtigung dieser Kenntnisse wurden für einen 800 m langen Streckenvortrieb Berechnungen vorgenommen. Die errechneten Trocken- und Effektivtemperaturen sind im Bild 38 zusammengestellt. Die Kurve d ist identisch mit dem untersuchten Streckenvortrieb (vgl. Bild 37), die errechneten Werte stimmen mit den Meßwerten überein. Die Kurve a gilt für eine mit Sprengarbeit aufgefahrene Flözstrecke, für sonst gleiche Daten, jedoch ohne die Wärmeerzeugung durch Maschinen und ohne Wetterkühlung. Man erkennt, daß sich Maschinenwärme und Wetterkühlung, in ihrer Wirkung auf die Trockentemperaturen, annähernd kompensieren. Bezüglich der wichtigeren Effektivtemperaturen ist jedoch der maschinelle Streckenvortrieb trotz Kühlung ungünstiger.

Würden die Wetterkühlmaschine vor Ort und die Kühlwirkung der kalten Wasserrohre entfallen (Kurve b), so würden die Trockentemperaturen von 35 auf über 40 °C und die Effektivtemperaturen von 28 auf fast 32 °C, also bis an die Grenze des Erlaubten, steigen. Man erkennt daraus den großen Einfluß der Wärmeabgabe der Maschinen.

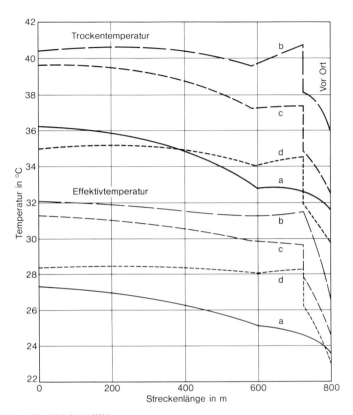

a Sprengarbeit zum Vergleich, keine Kühlung
b Teilschnitt-Vortriebsmaschine, keine Kühlung
c Teilschnitt-Vortriebsmaschine, Wetterkühler vor Ort
d Teilschnitt-Vortriebsmaschine, Wetterkühler vor Ort und kalte Rohre
  (mit Meßwerten identischer Berechnungsfall)
Alle Rechnungen: $t_{gu} = 48,5\,°C$; $v = 5$ m/d; $\dot{V}_L = 9,5$ m³/s $570\ m^3/min$

Bild 38. Einfluß der Maschinenwärme und der Wetterkühlung auf Temperaturen und Klimawerte.

6.3.5 Wärmeübertragung an Rohrleitungen

Im Grunde kann man den Wärmedurchgang durch eine Rohrwand nach der Gleichung [35] bestimmen. Man kennt jedoch nicht die genauen Oberflächentemperaturen t_2 und t_1. Deshalb muß man die Gleichung [36] für die innere und äußere Wärmeübertragung mitberücksichtigen. Eine solche Berechnung führt auf folgende Bestimmungsgleichungen für t_2 und t_1 (Bild 39):

$$t_1 = \frac{t_t}{1 + \dfrac{\alpha_i}{\alpha_a} + \dfrac{\alpha_i}{\lambda} r \ln \dfrac{r_2}{r_1}} + t_w \frac{\dfrac{\alpha_i}{\alpha_a} + \dfrac{\alpha_i}{\lambda} r \ln \dfrac{r_2}{r_1}}{1 + \dfrac{\alpha_i}{\alpha_a} + \dfrac{\alpha_i}{\lambda} r \ln \dfrac{r_2}{r_1}} \quad \text{in } °C \quad \dots \dots \dots \dots \dots \quad [56]$$

91

$$t_2 = t_t - \frac{\alpha_i}{\alpha_a}(t_l - t_w) \text{ in } °C \quad \ldots \ldots \ldots \ldots \ldots \ldots \ldots \ldots \quad [57]$$

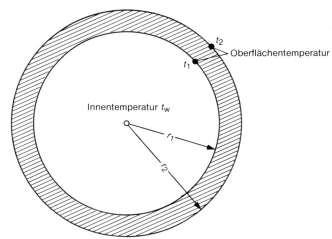

Außentemperatur t_t

t_2
Oberflächentemperatur
t_1

Innentemperatur t_w

r_1

r_2

Bild 39. Bezeichnungen der Temperaturen t und der Radien r bei stationärem Wärmefluß durch eine Rohrwand (vgl. Gleichungen [56] und [57]).

Bei dem Beispiel einer Kunststofflutte mit $r_1 = 1$ m und $r_2 = 1,001$ m, einer Außentemperatur $t_t = 30$ °C und einer Innentemperatur $t_2 = 20$ °C sowie den Wärmeübergangszahlen $\alpha_i = 37,8$ W/m² K und $\alpha_a = 9,23$ W/m² K erhält man die Werte $t_1 = 21,96$ °C und $t_2 = 21,97$ °C. Jetzt kann man mit Hilfe von Gleichung [36] in der Form

$$\dot{Q}_k = \alpha_k (t_t - t_2) 2\pi r l \text{ in } W \quad \ldots \ldots \ldots \ldots \ldots \ldots \ldots \quad [36]$$

mit den Werten $\alpha_k = \alpha_a = 9,23$ W/m² K und $l = 100$ m den Wärmestrom zu $\dot{Q}_k = 46\,569$ W = 46,57 kW errechnen.

Mit Hilfe der Gleichung [13.1]

$$\Delta t_t = \frac{\dot{Q}_k}{c_{pL}\,\dot{m}_w} \text{ in } K \quad \ldots \ldots \ldots \ldots \ldots \ldots \ldots \ldots \quad [13.1]$$

könnte man nun die Änderung der Wettertemperatur Δt_t aufgrund des Wärmedurchgangs durch die Luttenwand errechnen. Man erhält für den Massenstrom $\dot{m}_w = 12,5$ kg/s den Wert $\Delta t_t = 3,73$ K. Bei Lutten, also gleichen Medien innerhalb und außerhalb der Luttenleitung, ist $\Delta t_w = \Delta t_t$.

Diese Berechnung ist recht umständlich und kann nur für kurze Luttenlängen bzw. Rohrlängen vorgenommen werden, weil t_t und t_w nicht mehr konstant sind.

Um die Rechnung zu vereinfachen, faßt man Wärmeleitung sowie inneren und äußeren Wärmeübergang zum Wärmedurchgang zusammen, indem man eine

Wärmedurchgangszahl k in W/m² K verwendet. Damit erhält man die einfache Beziehung

$$\dot{Q} = k\,(t_t - t_w)\,A \text{ in W} \quad\dots\dots\dots\dots\dots\dots\dots\dots\dots\dots \text{[58]}$$

und es entfällt die Berechnung von Oberflächentemperaturen. — Bei stärkeren Änderungen der Temperatur t_w über der Weglänge, aber relativ wenig veränderten Außentemperaturen, kann man die integrale Form der Gleichung zur Berechnung des Temperaturanstieges des Mediums im Innern des Rohres $\Delta t_w = t_{w2} - t_{w1}$ verwenden.

$$t_{w2} = t_t - (t_t - t_{w1})\,e^{-\frac{U\,k\,l}{\dot{m}\,c}} \text{ in °C} \quad\dots\dots\dots\dots\dots\dots\dots\dots \text{[59]}$$

Diese Gleichung eignet sich weniger für eine Luttenleitung in einer sonderbewetterten Strecke, weil die Umgebungstemperatur t_t selten über der Luttenlänge konstant ist. Sie ist jedoch recht gut geeignet, um die Erwärmung von Wasser des Mengenstromes $\dot{m}$ in einer Rohrleitung der Länge l und dem Umfang U zu bestimmen, da die Änderung von t_t über der Weglänge klein ist im Verhältnis zu der Temperaturdifferenz $t_t - t_{w1}$. Bei überschlägigen Berechnungen der Wärmeübertragung an nicht isolierten Rohrleitungen aus einem gut leitenden Metall, wie Stahl, kann man den k-Wert als Funktion der Wettergeschwindigkeit einem Diagramm (Anlage 4) entnehmen. Es wird unterschieden zwischen k-Werten bei feuchter Rohroberfläche k_f (infolge Kondensation) und bei trockener Oberfläche k_t. Bei nicht isolierten Kunststoffrohren besteht schon eine gewisse Isolierwirkung, die mit zunehmendem Nenndruck, Rohrdurchmesser und höherer Wettergeschwindigkeit (Wärmeübergangszahl α ist näherungsweise gleich den Werten k_t aus Anlage 4) steigt. Diesen Zusammenhang zeigt Anlage 5.

Bei gut isolierten Rohrleitungen lassen sich Wärmedurchgangszahlen von nur $1,5 \pm 0,5$ W/m² K erreichen.

Die genaueren rechnerischen Beziehungen zur Bestimmung der Wärmedurchgangszahlen sind im Anhang 3 zusammengestellt. Es sind dort auch einige Berechnungsbeispiele angeführt, deren Ergebnisse hier ganz kurz zusammengefaßt werden.

So wird an einer nicht isolierten Kaltwasserrohrleitung (Stahlrohre) von 500 m Länge und 80 mm Durchmesser ein Kälteverlust von 116 kW auftreten, während bei einer gut isolierten Rohrleitung nur 7 kW übertragen werden.

Bei einer nicht isolierten Luttenleitung von 500 m Länge und 0,7 m Durchmesser wird eine Wettererwärmung um 6,1 K errechnet; bei einer Isolierlutte beträgt der Temperaturanstieg nur 1 K.

7. Kenngrößen und Daten für die Klimavorausberechnung

7.1 Die ursprüngliche Gebirgstemperatur

Eine der wichtigsten Voraussetzungen für eine brauchbare Klimavorausberechnung ist die Kenntnis der ursprünglichen Gebirgstemperatur t_{gu}. Im Abschnitt 4.2 wurden die Bilder 10 und 11 mit Gebirgstemperaturen in verschiedenen Bergbaugebieten der Erde und besonders im Ruhrrevier gebracht. Diese Daten reichen jedoch nicht aus, um eine Klimavorausberechnung für einen ganz bestimmten Grubenbau, wie einen Streb oder einen Streckenvortrieb mit ausreichender Genauigkeit machen zu können, da sich die Gebirgstemperatur im gleichen Niveau in wenigen km Entfernung um 10 K und mehr ändern kann. Dies machen im Schrifttum (38) veröffentlichte Untersuchungsergebnisse deutlich. Häufig genügen nicht einmal Geoisothermenkarten für ein Bergbaugebiet wie das Ruhrrevier (72), weil die Meßdichte zu gering ist. Deshalb wird empfohlen, vor jeder wichtigen Klimavorausberechnung eine Gebirgstemperaturmessung in der Nähe der geplanten Grubenbaue vorzunehmen. Bei einer Meßdichte von 1 bis 4 Gebirgstemperaturmessungen je km^2 ist es dann möglich, ausreichend genaue Geoisothermenkarten für ein Bergwerk oder ein Baufeld zu zeichnen.

Eine Gebirgstemperaturmessung sollte zweckmäßig in einem sonderbewetterten Streckenvortrieb (auch im vorgesetzten Ort einer den Streb begleitenden Abbaustrecke bei Vorbau) bzw. auf der Sohle eines gerade geteuften Schachtes oder im Ortsbereich eines im Vortrieb befindlichen Berges vorgenommen werden.

Als Meßgeräte kommen Maximumthermometerketten, besser aber von der FGK mitentwickelte Bohrlochtemperaturmeßgeräte infrage. Letztere werden im Kapitel 11 kurz beschrieben.

Der Vorteil der neueren Meßgeräte besteht darin, daß die Bohrlochwandtemperaturen während der Messung ständig an fünf Stellen im Bohrloch beobachtet werden können, so daß man schon beim Messen beurteilen kann, ob das Bohrloch bis in die Zone noch nicht abgekühlten Gebirges hineinreicht und ob die Störung des Temperaturgleichgewichtes durch das Bohren des Loches schon abgeklungen ist. Auf diese Weise kann man die Meßdauer auf 1 bis 2 h beschränken und mißt zuverlässig eine ursprüngliche Gebirgstemperatur.

Bemerkt werden soll noch, daß die Messung nicht in der Kohle vorgenommen werden sollte, weil in ihr Temperatursenkungen um bis zu 3 K infolge der Ausgasung stattfinden können. Am zuverlässigsten sind Messungen in Gesteinsstreckenvortrieben, am besten in der Ortsbrust. In Flözstreckenvortrieben sollte das Bohrloch im Gestein angesetzt und steil bis bankrecht gebohrt werden, damit das Bohrlochtiefste wenigstens 2 m von der Kohle entfernt ist. Das Bohrloch sollte möglichst trocken (also nicht mit Wasserspülung) gebohrt werden, weil die Wasserspülung eine stärkere Auskühlung des Gesteins in der Nähe des Bohrloches bewirkt und zumindest eine längere Meßdauer, zumeist auch eine geringere Genauigkeit bei der Bestimmung der ursprünglichen Gebirgstemperatur, zur Folge haben kann.

94

7.2 Wärmephysikalische Eigenschaften des festen Gebirges

Die wichtigsten wärmephysikalischen Eigenschaften des Gebirges sind die Stoffgrößen Wärmeleitfähigkeit λ in W/m K und spezifische Wärme c in J/kg K sowie die daraus abgeleitete Temperaturleitzahl a in m²/s der Gesteine. Die Temperaturleitzahl hängt noch von der Dichte ϱ in kg/m³ der Gesteine nach folgender Beziehung ab

$$a = \frac{\lambda}{c\,\varrho} \quad \text{in} \quad \frac{\text{m}^2}{\text{s}} \quad \ldots\ldots\ldots\ldots\ldots\ldots\ldots\ldots\ldots\ldots\ldots\ldots\ldots\ldots \quad [49.1]$$

Diese Daten sind für Karbongesteine insbesondere von G. Mücke (31) bestimmt worden. Das Bild 40 zeigt die gemessenen Wärmeleitfähigkeiten in Abhängigkeit vom Quarzgehalt der Karbongesteine. Die mittlere Wärmeleitfähigkeit parallel zur Schichtung (im Bild dargestellt) beträgt für Schieferton 2,9 W/m K und für Sandstein 3,8 W/m K. Die Wärmeleitfähigkeit senkrecht zur Schichtung beträgt bei Schieferton 1,9 W/m K, für Sandstein 3,4 W/m K.

Die Wärmeleitfähigkeit von Sandschiefer ist um durchschnittlich 12% größer als die von Schieferton.

Die spezifische Wärme(kapazität) der meisten Gesteine beträgt rd. 0,84 kJ/kg K bzw. 840 J/kg K (64), die mittlere Dichte wird zu 2570 kg/m³ für Sandstein und 2650 kg/m³ für Schieferton angegeben. Daraus errechnet man Temperaturleitzahlen, senkrecht zur Schichtung, von $0,85 \cdot 10^{-6}$ m²/s für Schieferton und $1,57 \cdot 10^{-6}$ m²/s für Sandstein.

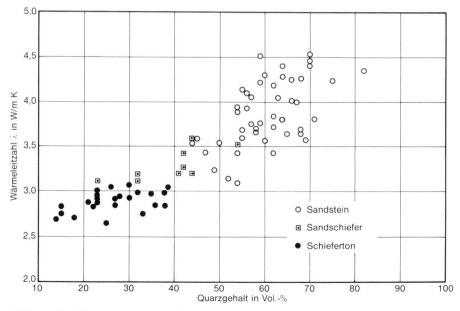

Bild 40. Die Wärmeleitzahl der Bohrkernproben in Abhängigkeit von ihrem Quarzgehalt.

Die Wärmeleitfähigkeit von Kohle liegt nach Untersuchungen von W. Fritz (60) zwischen 0,2 W/m K (für Fettkohle) und 0,27 W/m K (für Kannelkohle), im Mittel etwa bei 0,22 W/m K. Die weiteren Durchschnittswerte für Kohle sind $\varrho = 1280$ kg/m^3 und $c = 1,2$ kJ/kg K sowie $a = 0,15 \cdot 10^{-6}$ m^2/s.

Es gibt eine größere Zahl von Veröffentlichungen über die Wärmeleitfähigkeit von verschiedenen Gesteinen aus aller Welt, auf die hier aber nicht eingegangen werden soll. Erwähnt werden soll jedoch eine Arbeit von H. Creutzburg (65), in der in aller Kürze die thermischen Stoffwerte von Salzgesteinen und Nebengesteinen mitgeteilt werden, da es beispielsweise im deutschen Kalisalzbergbau auch erhebliche Klimaprobleme gibt.

Für Kalisalze wird eine Leitfähigkeit von 5,2 W/m K, eine Dichte von 2150 kg/m^3 und eine spezifische Wärme von 0,69 kJ/kg K angegeben, woraus sich eine Temperaturleitzahl von $3,5 \cdot 10^{-6}$ m^2/s errechnet.

7.3 Äquivalente Wärmeleitfähigkeit

Die äquivalente Wärmeleitfähigkeit ist eine zusammengesetzte Größe, die man aus Messungen der Wettererwärmung und vergleichenden Rechnungen mit den Gesetzmäßigkeiten der Wärmeleitung erhält, wenn die Wettererwärmung nicht nur durch Wärmeleitung im Gebirge verursacht ist, sondern durch zusätzliche Wärmequellen, deren Wirkung man aber nicht getrennt berechnen will oder kann (59).

Es gibt für verschiedene Probleme der Wärme- und Stoffübertragung die Kenngröße $\lambda_{\ddot{a}q}$, zum Beispiel zur Erfassung des gemeinsamen Wärme- und Wasserdampftransportes in feuchten Schüttgütern (114). Hier soll jedoch nur über die äquivalente Wärmeleitfähigkeit zur Berechnung in Wetterwegen, insbesondere in Abbaustrecken und Streben, gesprochen werden. Diese Kenngröße wurde bereits in Kapitel 6 erläutert (vgl. Bild 31); an dieser Stelle soll jedoch noch einmal eine etwas vollständigere, aber dennoch kurze Darstellung versucht werden.

Wenn man in einer Gesteinsstrecke oder in einer Abbaustrecke ohne Kohlenförderung (und bei Rückbau, weil dann keine Wärme mit Schleichwettern aus dem Alten Mann zuströmen kann) die Wärmeaufnahme der Wetter durch genaue Messungen bestimmt, und wenn man danach unter Variation der Wärmeleitfähigkeit λ die Wettererwärmung für die gleiche Strecke errechnet, dann wird man eine Übereinstimmung zwischen Messung und Rechnung erhalten für einen Wert λ, der der mittleren Wärmeleitfähigkeit der den Wetterweg umgebenden Gesteine entspricht. Diesen Wert λ_m könnte man auch als effektive Wärmeleitfähigkeit λ_{eff} bezeichnen, insbesondere wenn kleine, durch das Gebirge diffundierende Wasserdampfmengen den Wärmezufluß vergrößern. Es sei hier vermerkt, daß wegen der großen Diffusionswiderstandsfaktoren der Karbongesteine (31) diese Diffusion im Steinkohlengebirge keine große Rolle spielt.

Wenn sich in der untersuchten Strecke zusätzliche Wärmequellen befinden, beispielsweise eine warme Rohrleitung, deren Wärmeabgabe ebenfalls gemessen wurde, so kann man diesen Einfluß von der gemessenen Wettererwärmung rechnerisch abziehen und wird über die so korrigierte Wettererwärmung wieder den

Wert λ_{eff} erhalten, allerdings mit Fehlern behaftet, die von der Genauigkeit abhängen, mit der die Korrektur der Wettererwärmung vorgenommen werden konnte.

Bestimmt man die Wettererwärmung in einer ausziehenden Abbaustrecke bei Vorbau, Bruchbau und nicht wetterdichten Begleitdämmen, so wird man vermutlich für diese Strecke eine Wärmeleitfähigkeit λ_{eff} berechnen, die wesentlich größer ist als die mittlere Wärmeleitfähigkeit der Gesteine, weil zusätzlich Wärme mit den feuchtwarmen Schleichwettern aus dem Alten Mann in den Wetterstrom gelangt ist. Diese vergrößerte Wärmeleitfähigkeit bezeichnen wir als „äquivalente Wärmeleitfähigkeit" $\lambda_{äq}$. Sie wird als Kenngröße für die Klimavorausberechnung verwendet, weil es kaum eine Möglichkeit gibt, die Wärmezufuhr aus dem Alten Mann in Streben und ausziehenden Abbaustrecken direkt zu berechnen. Aus Bequemlichkeit wird im allgemeinen auch die Wärmeabgabe der Förderkohle auf Stetigfördermitteln durch die Verwendung entsprechender, aus Messungen ermittelter Werte $\lambda_{äq}$ berechnet.

Es gibt zwar ein Verfahren (52), mit dem man die Wärmeabgabe der Förderkohle auf Stetigfördermitteln berechnen kann, aber die Berechnung ist so aufwendig, daß diese nur in besonderen Fällen vorgenommen wird, etwa für zentrale Bandstrecken oder Bandberge mit sehr großen Fördermengen.

Die Entwicklung der Bestimmung der äquivalenten Wärmeleitfähigkeit wird im neueren Schrifttum (59) ausführlich dargestellt, und die wichtigsten Angaben über Zahlenwerte für $\lambda_{äq}$ sind im Schrifttum (43, 50, 51, 53) nachzulesen.

Nach dem neuesten Stand des Wissens, bei richtiger Berücksichtigung der Wettererwärmung durch elektrische Betriebsmittel, dürften die bisher veröffentlichten Kennwerte $\lambda_{äq}$ für Streben alle etwas überhöht sein. Für Abbaustrecken mit Kohlenförderung gibt es bisher nur wenige Kennwerte $\lambda_{äq}$, bei denen man auch noch mit erheblichen Fehlergrenzen rechnen muß. In den Bildern 41 bis 42 werden äquivalente Wärmeleitfähigkeiten zusammengestellt, die den neuesten Wissensstand berücksichtigen.

Im Bild 41 sind äquivalente Wärmeleitfähigkeiten für Bruchbaustreben aufgezeichnet. Die Kurve a entspricht der Kurve im Bild 26 für 3 Gewinnungsschichten je Tag. Die Kurve b berücksichtigt neuere Meßergebnisse, wonach der Wert von $\lambda_{äq}$ nur noch wenig mit der Fördermenge ansteigt. Bei den beiden jüngsten Untersuchungen in Hochleistungsstreben, bei denen neuartige Wirkleistungsmeßgeräte eine genauere Bestimmung der verbrauchten Elektroenergie gestatteten, liegen die Kennwerte $\lambda_{äq}$ noch niedriger, im Mittel bei 7 W/m K trotz der hohen Rohfördermenge um 5000 t/d; offenbar ist der niedrigere Wert für Flöz Mausegatt von größerer Aussagekraft, denn bei einer hohen Gebirgstemperatur sind die Fehlergrenzen der Bestimmung bei gleich großen Meßfehlern viel geringer.

Es spricht also viel dafür, daß die Werte $\lambda_{äq}$ für den Strebbereich (einschließlich Wärme aus dem Alten Mann am Übergang Streb — Strecke) eher 6 als 8 bis 9 W/m K betragen, zumindest bei hohen Gebirgstemperaturen. Für den Streb allein (ohne Wärme aus dem Alten Mann) liegen die wenigen bisher ermittelten Meßwerte (Kurve c) bei 4 W/m K, also schon nahe an der mittleren Wärmeleitfähigkeit der den Streb umgebenden Gesteine. Für Flöz Mausegatt wurde sogar ein Wert um 3 W/m K bestimmt; die sehr schwierige Klimamessung im Streb hat hier jedoch nicht zu befriedigenden Ergebnissen geführt, so daß ein Fehler von ±1 W/m K möglich ist.

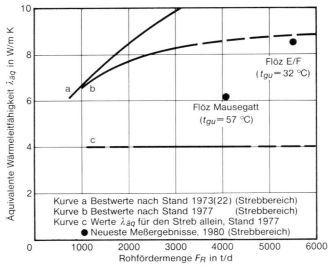

Bild 41. Äquivalente Wärmeleitfähigkeit für Bruchbaustreben.

Das Bild 42 gibt äquivalente Wärmeleitfähigkeiten für Abbaustrecken mit Kohlenförderung an. Die Bestimmung dieser Werte ist sehr schwierig und es sind relativ große Abweichungen aufgrund von Meßunsicherheiten möglich. In ausziehenden Abbaustrecken mit Kohlenförderung, aber ohne Wärme aus dem Alten Mann, findet man während intensiver Förderung oft niedrige Werte um 2 bis 3 W/m K, selbst bei großen Fördermengen. Ursache dafür ist die Wärmespeicherung des Gebirges.

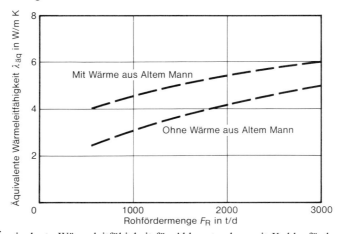

Bild 42. Äquivalente Wärmeleitfähigkeit für Abbaustrecken mit Kohlenförderung.

7.4 Wärmeübergangszahl, Stoffübergangszahl, Feuchtigkeitskenngröße

Neben der äquivalenten Wärmeleitfähigkeit $\lambda_{äq}$ muß auch eine sogenannte Feuchtigkeitskenngröße η_f für den Wetterweg bekannt sein, um eine Klimavorausberechnung mit dem erwähnten Computerprogramm berechnen zu können (45, 46, 50). Diese Kenngröße η_f ist definiert als das Verhältnis eines völlig feuchten Anteils am Streckenumfang zum gesamten Streckenumfang (U_f/U) (41). In Grubenbauen mit zusätzlichen Feuchtigkeitsquellen, wie in Streben und Kohlenabfuhrstrecken, kann der Grubenbau recht trocken aussehen und doch einen höheren Wert η_f haben, weil der Wasserdampf zum großen Teil aus diesen Quellen, zum Beispiel aus der feuchten Förderkohle, stammt. Feuchtigkeitskenngrößen für Streben nach dem Stand von 1973 sind im Bild 32 angegeben. Der Typ des trockenen Strebes mit $\eta_f \approx 0,3$ wurde in den letzten Jahren nicht mehr bei den klimatischen Untersuchungen durch die FGK, aber auch nicht durch das M.R.D.E. vom NCB in Großbritannien, gefunden (56, 58). Offenbar ist der in Bild 32 als sehr feucht bezeichnete Bruchbaustreb heute der Normalfall, und in einigen Hochleistungsstreben mit schneidender Gewinnung wurden noch höhere Werte bis $\eta_f = 0,6$ und einmal sogar der Wert $\eta_f = 0,7$ ermittelt.

In Blasversatzstreben sind stets sehr hohe Werte, in einem Fall sogar $\eta_f = 0,9$, gefunden worden.

Die Zahl der ermittelten Kenngrößen η_f (wie auch $\lambda_{äq}$) ist noch unbefriedigend gering. Das gilt besonders für Kohlenabfuhrstrecken. Ursache hierfür ist die sehr umständliche und schwierige Durchführung der klimatechnischen Untersuchungen.

Es genügt, aus den im Schrifttum verstreuten Angaben (43, 45, 50, 53) folgende Zahlenwerte zu nennen. In Flözstrecken ohne zusätzliche Wärmequellen überwiegen Werte $\eta_f = 0,08 \pm 0,02$; in Gesteinsstrecken sind die Werte mit $\eta_f = 0,10 \pm 0,03$ nur wenig höher; in beiden Arten von Wetterwegen sind vereinzelt auch Werte $\eta_f \approx 0$ beobachtet worden, das heißt diese Strecken waren vollkommen trocken. In Kohlenabfuhrstrecken wurden zumeist Kennwerte $\eta_f = 0,1$ bis 0,2 ermittelt; die höheren Werte findet man in Ausziehstrecken mit Wärmezustrom aus dem Alten Mann. In anderen Strecken (ohne die Wärme- und Feuchtigkeitszufuhr aus dem Alten Mann) überwiegen Werte um 0,1 bei kleinen und um 0,15 bei größeren Fördermengen. Vereinzelt wurden auch höhere Werte bis 0,27 ermittelt.

In sonderbewetterten Streckenvortrieben überwiegen Feuchtigkeitskenngrößen um 0,1 bis 0,2 im Hauptteil der Strecken, in Ortsnähe befindet sich oft mehr Feuchtigkeit, die Kenngrößen erreichen dann annähernd das Doppelte der genannten Werte. Die niedrigeren Werte (um 0,1 bzw. das Doppelte vor Ort) sind typisch für konventionell aufgefahrene Gesteinsstreckenvortriebe, die höheren (0,2 bzw. 0,4 vor Ort) wurden in recht naß aussehenden Vortrieben mit Vollschnittmaschinen gefunden. Streckenvortriebe mit Teilschnittmaschinen liegen dazwischen, eher an 0,1 als an 0,2 im Hauptteil der Strecke.

Diese insgesamt recht niedrigen Kennwerte η_f für Strecken aller Art sind typisch für die tiefen Bergwerke im Ruhrrevier, in denen zumeist kaum Wasser aus dem Gebirge zufließt, sondern die Feuchtigkeit weit überwiegend durch Wasser beim

Bohren und Bedüsen geliefert wird. — Ähnlich ist es mit der Herkunft des Wassers im Streb, wo die Verdüsung von Wasser bei Gewinnung und Förderung die wichtigste Feuchtigkeitsquelle ist und wegen der großen versprühten Wassermengen, insbesondere in Streben mit Walzenladern, sehr hohe Werte η_f auftreten.

In weniger tiefen Bergwerken, und in anderen Bergbaugebieten oder Bergbauzweigen, auch in vielen Erzbergwerken, können wesentlich größere Feuchtigkeitskenngrößen bis $\eta_f = 1$ vorkommen. Hierüber liegen jedoch bisher nur wenige Zahlenwerte vor. In Wetterwegen der Kalisalzbergwerke dagegen sind völlig trockene Verhältnisse normal, das heißt man hat dort eine Feuchtigkeitskenngröße $\eta_f = 0$.

Neben diesen ausführlicher behandelten Kenngrößen η_f und $\lambda_{äq}$ benötigt man für die Berechnung mit den mehrfach erwähnten Computerprogrammen (45, 46, 57) noch die Wärmeübergangszahl α für den Grubenbau. Eine Methode der Bestimmung dieser Wärmeübergangszahlen wird im Schrifttum (32, 66) beschrieben. Die Wärmeübergangszahl ist näherungsweise proportional der Wettergeschwindigkeit $w^{0,8}$ in m/s und sie steigt mit der „Rauhigkeit" der Oberfläche des Grubenbaus bzw. mit der Art und Größe des Ausbaus. Für die Zwecke der Praxis genügt ein Abgreifen der Wärmeübergangszahl aus dem Bild 27 und, für sonderbewetterte Strecken, aus Bild 28.

In Streben mit modernem Schreitausbau treten offenbar Werte von α auf, die zwei- bis dreimal größer sein können als die nach Kurve b in Bild 27.

Es ist jedoch bei der routinemäßigen Klimavorausberechnung nicht notwendig, hierauf Rücksicht zu nehmen; in den erwähnten Computerprogrammen ist ohnehin eine Formel zur Berechnung der Wärmeübergangszahlen aus den Eingabedaten „Querschnitt des Grubenbaues und Wettermenge" enthalten, so daß der Benutzer diesen Wert nicht kennen muß.

Die Stoffübergangszahlen β in m/s geben an, wieviele m³ Wasserdampf je m² Oberfläche und je Zeiteinheit an die Wetter übertragen werden, wenn die Oberfläche völlig feucht ist. Bei realen, nur teilweise feuchten Oberflächen der Wetterwege setzt man entsprechend kleinere „wirksame" Stoffübergangszahlen β' in die Rechnung ein. Diese Kennwerte β' bzw. der Quotient β'/β können nur durch Messungen in den Wetterwegen bestimmt werden (66). Eine Berechnung mit Stoffübergangszahlen wird in der Praxis kaum angewendet; das Computer-Programm geht von den Kennwerten η_f aus und errechnet über die ebenfalls zuvor berechneten Wärmeübergangszahlen α den Stoffübergang. Deshalb kann hier auf eine genauere Besprechung dieser Kenngröße verzichtet werden.

7.5 Altersbeiwerte

Die Altersbeiwerte sind definiert als der Quotient des tatsächlichen Temperaturgradienten im Gebirge an der Oberfläche des Grubenbaues $\dfrac{dt}{dr}$ zu einem beliebigen Zeitpunkt zu dem leicht bestimmbaren Temperaturanstieg $\dfrac{t_{gu} - t_l}{r_o}$.

Es ist also $\quad K(\alpha) = \dfrac{dt/dr}{(t_{gu} - t_l)/r_o}$ . . . . [60]

wobei r_o der Radius des Wetterweges ist.

Dieser Zusammenhang wird im Anhang 1 kurz erläutert.

Der Altersbeiwert ist eine Funktion der Fourierzahl *Fo* und der Biot-Zahl *Bi* (vgl. Anhang 1) und wurde von mehreren Autoren berechnet, am genauesten von B. Marzilger und B. Wagener (49). Die errechneten rd. 2400 Werte von $K(\alpha)$ wurden im Computer-Programm gespeichert, so daß die Klimavorausberechnung jetzt wesentlich schneller möglich ist, als wenn man bei jedem Iterationsschritt in der Rechnung das Temperaturfeld im Gebirge bestimmen müßte.

Für die Klimavorausberechnung ohne die Hilfe von digitalen Rechenanlagen wurden von der FGK Diagramme gezeichnet, aus denen man $K(\alpha)$ genau genug abgreifen kann (Anlagen 9 und 10).

7.6 Ausnutzungsgrad der elektrischen Betriebsmittel und Anteil der trockenen an der gesamten Wärmeübertragung

Es ist von entscheidender Bedeutung für eine zuverlässige Klimavorausberechnung, daß man erstens den durchschnittlichen Ausnutzungsgrad bzw. die tatsächliche mittlere Wirkleistung der elektrischen Betriebsmittel genau genug angeben kann und zweitens auch abschätzen kann, welcher Anteil der von den elektrischen Betriebsmitteln an die Wetter abgegebenen Wärme trocken übertragen wird, das heißt zur Erhöhung der Trockentemperatur beiträgt.

Über die mittlere Wirkleistung der elektrischen Betriebsmittel im Strebbereich (das heißt des Strebes einschließlich der Übergänge Streb — Abbaustrecken, vorgesetzter Örter und eventuell eines Streckenpanzers und Brechers im strebnahen Teil der Kohlenabfuhrstrecke) gibt es noch die zuverlässigsten Angaben (103, 73, 56), obwohl auch hier erhebliche Unterschiede vorkommen. Bis vor wenigen Jahren galt (103) die Faustregel

$P'/F_R = 1{,}13 + 1090/F_R$ in kWh/t . . . . [61]

P' Energieverbrauch je Arbeitstag in kWh/d
F_R Rohfördermenge je Arbeitstag in t/d

Die mittlere Wirkleistung P in kW, die man für die Klimavorausberechnung braucht, wird auf die Dauer der Förderschichten je Tag t in h/d bezogen, die zumeist 18 bis 21 h beträgt. Es gilt folgende Beziehung

$P = P'/t$ in kW . . . . [62]

Die Gleichung [61] ergibt für kleinere Rohfördermengen um 1000 bis 1500 t/d den spezifischen Energieverbrauch $P'/F_R \approx 2{,}0$ kWh/t.

In Großbritannien, wo der Energieverbrauch offensichtlich geringer ist (58), wird für Abbaubetriebe die Gleichung [63] verwendet:

$P'/F_R = 1{,}05 + 499/F_R$ in kWh/t . . . . [63]

Überraschenderweise wurden in jüngster Zeit (1979/80) in mehreren untersuchten Hochleistungsstreben im Ruhrrevier mit hohen Rohfördermengen $F_R \approx 5000$ t/d wesentlich höhere Werte für den spezifischen Energieverbrauch gemessen. Während man nach Gleichung [61] für $F_R = 5000$ t/d den Wert $P'/F_R = 1{,}35$ kWh/t berechnet, wurden hier Werte um 2,0 kWh/t und in einem Abbau mit extremen Bedingungen sogar 2,7 kWh/t ermittelt. Dieser Abbau mit einem extrem hohen Energieverbrauch ist gekennzeichnet durch eine große Streblänge von 270 m, einen extrem schweren Panzer mit Rollkurve bis in die Strecke mit einer Antriebsleistung von 580 kW, einen Doppelwalzenlader EDW 300 und zusätzlich eine Kerbwalze, die den Querschnitt der Ausziehstrecke mitschneidet. Außerdem erhöht ein Bergemittel im Flöz den Energiebedarf der Walze.

Welcher Anteil der Elektroenergie trocken übertragen wird, ist meßtechnisch kaum zu bestimmen. Bei der Klimavorausberechnung wird von der vereinfachenden Annahme ausgegangen, daß dieser Prozentsatz im Normalfall derselbe ist wie bei der Wärmeübertragung vom Gebirge (einschließlich Altem Mann und Förderkohle) an die Wetter. Er hängt vor allem von der Feuchtigkeitskenngröße und von der Gebirgstemperatur ab und liegt bei niedrigen bis mittleren Gebirgstemperaturen bei 10 bis 20% ($\varepsilon_{tP} = 0{,}1$ bis 0,2) und bei hohen Gebirgstemperaturen zumeist bei 20 bis 35% ($\varepsilon_{tP} = 0{,}2$ bis 0,35). Bevor nicht eine genauere Kenntnis über den Wert ε_{tP} für Streben vorliegt, braucht sich der Benutzer der Computer-Programme hierüber nicht den Kopf zu zerbrechen; die Angabe von ε_{tP} bei den Eingabedaten ist nicht erforderlich.

Für maschinelle Streckenvortriebe ist die Situation anders. Hier kann man den Anteil der von den Maschinen im Ortsbereich trocken an die Wetter abgegebenen Wärme aufgrund neuerer Untersuchungen (57, 73, 114, 71) abschätzen und in die Klimavorausberechnung einsetzen. Dieser Wert ε_{tP} betrug in den untersuchten Flözstreckenvortrieben mit Teilschnittmaschinen 0,2 bis 0,25. In Gesteinsstreckenvortrieben mit Vollschnittmaschinen lagen die Werte für ε_{tP} zumeist zwischen 0 und 0,1. Alle diese Werte gelten für Streckenvortriebe mit Naßentstaubern. Bei den heute vorherrschenden Trockenentstaubern sind höhere Anteile der trockenen Wärmeübertragung zu erwarten. Die zum Teil sehr niedrigen Werte gelten außerdem für blasende Sonderbewetterungen ohne oder mit einer geringen Wetterkühlung, so daß die Trockentemperatur der aus der Lutte austretenden Wetter hoch, die relative Luftfeuchtigkeit aber gering war. Im Falle einer starken Wetterkühlung am Luttenaustritt ist damit zu rechnen, daß wesentlich höhere Werte auftreten, nämlich Werte um $\varepsilon_{tP} = 0{,}3$, insbesondere bei hohen Gebirgstemperaturen und mäßiger Wasserverdüsung vor Ort. Hier sind weitere klimatische Untersuchungen zur Klärung dieser Fragen notwendig.

Die mittlere Wärmeabgabe der elektrischen Betriebsmittel im ortsnahen Bereich lag in den drei bisher untersuchten Gesteinsstrecken mit Vollschnittmaschinen bei 200, 370 und 400 kW, wobei die beiden höheren Werte charakteristisch sind für die heute verwendeten Maschinen und große Bohrdurchmesser von rd. 6 m. Von diesen Beträgen müssen jedoch noch die Wärmemengen abgezogen werden, die zur Erwärmung des Haufwerks (71) verbraucht werden, bevor man die Elektrowärme P(kW) in die Klimavorausberechnung einsetzt. Ein Studium des Schrifttums (45, 71, 73, 114) sowie nach Möglichkeit einige Erfahrungen auf diesem Spezialgebiet der Klimavorausberechnung sind jedoch erforderlich, um eine brauchbare Klimaplanung für Vollschnittmaschinen-Streckenvortriebe erstellen zu können.

In den bisher untersuchten Flözstreckenvortrieben mit Teilschnittmaschinen wurden mittlere Wärmeerzeugungen von 120, 230 und 280 kW gemessen. Die höheren Werte sind typisch für einen größeren Streckenquerschnitt, höheren Gesteinsanteil am Streckenquerschnitt, eine Vortriebsgeschwindigkeit von 6 bis 10 m/d und Naßentstauber (Antriebsleistung etwa 140 kW).

7.7 Wärmedurchgangszahlen von Rohrleitungen

Über diese Kenngrößen wird im Abschnitt 6.3.5 und im Anhang 3 ausführlich berichtet. Hier sei nur darauf verwiesen, daß die Wärmedurchgangszahlen k für nicht isolierte Metallrohre praktisch gleich der äußeren Wärmeübergangszahl α_a sind, die ja eine Funktion der Wettergeschwindigkeit w ist und durch Wasserkondensation an der Rohroberfläche vergrößert wird.

Bisher vorliegende Meßergebnisse an Kaltwasserrohrleitungen sind in der Anlage 4 zusammengestellt.

Bei Kunststoffrohren spielt die Wandstärke bzw. das Verhältnis von äußerem zu innerem Radius r_a/r_i schon eine gewisse Rolle. Da diese Daten vom Nenndruck und Durchmesser der Rohre abhängen, sind Kurven für die Wärmedurchgangszahl k von Kunststoffrohren (PVC) in der Anlage 5 in Abhängigkeit von Druck, Durchmesser und äußerer Wärmeübergangszahl aufgezeichnet. — Diese Werte k gelten mit ausreichender Genauigkeit auch für andere Kunststoffe.

Die Wärmedurchgangszahl von isolierten Rohren hängt vor allem von der Dicke der Isolierschicht und von der Wärmeleitfähigkeit des Isoliermaterials ab. Hier ist eine Berechnung für die jeweilige Rohrisolierung zu empfehlen. Gut isolierte Stahlrohre für die Zwecke der Grubenklimatisierung sollten k-Werte um 1 bis 2 W/m K besitzen; wesentlich bessere Werte (weit unter 1 W/m K) sind im allgemeinen nicht notwendig und nur mit größerem Kostenaufwand zu verwirklichen.

7.8 Weitere Daten, Kennzahlen, Arbeitsblätter

Weitere Daten, wie Wärmeleitfähigkeiten verschiedener Baumaterialien, Gesteine, Isolierstoffe, Kennzahlen, Daten wärmetechnischer Art, wie die Grashof-Zahl, Prandtl-Zahl und Arbeitsblätter, wie Nomogramme zur Bestimmung der Leckverluste an Luttenleitungen, müssen dem angegebenen Schrifttum oder einschlägigen Lehrbüchern der Kältetechnik, der Strömungslehre, der Heizungs-Lüftungstechnik usw. entnommen werden. Hier sind nur 3 Arbeitsblätter als Anlagen 6 bis 8 beigefügt, die man bei der Auswertung von Klimamessungen bei der überschläglichen Berechnung von Kaltwasserrohrleitungen und bei der Klimavorausberechnung öfter braucht.

Die Anlage 6 ist ein besonders einfaches Diagramm zur Bestimmung der relativen Luftfeuchtigkeit aus den Psychrometer-Meßwerten Trocken- und Feuchttemperatur.

Die Anlage 7 gibt den Druckverlust in wasserdurchflossenen Rohrleitungen an und die Anlage 8 dient zur raschen, überschlägigen Ermittlung des mittleren Bewetterungsalters von Streben.

8. Klimaplanung für Steinkohlenbergwerke

8.1 Allgemeines

Bei der Planung von Abbaubetrieben im Bereich hoher Gebirgstemperaturen ist es nahezu selbstverständlich geworden, daß man auch sorgfältig untersucht, welche Klimaverhältnisse bei den geplanten Fördermengen und beabsichtigten Systemen der Wetterführung auftreten werden. Diese als „Klimaplanung" bezeichneten Überlegungen und Klimavorausberechnungen dienen dazu, zunächst einmal die Klimawerte (Trocken- und Effektivtemperaturen) in Streb und Abbaustrecken für die aus bergmännischen und wirtschaftlichen Gesichtspunkten geplante Abbau- und Wetterführung durchzurechnen. Zeigt es sich, daß die Klimawerte zu ungünstig sind, so sind verstärkt wetter- und klimatechnische Gesichtspunkte in der Planung zu berücksichtigen, zum Beispiel eine Vergrößerung der Wettermenge, eine Wetterauffrischung am Strebausgang, die Gleichstromführung von Wettern und Förderkohle. Reichen diese Maßnahmen nicht aus, oder lassen sie sich nicht verwirklichen, so muß Wetterkühlung vorgesehen werden. Zur Klimaplanung gehört jetzt die Berechnung der erforderlichen Kühlleistung, der zweckmäßigen Standorte von Wetterkühlern und Kältemaschinen, die Notwendigkeit der Isolierung von Kaltwasserrohrleitungen und anderes mehr.

Hier stellt die Klimaplanung das Bindeglied zwischen der Klimavorausberechnung und der Auslegung von Wetterkühlanlagen dar. Je nach Definition kann man auch die technische und wirtschaftliche Planung von Wetterkühlanlagen zur Klimaplanung rechnen. Jedoch wird, zumindest bei der Notwendigkeit sehr großer Kühlleistungen, diese Spezialplanung von Firmen oder in Zusammenarbeit mit Firmen aus dem Bereich der Kühl- und Kältetechnik durchgeführt werden, weil zum Beispiel die Planung einer zentralen Wetterkühlanlage für ein ganzes Bergwerk im allgemeinen zu umfangreich und vielschichtig ist, um sie allein vom Personal des Bergwerks oder auch der Bergwerksgesellschaft durchführen zu lassen. Oft wird diese Planung eine Gemeinschaftsarbeit von Bergwerksgesellschaft, Firmen und den Gemeinschaftsorganisationen des Bergbaus sein. So wird vermieden, daß Firmeninteressen eine zu große Rolle spielen, interessante technische Neuentwicklungen übersehen oder betriebliche Erfahrungen zu wenig beachtet werden.

Klimaplanungen für einen Abbaubetrieb oder gar für ein ganzes Bergwerk können außerordentlich komplex werden, wenn man nicht nur die Variationen wetter- und abbautechnischer Maßnahmen bis hin zur Wetterführung mit drei Abbaustrecken und der Anwendung von Blasversatz berücksichtigen will, sondern auch noch einen technischen und wirtschaftlichen Vergleich verschiedener Wetterkühlsysteme berücksichtigen will: zentrale oder dezentrale Kälteerzeugung, Kälteerzeugung über oder unter Tage (100, 110, 111, 140).

Auf solch ein komplexes Planungsbeispiel kann hier aus Platzgründen nicht eingegangen werden. Es soll lediglich je ein Planungsbeispiel für einen maschinellen Streckenvortrieb und für den Abbau in einem tiefen Baufeld gebracht werden, die einige interessante Zusammenhänge aufzeigen. In Verbindung mit dem angezogenen Schrifttum kann so dem Leser schon ein gewisser Einblick in die

Problematik der Klimaplanung gegeben werden. Wegen der besseren Übersichtlichkeit werden hier wieder die Planungsbeispiele als Anhang (4 und 5) gebracht und im folgenden Textteil nur die wichtigsten Daten, Rechenergebnisse und Schlußfolgerungen mitgeteilt.

8.2 Planungsbeispiel Streckenvortrieb mit Vollschnittmaschine und Wetterkühlung

Die Klimaplanung für einen maschinellen Streckenvortrieb ist trotz der Vielzahl der erforderlichen Daten (57) eine im Vergleich zu manchen Klimaplanungen für Abbaubetriebe noch wenig umfangreiche Arbeit. Im Anhang 4 wird ein recht detaillierter Bericht über eine solche Klimavorausberechnung, hier für eine mit Vollschnittmaschine aufzufahrene Strecke, mitgeteilt. Es handelt sich bei diesem Planungsbeispiel insofern um keinen besonders eindrucksvollen Fall, als bei dem Beispiel keine sehr große Kälteleistung und keine extrem große Wettermenge notwendig sind, weil auch keine ungewöhnlich hohe Gebirgstemperatur vorliegt wie in einem Beispiel aus dem Schrifttum (114). Hier wird eher eine durchschnittliche Situation für einen Streckenvortrieb mit Vollschnittmaschine behandelt, allerdings bei einer sehr großen Streckenlänge. Das hat den Vorteil größerer Allgemeingültigkeit. Es wird gefordert, daß über der gesamten Streckenlänge von 5 km Effektivtemperaturen über 32 °C und im Maschinenbereich Werte von $t_{eff} > 28$ °C vermieden werden sollen. Trotz der nur wenig über dem Durchschnitt liegenden Gebirgstemperatur von 44 °C genügt die in Streckenvortrieben mit Teilschnittmaschinen übliche Wetterkühlmaschine vor Ort nicht; man muß hier entweder zwei solcher Maschinen oder eine Wasserkühlmaschine ausreichender Leistung in Verbindung mit Wetterkühlern und einer Kaltwasserleitung verwenden. Diese Situation und der Wunsch, die Gesamtkälteleistung möglichst gering zu halten, führt zu einer Vielfalt von Ausführungsbeispielen für die Klimatisierung. So wird vorgeschlagen, einen Teil der warmen, aber trockenen Wetter in der Luttenleitung ungekühlt bis vor Ort zu schicken. Dieser Teilstrom nimmt die Wärmeabgabe des Bohrkopfes und der Ventilatoren im nachgeschalteten Naßentstauber auf. Dieser sehr warme und feuchte Teilwetterstrom sollte in einer Lutte hinter dem Entstauberaustritt noch möglichst weit vom Maschinenbereich weggeführt werden. Der andere Teilstrom wird gekühlt, erwärmt sich im Maschinenbereich und wird von der zweiten Kühlmaschine nochmals gekühlt. So hat man im Maschinenbereich sehr günstige Klimaverhältnisse, wenn auch nicht überall Trockentemperaturen von $t_t < 28$ °C. Bei einer effektiven Kühlleistung von 290 kW ergibt die Rechnung, daß im ortsfernsten, etwa 1 km langen Abschnitt der 5 km langen Strecke der Wert $t_{eff} = 32$ °C im Sommer geringfügig überschritten wird (vgl. Anhang 4, Bild 2, Kurve c_2). Im Rahmen der Fehlergrenzen der Rechnung ist es wahrscheinlich, daß man noch knapp unter dieser oberen Klimagrenze bleiben wird. — Erforderlichenfalls könnte man kurzzeitig eine weitere Kühlmaschine einsetzen oder eine zusätzliche, etwa 1 km lange Luttenleitung einbauen, die das Klima im ortsfernsten Teil der Strecke ausreichend verbessert.

Wenn oben eine effektive Kühlleistung von 290 kW genannt wird, dann soll die Bezeichnung „effektiv" darauf hinweisen, daß sich die Nennleistung von Wetterkühlern oder Wetterkühlmaschinen im allgemeinen nicht auf die Bedingungen in Streckenvortrieben bezieht und zum Beispiel zwei Wetterkühlmaschinen mit einer Nennleistung von je 200 kW notwendig sind, um bei den relativ trockenen Wettern in diesem Einsatzfall tatsächlich etwa 290 kW Kühlleistung zu verwirklichen ($\varphi = 40$ bzw. 60%, vgl. Anhang 4, Bild 3, Pkt. 2 bzw. 5).

Will man eine deutliche Senkung der Effektivtemperaturen in der gesamten Strecke auf 30 °C erreichen, so muß man eine Wasserkühlmaschine mit einer Leistung von rd. 660 kW in Verbindung mit einer teilweise isolierten Kaltwasserleitung verwenden, an der z. B. 510 kW (und an einem Wetterkühler vor Ort nochmals 150 kW) übertragen werden.

Im Planungsbeispiel (Anhang 4) werden noch mehrere Variationsmöglichkeiten betrachtet, auf die hier nicht eingegangen werden soll.

Da es eine Vielzahl von Parametern, wie Wettermengenverteilung, Wetterzustand, angestrebte Klimawerte, Gebirgstemperatur, Streckenlänge, Vortriebsgeschwindigkeit und Maschinenwärme, Wasserverdüsung vor Ort, Entstaubungsmethode und schließlich Ort und Leistung von Kühlern gibt, ist es unmöglich, das Grubenklima in maschinellen Streckenvortrieben abzuschätzen bzw. aus einer begrenzten Zahl von Planungsbeispielen zu interpolieren.

Zweckmäßig und zumeist notwendig ist für jeden konkreten Planungsfall eine Klimavorausberechnung unter Variation der wichtigsten Daten, insbesondere der Wettermenge und der Kühlleistung, um zuverlässige Auskunft über das zu erwartende Klima zu bekommen. Immerhin vermitteln Bilder über den Einfluß der Gebirgswärme, der Streckenlänge, der Kühlleistung usw. schon einen ersten Überblick, der die Abschätzung der erforderlichen Wettermengen und gegebenenfalls Kühlleistungen erleichtert (vgl. die Bilder 33, 34, 36 und 38 im Abschnitt 6.3.4).

8.3 Planungsbeispiel Abbaubetrieb mit Klimatisierung

Die Klimaplanung kann eine sehr umfangreiche Arbeit sein, wenn mehrere Abbaue zu klimatisieren sind und die Entscheidung zu treffen ist, ob man eine zentrale Kälteerzeugungsanlage wählen und diese eventuell über Tage aufstellen soll. Ein Beispiel für eine solche Planung kann hier nicht behandelt werden. Es soll jedoch am Beispiel eines Abbaubetriebes, und zwar eines Abbaus mit überdurchschnittlicher Fördermenge, relativ geringer Flözmächtigkeit und extrem hoher Gebirgstemperatur, gezeigt werden, welche klimatischen Verhältnisse ohne Kühlung auftreten würden, welche wettertechnischen Maßnahmen und welche Kälteleistungen notwendig sind, um das Grubenklima zu beherrschen.

Eine gekürzte Darstellung einer realen Klimaplanung für diesen Fall wird im Anhang 5 gebracht. Hier soll nur eine kurze Zusammenfassung die Zusammenhänge andeuten und die wichtigsten Berechnungsergebnisse mitteilen.

Eine Schachtanlage plante, zwei Abbaubetriebe in einem neuen Baufeld zu führen. Sie sollten zur Erkundung der Lagerstätte im Westen eines großen Sprunges dienen. Es besteht der Wunsch, die Flöze bis hinab zum Flöz B abzubauen. Dieses Flöz liegt hier wegen einer Verwurfhöhe von 415 m in einer Teufe von

1250 m, obwohl es im bisherigen Baufeld zu den obersten Flözen gehört. Da in 1250 m Teufe eine sehr hohe Gebirgstemperatur von ungefähr 57 °C vorliegt, ist der Abbau im Flöz B ein Testfall, ob man, insbesondere aus klimatischen Gründen, in der Lage sein wird, die angestrebte Fördermenge von 2000 t v.F./d je Abbau zu erreichen.

Auf Wunsch der Zeche wurde eine Klimaplanung durchgeführt, die zu folgenden Ergebnissen führte. In dem geplanten Abbau werden extrem hohe Klimawerte auftreten. Das Klima läßt sich jedoch beherrschen, das heißt Klimawerte über 32 GK können vermieden werden, wenn man folgende Maßnahmen ergreift:

1. Die Wettermenge sollte so groß wie möglich sein. Für jeden Abbau sind mindestens 40 m^3/s erforderlich.

2. Durch folgende Maßnahmen der Wetterführung sollen die Wetter verhältnismäßig kühl zum Streb gebracht werden:

a) Abfallende Wetterführung, das heißt Zuführung der Wetter über die höhere Sohle und einen geplanten Blindschacht.

b) Vermeidung der Gegenstromführung von Wettern und Förderkohle im Einziehweg der Wetter; das gilt auch für die Abbaustrecken.

c) Möglichst geschlossene Zuführung einer großen Wettermenge (rd. 33 m^3/s je Abbau) bis zum Strebeingang; sie läßt sich beispielsweise durch ein vorheriges Umfahren der Bauhöhe im Flöz erreichen.

3. Auffrischung der Wetter am Strebausgang durch jeweils rd. 13 m^3/s relativ frischer Wetter ($t_{eff} \approx 28$ °C).

4. Wetterkühlung im Strebbereich. Wenn die Punkte 1 bis 3 erfüllt sind, benötigt man noch je Streb eine Kühlleistung von 700 kW. Diese Kühlleistung muß ganz oder zum überwiegenden Teil im Streb selbst abgegeben werden: also 25 oder 30 Strebkühler je 23 kW Nennleistung oder bei 25 Strebkühlern zusätzlich 1 Streckenkühler 120 kW vor dem Streb).

5. Die Kälteleistung der Kälteerzeugungsanlage muß um den Betrag des Wärmeaustausches zwischen den Wettern und der Kaltwasserringleitung größer sein als die genannte Kühlleistung im Strebbereich. Dieser Wärmeaustausch beträgt mindestens 120 kW je Abbau bei einer isolierten Kaltwasserleitung in einer 1500 m langen Strecke. Das wäre die Entfernung vom Streb (an der Feldesgrenze) zur Kältemaschine, wenn diese in der Nähe des Abbaus steht. Damit ergibt sich die Nennleistung (Verdampferleistung) der Kältemaschinen zu 820 kW je Abbau bzw. 1,64 MW für zwei Abbaubetriebe. Bei nicht isolierten Kaltwasserringleitungen würde sich der Wärmeaustausch von 120 auf rd. 580 kW erhöhen.

6. Der Abführung der an den Kältemaschinen anfallenden Wärme (Kondensatorleistung: um 25 bis 30% größer als die Verdampferleistung) ist besondere Aufmerksamkeit zu schenken, wenn die Wetterkühlanlage zuverlässig arbeiten soll. Zweckmäßig erscheint eine Rückkühlung des Kühlwassers in geschlossenen Kreisläufen, eventuell mit Kühltürmen über Tage.

Wenn auch eine Reihe von Planungsdaten als konstante, möglichst nicht zu verändernde Werte zu betrachten sind (insbesondere die Fördermenge sowie die

Anwendung von Bruchbau), so wird doch zur Information errechnet, wie sich eine Änderung der Gebirgstemperatur, der Strebwettermenge, der Fördermenge, der Hangendbehandlung (Blasversatz statt Bruchbau), der Kühlleistung der Wetterkühler und der Wetterführung auf das Klima auswirken (vgl. Bilder 6 und 7 in Anhang 5).

9. Wetterkühlung im Bergbau

9.1 Entwicklung der Wetterkühlung

Bis zu Beginn der 70er Jahre gab es im Bergbau Wetterkühlung in großem Umfang nur in den Goldminen Südafrikas. Dort waren Ende 1975 Kälteerzeugungsanlagen mit einer Gesamtleistung von 225 MW installiert (101), heute sollen es schon 450 MW sein. Typisch war der Einsatz von zentralen Kälteerzeugungsanlagen unter Tage mit Rückkühlung des Kühlwassers ebenfalls unter Tage in großen Kühltürmen (95). Die Wetterkühlung erfolgte zum Teil bereits in Schachtnähe in großen Wetterkühlern, niemals aber im Abbauraum (stope) selbst.

Im westdeutschen Steinkohlenbergbau wurde die erste Kältemaschine 1924 auf Radbod, und zwar über Tage (88), aufgestellt. Es war die zweite Wetterkühlanlage im Bergbau überhaupt, nach der auf dem Goldbergwerk Morro Velho in Brasilien. Die nächste größere Wetterkühlanlage in Deutschland wurde 1953 auf Lohberg eingebaut, diesmal unter Tage. Wetterkühlung war jedoch noch bis 1960 außerhalb Südafrikas der ziemlich seltene Ausnahmefall. Bis 1960 waren an den deutschen Bergbau Kältemaschinen mit einer Gesamtleistung von 4 MW geliefert worden. 1970 betrug die Gesamtkälteleistung der Wetterkühlanlagen im westdeutschen Bergbau rd. 10 MW.

Tabelle 2. Statistik der Wetterkühlanlagen. Stand: Dezember 1980.

	Wasserkühlmaschinen		Wetterkühlmaschinen	
	Anzahl	Leistung kW	Anzahl	Leistung kW
Bergwerksgesellschaften				
Ruhrkohle AG	154	94 504	198	44 919
Übrige Gesellschaften	1	290	28	6 371
Bergwerke mit mehr als 5 MW Gesamtleistung				
Gneisenau	23	15 332	6	1 405
Heinrich Robert/Königsborn	11	5 416	22	5 605
Monopol	6	6 466	10	2 660
Prosper/Haniel	8	4 385	18	4 449
Zollverein	14	7 427	8	1 734
Radbod	10	9 088	6	1 511
Lohberg	13	5 140	5	1 221
Haus Aden	12	7 376	—	—
Schlägel und Eisen	6	5 866	—	—
Consolidation/Pluto	4	2 836	17	2 567
Minister Achenbach/Waltrop	9	4 504	6	771
Fürst Leopold/Wulfen	5	4 226	7	1 816
General Blumenthal	6	4 093	12	3 156

Danach begann eine zunächst noch gemäßigte Zunahme auf 24 MW 1973, und von da an eine rasante Steigerung auf 146 MW im Dezember 1980.

Die Tabellen 2 und 3 zeigen Zahl und Nennleistung der Wasser- und Wetterkühlmaschinen im westdeutschen Steinkohlenbergbau im Dezember 1980. Es gibt zu diesem Zeitpunkt 155 Wasserkühlmaschinen mit einer Durchschnittsleistung von 612 kW und 226 Wetterkühlmaschinen mit einer Durchschnittsleistung von 225 kW. Außerdem verfügt man über 231 Streckenkühler und 201 Kühlwasserrückkühler. Wetterkühlung wird bereits in über 100 Abbauen, also in 40% aller Abbaue durchgeführt.

Tabelle 3. Daten zu Kältemaschinen zur Wetterkühlung im deutschen Steinkohlenbergbau.

Gesamtzahl: 381 Stück mit einer Gesamtleistung von	146 084 kW
Mittlere Leistung der 155 Wasserkühlmaschinen	612 kW
Mittlere Leistung der 226 Wetterkühlmaschinen	225 kW
Zahl der Strebkühler	155
Zahl der Streckenkühler	231
Zahl der Kühlwasserrückkühler und luftgekühlten Kondensatoren	201
Zahl der Kältemaschinen mit über 800 kW	43
Zahl der Gesteinsstrecken mit Kühlung	≈ 45
Zahl der Flözstrecken mit Kühlung	87
Zahl der Abbaue mit Kühlung	106
Zahl der Abbaue mit Strebkühlung	7
Nennleistung der Wetterkühler gesamt	62 943 kW

Bis 1974 gab es im deutschen Bergbau ausschließlich sogenannte „dezentrale" Kälteerzeugungsanlagen, das heißt verhältnismäßig kleine Kältemaschinen, die allein oder zu zweit unter Tage in der Nähe des zu kühlenden Betriebspunktes aufgestellt waren. Diese Maschinen hatten ausnahmslos Kolbenkompressoren und eine Kälteleistung von max. 570 kW, zumeist jedoch von 170 bis 470 kW. In den letzten Jahren wurden mehrere „zentrale" Kälteerzeugungsanlagen, das heißt 2 bis 4 Kältemaschinen mit einer Nennleistung von je 1 bis 2 MW angeschafft (113, 105, 116), die mit zwei Ausnahmen (Consolidation und Radbod) über Tage stehen. Nur die erste dieser Anlagen, 1975 auf Schlägel und Eisen in Betrieb genommen (100, 105, 140), verwendet die in allen ausländischen Bergbaurevieren für zentrale Kälteerzeugung fast ausschließlich benutzten Turbokompressoren; seitdem hat sich bis heute im deutschen Bergbau bei großen Kältemaschinen jedoch der Schraubenverdichter als Kältemittelverdichter durchgesetzt.

9.2 Verfahren der Kälteerzeugung

Es gibt eine große Zahl von Kälteerzeugungsverfahren. Im Bild 43 sind mehr als ein Dutzend Verfahren angeführt, neben den thermodynamischen auch elektrische und magnetische (100). Für die Wetterkühlung im Bergbau haben bisher nur zwei Verfahren eine größere Bedeutung gewonnen, die Verdunstungskühlung (A I 1), die in der Zukunft vielleicht noch häufiger für die Abführung der Kondensatorwärme genutzt werden wird und die Kompressions-Kaltdampfmaschinen (A II 4 c α), die für die Wetterkühlung eine überragende Bedeutung hat. Die Wirkungsweise einer Kaltdampfmaschine wird noch im Abschnitt 9.3.2 kurz erläutert werden.

Grundsätzlich wird in diesem Buch nicht ausführlicher auf die physikalischen Gesetzmäßigkeiten der Kälteerzeugung und auch nicht auf technische Einzelheiten der Maschinen und Apparate eingegangen. Hier wird auf einige Lehrbücher (98, 104, 94) und auch auf jenes Schrifttum verwiesen, das die bergbauspezifischen Gesichtspunkte berücksichtigt (89, 78).

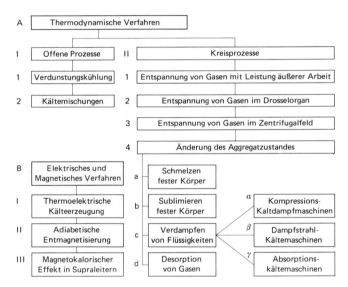

Bild 43. Verfahren der Kälteerzeugung.

Zum Zwecke der Begriffsbestimmung und einer kurzen Einführung soll hier jedoch das Prinzip des Kältemittelkreislaufes kurz geschildert werden.

Das gasförmige Kältemittel — im Bergbau finden fast ausschließlich Freone Anwendung — wird im Verdichter (oder Kompressor) komprimiert und erhitzt sich dabei. Das heiße Gas wird dann im Verflüssiger (oder Kondensator) abgekühlt und verflüssigt. Die Kondensationswärme muß abgeführt werden, das geschieht im allgemeinen mit Wasser, das Kühlwasser genannt wird, obwohl es warm ist, denn es dient zur Kühlung der Kältemaschine. In einer Drossel, dem Expansionsventil, wird dann der Druck reduziert. Danach gelangt das flüssige Kältemittel in den Verdampfer. Um verdampfen zu können, muß ihm die Verdampfungswärme zugeführt werden; diese wird dem Kälteträger entzogen, der auf diese Weise abgekühlt wird (Bild 44).

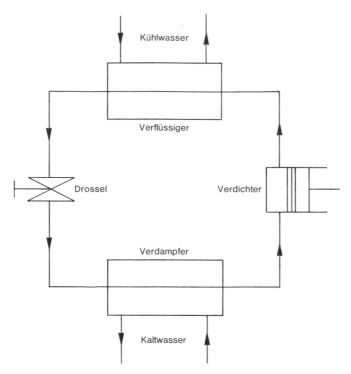

Bild 44. Der Kreislauf einer Kompressionskälteanlage.

9.3 Wichtigste Elemente einer Wetterkühlanlage

9.3.1 Der Kälteträger

Als Kälteträger bezeichnet man das zumeist flüssige Medium, das kalt genug sein muß, um die Wärme aufzunehmen, die man von dem zu klimatisierenden Ort entfernen will. In den meisten Fällen ist dies Wasser (Kaltwasser). Hat man ausreichende Mengen kalten Wassers zur Verfügung (Gletscherwasser, Brunnenwasser), so genügt dieses, zusammen mit Rohrleitungen, Pumpen und Düsen, zur Wetterkühlung.

9.3.2 Die Kälteerzeugungsanlage

Normalerweise steht in Bergwerken nicht genügend kaltes Wasser zur Verfügung, deshalb muß Wasser (oder auch Sole bzw. ein anderer Kälteträger) mit Hilfe einer Kälteerzeugungsanlage gekühlt werden. Natürlich ist es auch möglich, die Kälte sofort in der Kältemaschine an den zu kühlenden Wetterstrom zu übertragen; solche Maschinen werden Wetterkühlmaschinen, die anderen Wasserkühlmaschinen genannt (auch wenn Sole oder ein anderes flüssiges Medium gekühlt wird). Wetterkühlmaschinen werden bisher nur für kleine Kälteleistungen bis 300 kW gebaut.

Die vier wichtigsten Bauteile einer Verdichterkältemaschine sind der Verdichter (Kompressor) mit dem ihn antreibenden Motor, der Verdampfer (in dem Wasser oder Wetter gekühlt werden können), der Verflüssiger (Kondensator, er kann ebenfalls von Wasser oder von Wettern durchströmt werden) und der Vollständigkeit halber das (oder die) Expansionsventil(e).

Wichtigste Verdichterbauarten sind der Hubkolbenverdichter, der bei Leistungen unter 0,5 MW fast ausschließlich verwendet wird, der Schraubenverdichter (für Leistungen von 0,7 bis 2,5 MW vorherrschend) und der Turboverdichter, der für große (> 1 MW) und sehr große Leistungen (> 10 MW) infrage kommt.

Die Antriebsleistung P in kW der Verdichter-Kältemaschine hängt vor allem von der Kondensationstemperatur T in K und von der Verdampfungstemperatur T_o in K sowie dem Gütegrad η_G des Verdichters und natürlich von der Nettokälteleistung $\dot{Q}_o$ ab (110).

$$P = \frac{1}{\eta_G} \frac{T - T_o}{T_o} \dot{Q}_o \text{ in kW} \quad \dots \dots \dots \dots \dots \dots \quad [64]$$

Das Verhältnis $\dot{Q}_o/P$ bezeichnet man auch als realen Kältegewinn ε:

$$\varepsilon = \eta_G \, \varepsilon_o = \eta_G \frac{T_o}{T - T_o} \text{ in kW/kW} \quad \dots \dots \dots \dots \quad [65]$$

Darin ist ε_o die spezifische Kälteleistung nach Carnot. — Bei günstigen Betriebsbedingungen, zum Beispiel bei Vollast, $T = t + 273,2 = 303,2$ K und $T_o = t_o + 273,2 = 278,2$ K errechnet man nach Gleichung [65] den Wert $\varepsilon = 0,6 \frac{278,2}{25} = 6,68$, das heißt für 6,68 MW Kälteleistung benötigt man 1 MW Antriebsleistung (93).

Solche günstigen Bedingungen lassen sich bei zentralen Kälteerzeugungsanlagen über Tage erreichen. Bei der dezentralen Wetterkühlanlage unter Tage sind folgende Werte üblich: $\eta_G = 0,5$; $T = 318,2$; $T_o = 273,2$ und damit $\varepsilon = 0,5 \frac{318,2}{45} = 3,54$. Die spezifische Antriebsleistung $P/\dot{Q}_o$ ist also ungefähr doppelt so groß. Hat man nur recht warmes Kühlwasser zur Verfügung und läuft die Kältemaschine bei einer kleineren Teillast (< 50%), so kommen auch spezifische Kälteleistungen um $\varepsilon = 0,4 \frac{333,2}{60} = 2,22$ kW/kW vor. — Der normale Antrieb ist ein elektrischer Motor, und die elektrische Energie ist bei den meisten Kälteerzeugungsanlagen der wichtigste Kostenpunkt (111).

Ergänzend zu diesen mehr theoretischen Ausführungen sollen einige für den deutschen Bergbau typische Ausführungen im Bild gezeigt werden.

Das Bild 45 zeigt eine Wetterkühlmaschine. Bei ihr ist der Verdampfer (oben) als Wetterkühler ausgebildet, es werden also die Wetter direkt gekühlt. Im Bild unten erkennt man links den Kompressor, rechts den Motor und unter beiden den Verflüssiger.

Bild 45. Die Bauart Wetterkühlmaschine in Kompaktbauweise.

Häufig wird die Wetterkühlmaschine nicht als Kompaktmaschine, sondern für die leichte Ortsveränderlichkeit dreigeteilt gebaut und dann an einer Einschienenhängebahn aufgehängt (Bild 46).

Bild 46. Eine Wetterkühlmaschine als sogenannte Kühlraupe.

Das Bild 47 zeigt eine Wasserkühlmaschine neuerer Bauart. In der Mitte erkennt man den Kompressor, links den Motor, rechts unten den Verflüssiger und darüber den Verdampfer. Im Verdampfer wird das Kaltwasser gekühlt. Die Wetter werden also indirekt, durch den Kaltwasserkreislauf, gekühlt. Die in den Bildern 45 bis 47 gezeigten Kältemaschinen hatten alle Kolbenverdichter, deren Leistung (bei nur 1 Kompressor) 570 kW nicht übersteigt.

Bild 47. Bauart einer Wasserkühlmaschine.

Seit etwa 1975 werden im Bergbau in größerer Zahl Wasserkühlmaschinen mit Schraubenverdichter mit einer Nennleistung von ungefähr 1 MW eingesetzt (Bild 48).

Bild 48. Wasserkühlmaschine mit Schraubenverdichter.

Man erkennt den recht kleinen Schraubenverdichter auf dem Ölabscheider vor dem viel größeren Elektromotor mit rd. 320 kW Antriebsleistung. Die übrigen wichtigen Teile, Kondensator (unten) und zwei Verdampfer sind im Vordergrund sehr gut zu erkennen.

Eine Kaltwassermaschine noch größerer Leistung zeigt Bild 49; es handelt sich um eine Maschine mit Turboverdichter von 3,75 MW Nennleistung. Der Verdichter ist neben den gewaltigen Bauteilen Verdampfer, Kondensator und den Rohrleitungen kaum zu erkennen.

Bild 49. Eine moderne Kältemaschine mit zweistufigen Turboverdichter, obenliegendem Kondensator und parallel darunter liegendem Verdampfer.

9.3.3 Die Wetterkühler

Bei Wetterkühlmaschinen ist der Verdampfer gleichzeitig der Wetterkühler. Bei Wasserkühlmaschinen braucht man dagegen zusätzliche Wärmetauscher, um die Luft mit dem kalten Wasser zu kühlen. Manchmal, so im südafrikanischen Goldbergbau, verwendet man auch Sprühkammern, dabei wird das Wasser in von den Wettern durchströmten Räumen versprüht, der tropfenerfüllte Raum ist der Wärmetauscher (107). Dieses Verfahren des „offenen" Kaltwasserkreislaufes wird bisher (1980) im deutschen Bergbau nicht verwendet, vor allem weil man das Gebirge nicht anfeuchten und das Kaltwasser nicht verschmutzen will. Man zieht Wärmetauscher mit geschlossenem Wasserkreislauf vor. Sie werden Wetterkühler genannt. Man unterscheidet nach dem Einsatzort, gleichzeitig aber auch nach der Baugröße, Streb- und Streckenkühler. Strebkühler zeichnen sich durch sehr geringe Abmessungen aus. Normal sind eine Breite von 25 cm, eine Höhe von 40 cm und eine Länge von 1,2 bis 1,5 m (100). Ihre Kälteleistung erreicht bei höheren Wettertemperaturen 23 kW. Es gibt aber auch wesentlich kleinere Strebkühler („Kleinstkühler") mit etwa 10 kW Kühlleistung.

Neben dem eigentlichen Wärmetauscher Wasser-Luft enthält der Strebkühler trotz seiner geringen Abmessungen auch einen Ventilator, der im allgemeinen elektrisch angetrieben wird. Wegen dessen kleinen Durchmessers ist das durchgesetzte Luftvolumen leider sehr gering (5 bis 8 m³/s). Die Notwendigkeit der elektrischen Energieversorgung (Kabel im Streb), die Anfälligkeit gegen Verschmutzung (96) und die häufige Beschädigung der Strebkühler haben eine weite Verbreitung nicht zugelassen, obwohl der „Standortwirkungsgrad" der Strebkühler optimal ist, denn es kann genau an dem Ort gekühlt werden, an dem Kühlung notwendig ist.

Man hat sei Jahren, bisher mit geringem Erfolg, nach anderen Einrichtungen zur Strebkühlung gesucht; erwähnenswert sind die Kühlrohre und die Tiefkühllutte (99). Neue Forschungsvorhaben befassen sich mit in den Ausbau integrierten Kühlern und Brackenkühlern.

Streckenkühler haben sich dagegen vielfach bewährt und sie haben eine weite Verbreitung gefunden. Die Abmessungen dieser Kühler betragen für den Wärmetauscherteil etwa 1 m × 1 m × 3 m. Die Kühlleistung liegt unter normalen Einsatzbedingungen, beispielsweise in ausziehenden Abbaustrecken, bei 200 bis 300 kW. Die Kühlleistung hängt sehr stark von der Temperatur und Luftfeuchtigkeit der Wetter am Kühlereintritt, von der Kaltwassertemperatur und von der durch den Kühler strömenden Wettermenge ab. Beim Einsatz in sonderbewetterten Streckenvortrieben, bei einer geringen Luftfeuchtigkeit, kann die Leistung deshalb bis auf die Hälfte der Nennleistung fallen, bei sehr feuchten und warmen Wettern und sehr großer Wettermenge kann dagegen die Leistung um 50% über der Nennleistung liegen.

Sehr wichtig ist das Problem der Verschmutzung der Kühler durch staubhaltige Wetter, es ist ein Kernpunkt der Forschungsarbeit in dem Anfang 1979 in Betrieb genommenen Klima- und Wetterkühl-Technikum (KWT) der FGK (109).

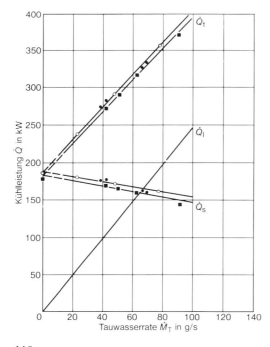

Kühler	Symbol	t_{IE} °C	$\dot{M}_{LE}$ kg/s	t_{WE} °C	$\dot{M}_W$ kg/s
GK-290-E	▼	31	9,6	6,0	5,5
WK-290-E	●	31	9,7	5,7	5,6
WKW-265-V	■	31	10,1	6,0	5,6

Bild 50. Kühlleistungen von Streckenkühlern bei Wasserdampfkondensation.

Eine Reihe von Ergebnissen der Untersuchungen im KWT und auf einem kleineren Wetterkühlerprüfstand der Bergbauforschung wurden bereits 1980 veröffentlicht (115). Es wird berichtet über Kühlleistungen, Wärmedurchgangszahlen und Druckabfall in Abhängigkeit von Wettermenge, Luftfeuchtigkeit am Kühlereintritt und dem Staubgehalt der Wetter (Verschmutzung). Besonders eindrucksvoll ist eine Darstellung (Bild 50), aus der hervorgeht, daß die Kühlleistung mit zunehmender Tauwassermenge (aus den Wettern kondensiertes Wasser) nahezu linear mit dieser Kondensatmenge auf das Doppelte des Wertes bei trockener Kühlung ansteigt. Bei gleicher Wassereintrittstemperatur, gleicher Wassermenge und annähernd gleichem Luftmassenstrom erbringen drei verschiedene Kühlerbauarten fast die gleiche Leistung.

Auch hier sollen einige Bilder dem Nichtfachmann einen Eindruck vom Aussehen und der Größe von Wetterkühlern vermitteln.

Im Streb werden möglichst kleine Wetterkühler eingesetzt, die zumeist an der Panzerbracke befestigt werden. Das Bild 51 zeigt einen besonders kleinen Typ, den „Strebkleinstkühler" im Streb. Er hat eine Nennleistung von rd. 10 kW. Die äußeren Abmessungen betragen etwa 0,2 m × 0,3 m × 1,2 m. Nicht viel größer sind normale Strebkühler mit Querschnitten von etwa 0,25 m × 0,4 m und 23 kW Nennleistung. Von diesen Kühlern gibt es eine große Anzahl von Bauarten, obwohl insgesamt nur wenige Hundert Strebkühler gebaut worden sind. Wichtiger als das Äußere sind Bauart und Größe von Ventilator und Wärmetauscher.

Bild 51. Strebkleinstkühler mit 10 kW Kühlleistung.

Bei einem in Längsrichtung durchströmten Kühler (Bilder 52 und 53) ist der Durchmesser d des Ventilators durch die kürzeste Seitenlänge des Kühlers, hier die Breite b, begrenzt, und mit kleiner werdendem Durchmesser sinkt unvermeidlich die Lüfterleistung. Deshalb wurde ein Brackenkühler entwickelt (47), bei dem ein Lüfter mit halbaxialem Laufrad in der Mitte der Längsseite des Gebläses eingebaut ist und die Wetter über zwei Kühler teils in Richtung der Strebwetter, teils dagegen ausbläst. Im Bild 54 ist das Schema eines solchen Kühlers dargestellt.

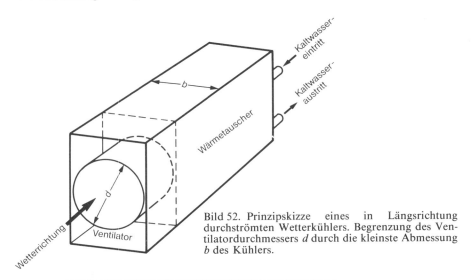

Bild 52. Prinzipskizze eines in Längsrichtung durchströmten Wetterkühlers. Begrenzung des Ventilatordurchmessers *d* durch die kleinste Abmessung *b* des Kühlers.

Bild 53. Vorderansicht eines Strebkühlers.

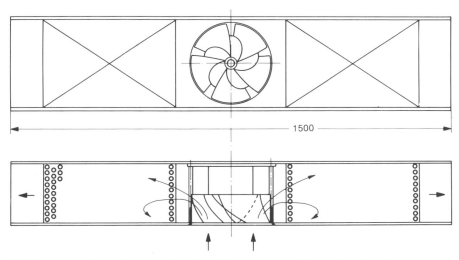

Bild 54. Zweiseitig ausblasender Brackenkühler mit einem Lüfter mit halbaxialem Laufrad.

Der Laufraddurchmesser hängt bei dieser Bauform nicht von der Breite des Gehäuses, sondern von der größer bemessenen Höhe ab. Zu der größeren Druck- und Mengenerzeugung kommt der Vorteil, daß bei der gewählten Kühlerordnung mit zweiseitiger Ausblasung der Strömungswiderstand halbiert wird. Derartige Kühler, deren lichte Breite 220 mm, die Höhe 350 mm beträgt, während die Länge mit 1,50 m der Rinnenlänge des Fördermittels entspricht, haben eine Leistung von 23 kW. Trotz der Vorteile einer solchen Kühlerbauart sind Strebkühler dieses Typs nicht in größerer Zahl gebaut worden, vielleicht wegen der ungünstigen Lage des Kühleraustritts (auf einer Seite gegen die Wetterrichtung).

Bild 55.
Streckenwetterkühler.

Eine viel stärkere Verbreitung haben die größeren „Streckenwetterkühler" gefunden. Diese nach ihrem häufigsten Aufstellungsort bezeichneten Kühler haben ungefähre Abmessungen 0,8 m × 1,2 m × 3 m bei einer Nennleistung von 250 bis 300 kW.

Das Bild 55 zeigt einen solchen Kühler, der häufig in eine kürzere oder längere Luttenleitung eingebaut wird. Wichtiger als das Äußere ist auch hier das Innenleben, vor allem die Bauart des Wärmetauschers und die Führung von zu kühlenden Wettern und Kaltwasser. Man erkennt im Bild 55 vorn die Rohrbögen des Wärmetauschers. Zwei zur Zeit am häufigsten verwendete Wärmetauscherbauarten sind die sogenannten Plattenrohrkühler und die Streifenrohrkühler. Das Prinzip dieser Kühler erläutert Bild 56. Beim Plattenrohrkühler sind schlangenförmig gebogene Rohre auf senkrecht stehende Kupferplatten aufgelötet. Das Rohr einer jeden Platte besteht aus einem Stück. Das durch das Rohr strömende Wasser wird auf der einen Seite der Platte gegen die Strömungsrichtung der Luft, auf der anderen Seite — um eine halbe Rohrteilung versetzt — mit der Strömungsrichtung der Luft geführt. Dadurch ergibt sich der Vorteil, daß die Sammelrohre für den Wasserein- und -austritt an der Luftaustrittsseite des Kühlers liegen. Die Eintrittsseite ist damit frei für den Lüfter. Sowohl die Rohre einschließlich der Rohrbögen als auch die Platten nehmen am Wärmeaustausch teil.

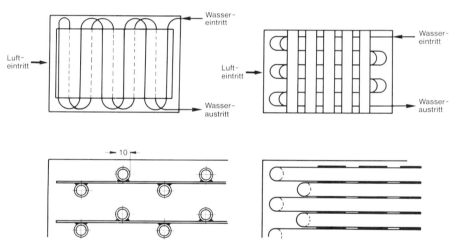

Bild 56. Plattenrohrkühler (links) und Streifenrohrkühler (rechts).

Beim Streifenkühler sind die Rohre vorwiegend waagerecht geführt. Auf die nebeneinander liegenden Rohrschlangen sind in regelmäßigen Abständen Streifen aufgelötet. Die Rohre sind demnach längs, die Streifen quer von der Luft angeströmt. Es gibt jedoch auch eine andere Anordnung der Wärmetauscher im Wetterkühler, bei der die Rohre quer angeströmt werden. Um der Luft den Durchgang zu ermöglichen, sind die jeweils benachbarten Rohrschlangen in Längsrichtung versetzt. Das Bild 57 zeigt eine perspektivische Darstellung. Kühler dieser Bauart haben einen sehr geringen wetterseitigen Druckverlust, was bei gleichem Ventilator einen größeren Wetterdurchsatz bedingt. Infolge etwas kleinerer Wärmedurchgangszahlen ist jedoch die Kühlerleistung bei beiden Bauarten nur wenig verschieden.

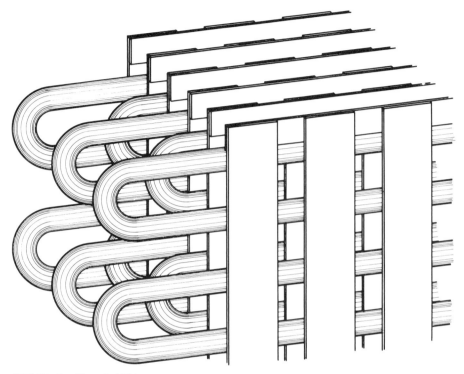

Bild 57. Streifenrohrkühler.

Extreme Wärmetauscherbauarten sind die Glattrohrkühler auf der einen und Rippenrohrkühler oder Lamellenkühler auf der anderen Seite. Glattrohrkühler haben einen sehr geringen wetterseitigen Druckverlust und verschmutzen wohl auch weniger stark in den staubhaltigen Grubenwettern, aber ihre Oberfläche ist bei gegebenem Bauvolumen zu gering, um eine ausreichende Kühlleistung zu erbringen.

Eng berippte Kühlrohre oder Lamellenkühler haben die genau entgegengesetzte Charakteristik. Wegen ihrer raschen Verschmutzung hat man die anfangs im Bergbau verwendeten Lamellenkühler nicht mehr im deutschen Steinkohlenbergbau verwendet. Rippenrohrkühler in einer interessanten Bauform (Bild 58) werden vorwiegend in Südafrika eingesetzt. Interessanterweise hat sich bei der Untersuchung dieser Wärmetauscher auf dem Prüfstand des KWT (109) gezeigt, daß die Verschmutzung viel geringer ist als erwartet, wenn die Wetter den Kühler von unten nach oben durchströmen, wie dies bei dem oberen Kühler auf dem Kühlwagen in Bild 58 der Fall ist, wenn der zu kühlende Wetterstrom in den Kühlwagen hineingeblasen wird.

Bild 58.
Kühlwagen
aus Südafrika.

Bild 59.
Verschmutzung
eines Strebkühlers.

Ein ganz besonders wichtiges Problem ist die Verschmutzung der Wetterkühler durch die staubhaltigen Wetter (96, 115). Das Bild 59 zeigt den Eintrittsquerschnitt eines Strebkühlers und die dick mit Kohlenstaub bedeckten Rohrbögen. Deshalb bemüht man sich, Vorrichtungen zu entwickeln, um den Staub abzuspülen (Sprühvorrichtungen) oder den Staub bereits vor dem Eintritt in den Kühler zu entfernen (Kühlervorentstauber). Diese Entwicklung ist jedoch noch nicht abgeschlossen. Eine Möglichkeit, die Kühler nahezu vollständig zu reinigen, besteht zumeist nur, wenn man sie auseinander nimmt. Dann kann man sie, mit einem Heißwasserstrahl (Bild 60) in Bezug auf die Wärmedurchgangszahl fast wieder neuwertig machen.

Bild 60. Reinigung eines Strebkühlers über Tage.

Einen Streckenkühler von extremer Größe hat man auf dem Bergwerk Monopol gebaut, um den gesamten Abbauwetterstrom möglichst tief zu kühlen (116, 140). Es wurde in zwei Ebenen hintereinander der gesamte Streckenquerschnitt mit 42 Kühlelementen der Streifenrohrbauart ausgefüllt. Durch diese „Kühlwand" zieht der Wetterstrom zum Abbau und wird im Sommer von ungefähr 28 auf rd. 10 °C bei einer Leistung von rd. 1 MW gekühlt. Wegen des geringen Wetterwiderstandes der Kühlwand genügte der Druck des Hauptlüfters; es mußte also kein Ventilator in das Kühlsystem eingebaut werden.

Zum Abschluß dieses Abschnittes über Wetterkühler soll noch darauf hingewiesen werden, daß man sich bemüht, neuartige Kühleinrichtungen für die Wetterkühlung im Streb zu entwickeln. Zu diesen Einrichtungen gehören Brackenkühler einer ganz flachen Bauart (Panel-Coils), die keinen Ventilator besitzen und Kappenkühler, die im Unterschied zu den konventionellen Strebkühlern rechtwinklig zur Strebfront unter den Kappen des Strebausbaus aufgehängt werden sollen.

Das eigentlich angestrebte Ziel eines Forschungs- und Entwicklungsvorhabens, Kühler so in den Strebausbau zu integrieren, daß der lichte Strebquerschnitt praktisch nicht eingeengt wird, ist jedoch noch in weiter Ferne.

125

9.3.4 Kühlwasserrückkühlanlagen

Eine wesentliche Voraussetzung für den Erfolg einer Wetterkühlanlage ist die Beschaffung einer ausreichenden Menge Kühlwassers mit nicht zu hoher Temperatur, um die Kondensatorwärme abzuführen. Allerdings kommt auch Luft als „Kühlmedium" infrage. Am Kondensator fällt das Äquivalent der Verdampfungswärme und zusätzlich der Wärmeabgabe des Antriebsmotors an. Im Durchschnitt ist die Kondensatorwärme um 30% höher als die Kälteleistung. Bei einer zentralen Wetterkühlanlage mit einer Nennleistung von 6 MW müssen also rd. 8 MW Wärme abgeführt werden. Das ist keine Schwierigkeit bei Aufstellung der Kälteerzeugungsanlage über Tage. Die Atmosphäre ist immer noch in der Lage, Wärme aufzunehmen. Unter Tage wird die Kondensatorwärme zumeist von Kühlwasser abgeführt, das im Kreislauf geführt und in Kühltürmen zurückgekühlt wird. Nicht selten werden auch luftgekühlte Kondensatoren verwendet, in einzelnen Fällen sogar bei untertägigen Kälteanlagen.

Bis vor kurzem gab es, wie schon erwähnt, fast ausschließlich dezentrale Kälteerzeugungsanlagen, also Wetterkühl- und Wasserkühlmaschinen, die in der Nähe des Abbaus aufgestellt sind. Sie hatten mit wenigen Ausnahmen wassergekühlte Kondensatoren. Das Kühlwasser wurde in der Regel unter Tage im Kreis geführt und in Kühlwasserrückkühlern gekühlt. Das Bild 61 zeigt das Äußere eines modernen Kühlwasserrückkühlers für den Einsatz unter Tage. Man erkennt die Schläuche, die das Sprühwasser zuführen. Dieses Wasser wird über die Wärmetauscher versprüht, um den Wärmeübergang durch Verdunstung zu vergrößern. Das Bild 62 zeigt das Innere eines solchen Rückkühlwerkes (mit geschlossenem Wasserkreislauf) mit 12 Wärmetauscherpaketen, die in drei Ebenen im Gegenstrom zu den Wettern vom Wasser durchflossen werden.

Bild 61. Rückkühlwerk in Blockbauweise.

Die Leistung dieser Rückkühler, die oft in feuchtwarmen Ausziehwettern aufgestellt werden müssen, beträgt max. 400 bis 500 kW (100). Das ist eine sehr kleine Leistung im Vergleich zu den Untertage-Kühltürmen, die man in Südafrika verwendet (101) und in denen max. 16 MW übertragen werden. Im deutschen Steinkohlenbergbau hat man jedoch kaum die Möglichkeit, solche Wärmemengen an den Wetterstrom abzugeben, weil keine reinen Wetterschächte zur Verfügung stehen und auch nicht so große Wettermengen und schließlich nicht so extrem hohe Wettertemperaturen im Ausziehstrom möglich sind.

In den wenigen Beispielen, wo man die Kondensatorwärme größerer Kältemaschinen — wie auf Consolidation — an den Wetterstrom übertragen hat, traten unerwünscht hohe Klimawerte im nachgeschalteten Wetterweg auf, und man bemüht sich, einen Teil der Wärme mit Wasser abzuführen. Im Normalfall ist es im deutschen Bergbau nicht möglich, große zentrale Kälteanlagen mit über 2 MW Leistung unter Tage mit Abgabe der Kondensatorwärme an den Wetterstrom zu verwirklichen.

Bild 62. Rückkühlwerk in Systemblockbauweise.

Daß jede Regel aber eine Ausnahme hat, wurde 1980 auf dem Bergwerk Radbod gezeigt, wo man eine untertägige zentrale Kälteerzeugungsanlage mit einer Leistung von rd. 5,5 MW mit Abführung der Kondensatorwärme in luftgekühlten Kondensatoren unter Tage gebaut hat, die seither erfolgreich arbeitet. Es ist sogar geplant, die Leistung noch um rd. 2 MW zu vergrößern.

Hier bestand die besonders günstige Situation, daß zwischen Ein- und Ausziehschacht ein großer Kurzschlußwetterstrom mit $\dot{V} \approx 70 \ \text{m}^3/\text{s}$ verfügbar war. Diese große Menge relativ kühler und trockener Wetter ist in der Lage, die Kondensatorwärme von rd. 7 MW aufzunehmen und auf dem kürzesten Wege aus der Grube abzuführen.

9.3.5 Rohrleitungen, Pumpen, Hochdruckwärmetauscher und Zubehör

Neben den Hauptkomponenten eines Wetterkühlsystems, der Kälteerzeugungsanlage, den Wetterkühlern und den Rückkühlwerken sind natürlich die sie ver-
bindenden Rohrleitungen und Pumpen, gegebenenfalls Hochdruckwärmetauscher
oder andere Einrichtungen, die für eine Druckreduzierung im Wasserkreislauf
sorgen, und weiteres Zubehör notwendig. Wichtiges Zubehör sind Einrichtungen
zur richtigen Verteilung des Kaltwassers in einem ausgedehnten Bergwerk und
Einrichtungen zur automatischen Einspeisung von Wasser in das Rohrleitungs-
netz bei einer Entnahme von Betriebswasser und schließlich „Impfanlagen"
oder andere Methoden der Wasserbehandlung.

Auf diese Einrichtungen kann hier wegen der Vielzahl der Probleme aus Platz-
mangel nicht eingegangen werden, zumal sich die Probleme ganz verschieden
stellen, je nach Ausführung des Wetterkühlsystems. Es sei auf das Schrifttum
(90, 92, 100, 101, 102, 111, 104, 78, 137, 139, 113, 105, 116, 95, 107) verwiesen und
es wird im Abschnitt 9.4.3 am Beispiel einiger zentraler Wetterkühlanlagen im
deutschen Bergbau noch auf Einzelheiten, wie Hochdruckwärmetauscher und
Rohrleitungsführung kurz eingegangen.

9.4 Typische Ausführungen von Wetterkühlanlagen

Grundsätzlich können sowohl eine Wetterkühlmaschine als auch eine Wasserkühlmaschine zur Kühlung von Abbaubetrieben ebenso wie von sonderbewetterten Streckenvortrieben verwendet werden. Es ist jedoch üblich, Wetterkühlmaschinen, deren Leistung 100 bis 300 kW je Maschine beträgt, vorwiegend in
Streckenvortrieben zu verwenden, wo diese Kühlleistung zumeist ausreicht
(114). Im Abbau benötigt man häufig wesentlich höhere Kälteleistungen, deshalb herrschen für die Wetterkühlung im Abbau Wasserkühlmaschinen vor.

9.4.1 Wetterkühlung im Streckenvortrieb

In konventionell mit Bohr- und Sprengarbeit aufgefahrenen Strecken bzw. Auf-
hauen, Blindschächten oder Bergen kommt man bei einer guten Bewetterung zumeist ohne Wetterkühlung aus, wenn man lediglich das Klima unterhalb der Arbeitsverbotsgrenze von 32 °C Effektivtemperatur halten will. Meistens wird aber
angestrebt, zumindest den ortsnahen Bereich unter 28 °C Trockentemperatur zu
bringen. Dies ist bei mittleren und höheren Gebirgstemperaturen nur mit Hilfe
von Wetterkühleinrichtungen möglich.

Normal ist ein in die blasende Luttenleitung in etwa 50 bis 150 m Entfernung
von der Ortsbrust eingebauter Wärmetauscher, zumeist der Verdampfer einer
Wetterkühlmaschine. Man unterscheidet die Wetterkühlmaschinen in Kompaktbauweise (100) und „Kühlraupen", deren zwei bis drei Bauelemente an der Einschienenhängebahn mit dem Streckenvortrieb vorgerückt werden (vgl. Bilder 45
und 46).

Bei konventionellen Streckenvortrieben mit sehr hohen Gebirgstemperaturen
oder anderen Schwierigkeiten — wie etwa das Ansaugen von warmen Wettern
auf der Ausziehsohle, geringeren Wettermengen, sehr großen Streckenlängen —

oder in maschinellen Streckenvortrieben kann Wetterkühlung unbedingt notwendig sein, weil man ohne Kühlung sogar den Klimagrenzwert $t_{eff} = 32$ °C überschreiten würde. Zumeist genügen dann jedoch 1 bis 2 Wetterkühlmaschinen mit einer Gesamtleistung von 200 bis 500 kW, um dieses Ziel zu erreichen, und bei Kühlung in der Nähe der Ortsbrust außerdem, um im ortsnahen Streckenteil (von 100 bis 200 m Länge) unter $t_t = 28$ °C zu bleiben.

Wetterkühlmaschinen müssen mit Kühlwasser versorgt werden. Bei zu kleinen Kühlwassermengen oder höheren Vorlauftemperaturen kann die Rücklauftemperatur so hoch sein, daß eine Isolierung der Rücklaufleitung notwendig wird.

Anstelle von Wetterkühlmaschinen können grundsätzlich auch Wetterkühler vor Ort sein. Sie haben den Vorteil, daß sie leichter sind und weniger reparaturanfällig, da bewegte Teile wie Motor und Verdichter fehlen. Jetzt sind aber Kaltwasserrohrleitungen erforderlich, die bei kleinen und mittleren Kälteleistungen isoliert sein müssen, da sonst in langen Strecken zu große Kälteverluste auftreten und das Vorlaufwasser sich zu stark erwärmt.

Bei Strecken mit Vollschnittmaschinen in hohen Gebirgstemperaturen kann es dagegen notwendig sein, nicht isolierte Kaltwasserleitungen zu verlegen, weil die Kühlung nicht vor Ort, sondern auf der gesamten Streckenlänge erfolgen muß, um zu hohe Klimawerte zu verhindern. Hier können Kühlleistungen bis zu 1,5 MW für einen langen Gesteinsstreckenvortrieb benötigt werden. Die Kälteerzeugung für die zumeist in Ortsnähe aufgestellten Wetterkühler erfolgt in Wasserkühlmaschinen, die im allgemeinen außerhalb des sonderbewetterten Grubenbaus stationiert sind. Beispiele für diese gekühlten Streckenvortriebe wurden bereits im Abschnitt 6.3.4 behandelt.

9.4.2 Wetterkühlung im Abbau

Im Abbau gibt es sehr viele Möglichkeiten, Standort und Leistung der Wetterkühler sinnvoll zu variieren. Bei geringer oder mittlerer Gebirgstemperatur sind die Temperaturen der Wetter bzw. die Klimawerte oft erst in der ausziehenden Abbaustrecke unerwünscht hoch. Dann genügen hier eine Wetterkühlmaschine oder Wetterkühler und eventuell nicht isolierte Kaltwasserleitungen, um das Klima zu beherrschen, das heißt deutlich unter $t_{eff} = 32$ °C zu bleiben. Will man bei mittleren Gebirgstemperaturen von 35 bis 40 °C noch unter der Trockentemperaturgrenze $t_t = 28$ °C bleiben, so ist zumeist Wetterkühlung in der einziehenden Abbaustrecke mit einer recht erheblichen Kühlleistung und häufig sogar der Einsatz von Kühleinrichtungen im Streb notwendig. In der Ausziehstrecke ist dieses Ziel selten zu erreichen, zumindest bei längeren Strecken und/oder großer Strebfördermenge.

Bei hohen Gebirgstemperaturen mit $t_{gu} > 45$ °C wird man sich zumeist damit begnügen, unterhalb der oberen Klimagrenze von $t_{eff} = 32$ °C oder der zweiten Klimagrenze von $t_{eff} = 29$ °C zu bleiben. Dazu braucht man je nach Wetter- und Fördermenge, aber auch Wetterführung im Abbau, mittlere Kühlleistungen von etwa 500 kW bis große Kühlleistungen von etwa 1 MW, wie sie nur mit Wasserkühlmaschinen wirtschaftlich erzeugt werden können.

Zumeist befindet sich die Kälteerzeugungsanlage, in der Regel bestehend aus einer oder zwei Wasserkühlmaschinen, in einer Gesteinsstrecke in nicht zu großer

Entfernung von etwa 1 bis 2 km vom Streb. Bei großen Wettermengen im Streb, wie sie nur bei einer großen Flözmächtigkeit erreichbar sind, genügt es oft, die Wetterkühlung am Anfang der einziehenden Abbaustrecke vorzunehmen.

Ein besonders eindrucksvolles Beispiel für diesen Standort der Kühlung ist der schon erwähnte Abbau im Flöz Mausegatt auf dem Bergwerk Monopol. Die auf rund 10 °C gekühlten Wetter erreichen den max. 2 km entfernten Streb mit rd. 20 °C und erwärmen sich in ihm bis auf rd. 30 °C. Erst in der Ausziehstrecke herrschen, nach der Zumischung der warmen Schleichwetter aus dem Alten Mann, relativ hohe Klimawerte, sie liegen aber noch weit unter der oberen Klimagrenze.

Bei geringer Flözmächtigkeit und damit Strebwettermenge muß man nicht nur nahe vor dem Streb, sondern oft auch noch im Streb selbst kühlen, um das Klima zu beherrschen. In dieser Situation ist es dringend anzuraten, die Wetter am Strebausgang aufzufrischen, also Y-Bewetterung vorzunehmen, andernfalls braucht man nochmals Kaltwasserrohrleitungen und Wetterkühler in der ausziehenden Abbaustrecke und eine Gesamtkühlleistung für den Abbau, die 1 MW weit überschreiten kann.

9.4.3 Zentrale Wetterkühlanlagen im deutschen Bergbau

Der Begriff der „zentralen Wetterkühlanlage" hat sich im Schrifttum verbreitet, korrekt wäre allerdings die Bezeichnung „Wetterkühlanlagen mit zentraler Kälteerzeugung", denn abgesehen von dem Sonderfall des Bergwerkes Monopol, Abbau im Flöz Mausegatt, werden die Wetter bei keiner der zentralen Wetterkühlanlagen zentral gekühlt, sondern an mehreren Stellen im Grubengebäude.

Selbst die Definition des Begriffs „zentrale Kälteerzeugung" ist nicht problemlos. So ist im Grunde jede Wasserkühlmaschine, die nicht nur einen, sondern mehrere Betriebspunkte mit je einem Wetterkühler versorgt, schon eine zentrale Kälteerzeugungsanlage. Bezieht man den Begriff zentral auf ein ganzes Bergwerk, so ist die Kälteerzeugungsanlage auf Schlägel & Eisen (116) zur Zeit ohne Zweifel zentral, weil auf dem Bergwerk keine weitere Kältemaschine im Einsatz ist. Im gleichen Augenblick, wo irgendwo in der Grube eine zusätzliche Kältemaschine anläuft, wäre die Kälteerzeugungsanlage über Tage (mit ihren 2 Turbo- und 2 Schraubenverdichtern von zusammen 5,4 MW Nennleistung) streng genommen schon keine zentrale Anlage mehr. In diesem strengen Sinne wäre auch die zentrale Kälteerzeugungsanlage auf der 100. Sohle am Schachtsystem 2 des Goldbergwerkes Western Deep Levels (101) mit einer Kälteleistung von 21 MW (geplant 35 MW) nicht zentral, denn es gibt auf diesem Bergwerk noch 5 weitere zentrale Kälteerzeugungsanlagen, eine mit ebenfalls 21 MW Nennleistung sogar ebenfalls auf der 100. Sohle, allerdings am Schachtsystem 3.

Wir wollen jedoch die Definition nicht zu streng nehmen und bleiben beim heute üblichen Sprachgebrauch zentrale Wetterkühlanlage für den Fall, daß mehrere Abbaue und auch Aus- und Vorrichtungsbetriebe von einer Kälteerzeugungsanlage aus mit Kaltwasser versorgt werden oder daß zwar nur ein Abbau mit Kälte versorgt wird, aber die Kälteleistung so groß ist, daß man mindestens 1 oder 2 Kältemaschinen mit einer Gesamtleistung von etwa 2 MW benötigt.

Es wird oft über Vor- und Nachteile der zentralen Kälteerzeugung und ihres Standortes über oder unter Tage gesprochen (101, 116, 111). Die Frage, ob man eine zentrale Kälteerzeugungsanlage für ein Steinkohlenbergwerk der Verwendung mehrerer kleinerer Kältemaschinen im Grubengebäude vorziehen soll, kann kaum allgemeingültig beantwortet werden. Stets wird eine sorgfältige Planung notwendig sein. Sehr wichtig sind die Entfernungen von der Kälteanlage zu den Wetterkühlern, die Gesamtkälteleistung und die Möglichkeiten, die Kondensationswärme abzuführen. Wenn nur zwei oder drei Abbaubetriebe (oder Streckenvortriebe mit maschineller Auffahrung) zu kühlen sind, und die Betriebspunkte weit voneinander entfernt liegen, hat die dezentrale Kühlung Vorteile. Bei einer zentralen Kälteerzeugung würde man sehr lange Rohrleitungen für das Kaltwasser brauchen, deren Kosten bei einer relativ geringen Gesamtkühlleistung stark ins Gewicht fallen. Liegen die zu kühlenden Betriebspunkte näher beieinander oder sind noch mehr Betriebe zu kühlen, so überwiegen die Vorzüge der zentralen Kühlung.

Je größer die Gesamtkälteleistung, um so eher wird eine zentrale Kälteerzeugungsanlage Kostenvorteile mit sich bringen. Bei Kälteleistungen über 2,5 MW darf man bereits niedrigere Kosten erwarten, es sei denn, die Standortprobleme sprechen eindeutig zugunsten der dezentralen Wetterkühlung. Die Kosten hängen stark davon ab, wo die zentrale Kälteerzeugungsanlage aufgestellt wird und wie preiswert das Kühlwasser bereitgestellt werden kann (110, 111).

Nach den ersten Erfahrungen, die mit der zentralen Wetterkühlanlage auf der Zeche Schlägel & Eisen gemacht wurden, klappt die Regelung der Leistung hervorragend. Sie wird in diesem Fall über eine Verstellung der Laufradschaufeln der Turbine vorgenommen. Die Regelung wurde durch die jeweils gewünschte Sole-Vorlauftemperatur gesteuert, die bis auf wenige $\frac{1}{10}$ K konstant gehalten wurde. Ähnlich positiv sind die Erfahrungen mit Schraubenverdichtern.

Natürlich kann man auch die Kältemaschinen mit Kolbenkompressoren, die allein bisher bei dezentraler Wetterkühlung im bundesdeutschen Bergbau unter Tage verwendet werden, in ihrer Leistung regeln. Üblich ist das Abschalten einzelner Zylinder. Ein so feines, stufenloses Regeln wie mit dem Turbo- oder Schraubenkompressor ist jedoch nicht möglich. Wichtiger noch ist der Umstand, daß bei dezentraler Wetterkühlung ein viel größerer personeller Aufwand notwendig ist, um mehrere im Abbau stationierte Kältemaschinen zu überwachen. Eine Leistungskontrolle wird nur gelegentlich vorgenommen, zumeist kurz nach Inbetriebnahme, weil sie sehr aufwendig ist. Zumindest die Kontrolle der Gesamtkälteleistung ist bei einer zentralen Kühlanlage wenig aufwendig und deshalb eher gewährleistet. Die Kontrolle der Kühlleistungen im Abbau und des Wärmeaustauschers an den langen Rohrleitungen ist allerdings auch bei der zentralen Wetterkühlanlage schwierig bzw. sehr aufwendig.

Im Hinblick auf Sicherheit, Zuverlässigkeit und Reserve hat die zentrale Kälteerzeugungsanlage Vorzüge, vorausgesetzt, daß die gesamte Kälteleistung auf wenigstens zwei Kältemaschinen verteilt wird. In den südafrikanischen Goldgruben, in denen eine zentrale Kälteerzeugungsanlage gelegentlich aus sieben bis acht Baueinheiten je 4 MW Kälteleistung besteht, dürfte ein erhebliches Abfallen der verfügbaren Kälteleistung kaum möglich sein, von einem Netzausfall abgesehen.

Bezüglich der Abführung der Kondensatorwärme besitzt eine über Tage aufgestellte zentrale Kältemaschinenanlage alle Vorteile. Auf der Schachtanlage Schlägel & Eisen genügten bei der ersten Ausbaustufe von 2,5 MW Kälteleistung zwei kleine Kühltürme, um die Kondensatorwärme an die Atmosphäre abzuführen. Diese Türme stehen auf dem Dach des Kühlmaschinenhauses, nur wenige Meter von den Maschinen entfernt.

Bei einer zentralen Kältemaschinenanlage unter Tage können die Probleme ebenfalls gering sein, wenn ein ausreichend großer und möglichst auch noch kühler Wetterstrom für die Rückkühlung zur Verfügung steht, wie dies auf Radbod der Fall ist.

Der wesentliche Nachteil der Kälteerzeugung über Tage, aber Wetterkühlung unter Tage, besteht darin, daß man ein Rohrleitungssystem für den Kälteträger braucht, das von über Tage nach unter Tage reicht. Bei 1000 m Teufe bedeutet das allein einen statischen Überdruck von 100 bar. Um nicht das gesamte Kaltwasser-Rohrleitungsnetz unter diesem Druck zu haben, schafft man in der Regel zwei Kreisläufe, den Primärkreislauf oder Hochdruckkreislauf, der möglichst kurz sein soll und im allgemeinen nur den Schacht erfaßt, und den Sekundärkreislauf oder Kaltwasserkreislauf unter Tage. Die Hochdruckrohre sind sehr kostspielig. Zwischen beiden Kreisläufen muß ein Hochdruck-Wärmeaustauscher liegen, der ebenfalls teuer ist. Die Wärmeverluste an diesen Wärmetauschern sind nach den bisherigen Erfahrungen auf der Zeche Schlägel & Eisen außerordentlich gering. Allerdings können sie verschmutzen oder sogar beschädigt werden.

Die Kältemaschinen werden möglichst in unmittelbarer Nähe der Schächte aufgestellt, zumindest bei der Wetterkühlanlage über Tage. Standortfragen betreffen dann die Lage des Schachtes mit den Hochdruckrohren zu den zu klimatisierenden Betriebspunkten. Wenn der Schacht günstig gelegen ist, ergibt sich aus dieser Sicht kein besonderer Nachteil der Aufstellung der Maschinen über Tage. Wäre die Lage der Schächte ungünstig, so würde man sehr lange Kaltwasserrohrleitungen haben und diese müssen in der Regel isoliert werden, wodurch erhebliche Kosten entstehen. Für eine Kälteerzeugungsanlage unter Tage bestehen mehr Möglichkeiten, einen günstigen Standort zu finden, oft ist es jedoch schwierig, die Kondensationswärme unter Tage an den Wetterstrom abzugeben.

Die Überwachung und Wartung ist bei einer Kältemaschinenanlage über Tage besonders einfach und mit geringem Kostenaufwand zu gestalten. Außerdem entfallen verschiedene Sicherheitsbestimmungen, die unter Tage zu beachten wären. Insgesamt sollte man diese Vorzüge jedoch auch nicht überbewerten, jedenfalls nicht im Vergleich zu einer Anlage, die unter Tage in Schachtnähe steht und unmittelbar mit Frischwettern versorgt werden kann.

Nach dem derzeitigen Stand (Januar 1981) befinden sich zentrale Wetterkühlanlagen mit einer Gesamtkälteleistung von 5 bis 6 MW auf folgenden Bergwerken in Betrieb, auf Schlägel & Eisen, Monopol, Gneisenau (Baufeld Victoria Lünen) und Radbod. Eine weitere auf Prosper-Haniel steht kurz vor der Inbetriebnahme. Bei einer größeren Zahl von Bergwerken befinden sich zentrale Wetterkühlanlagen im Bau oder in der Planung. Da kürzlich auf einer Informationstagung in Luxemburg über „Grubenklimatisierung mit Zentralkälteanlagen" berichtet wurde (116) und auch ein Forschungsbericht über dieses Thema vorliegt (113), sowie auch aus Platzgründen, wird hier darauf verzichtet, näher auf die interessante Vielfalt der Wetterkühlanlagen im deutschen Bergbau einzugehen. Es sollen nur einige charakteristische Merkmale der Anlagen kurz genannt werden.

Die Schachtanlage Schlägel & Eisen besitzt nach der Erweiterung der ersten zentralen Kälteanlage im deutschen Bergbau mit einer Leistung von mehr als 1 MW (100, 105, 113, 116, 140) von 2,6 auf 5,4 MW eine Kälteerzeugungsanlage (mit 2 Turbo- und 2 Schraubenverdichtern), die sich vollständig über Tage befindet. Eine Besonderheit ist die Tiefkühlung des Primär-Kälteträgerkreislaufes im Schacht auf −5 °C am Verdampferaustritt, so daß man hier ein Wasser-Glykol-gemisch als Kälteträger benötigt. Zweck dieser tiefen Vorlauftemperaturen ist eine ausreichend große „Temperaturspreizung", eine Temperaturdifferenz zwischen Vor- und Rücklauf, um trotz der vorliegenden, recht kleinen Rohrdurchmesser von 0,15 und 0,2 m im Schacht die Kälteleistung von 5,4 MW auf den Schachtkreislauf übertragen zu können. Die tiefen Vorlauftemperaturen machen eine besondere Schaltung der Hochdruckwärmetauscher notwendig, um ein sonst mögliches Einfrieren zu verhindern (113).

Die zentralen Kälteerzeugungsanlagen auf Monopol und Victoria Lünen sind sich sehr ähnlich. Der Hauptteil der Kälte wird mit Hilfe von drei Kältemaschinen (mit Schraubenverdichtern) über Tage erzeugt, eine vierte Maschine steht jedoch unter Tage und ist kondensatorseitig über einen Hochdruckverflüssiger an den Primärkälteträgerkreislauf im Schacht angeschlossen. Diese zusätzliche Kältemaschine unter Tage hat den Vorteil, daß die Temperaturspreizung im Primärkreislauf vergrößert wird und daß man das Kaltwasser im untertägigen Sekundärkreislauf (Niederdruck), das in Hochdruckwärmetauschern von 25 auf 10 °C vorgekühlt wird, im Verdampfer der Kaltmaschine noch weiter, auf rd. 5 °C herunterkühlen kann. Diese Nachkühlung macht es unnötig, im Primärkreislauf mit extrem niedrigen Temperaturen zu fahren und statt Wasser „Sole" bzw. ein Wasser-Glykol-Gemisch wählen zu müssen. Man muß sich jedoch stets darüber im klaren sein, daß die Gesamtkühlleistung, die auf das Sekundärsystem übertragen wird und für die Wetterkühlung zur Verfügung steht, nicht um die Kälteleistung $\dot{Q}_o$ der untertägigen Maschinen erhöht, sondern zunächst sogar um das Äquivalent der Motorwärme P verringert wird, weil die Kondensatorwärme $\dot{Q}_o + P$ an den Primärkreislauf abgegeben wird.

Allerdings wird dieser grundsätzliche Nachteil der „kombinierten Kälteerzeugung über und unter Tage" dadurch weitgehend wieder aufgehoben, daß die Rücklauftemperatur im Primärkreislauf so erhöht wird, daß man dieses warme Wasser von rd. 30 °C in einem Verdunstungskühler über Tage mit geringem Kostenaufwand vorkühlen kann, bevor es den Verdampfern der übertägigen Kältemaschinen zugeführt wird.

Die kombinierte Kälteerzeugung über und unter Tage hat also Vor- und Nachteile gegenüber der Kälteerzeugung über Tage. Welches Verfahren kostengünstiger ist, wird von den jeweiligen Gegebenheiten auf dem Bergwerk abhängen. Wenn ausreichend große, gut isolierte Kaltwasserrohrleitungen im Schacht vorhanden sind, dürfte die Kälteerzeugung über Tage am wirtschaftlichsten sein, zumal wenn man neuartige Techniken der Wetterkühlung und der Nutzung der Druckenergie im Vorlauf des Primärkreislaufes anwendet. Solche neuartigen

133

Techniken könnten die Vorkühlung eines Teilwetterstromes über Tage (107) und die Rückgewinnung von Energie mit dem „Hydrotransformator" sein. Beide Verfahren sind jedoch im deutschen Bergbau noch nicht erprobt.

Auf der Schachtanlage Radbod wurde 1980 eine zentrale Kälteerzeugungsanlage unter Tage mit einer Nennleistung von rd. 5,5 NW in Betrieb genommen. Eine solche Lösung mit Übertragung der Kondensatorwärme von rd. 7 MW an den Wetterstrom unter Tage hat man unter den Bedingungen im deutschen Bergbau bisher nicht für möglich gehalten (100). Die günstige Situation auf Radbod, daß man einen ausreichend großen Kurzschlußstrom frischer Wetter zwischen Ein- und Ausziehschacht, in unmittelbarer Nähe zur Kälteerzeugungsanlage, zur Verfügung hatte, ermöglichte dieses Verfahren.

Der Hauptvorteil dieser untertägigen Kälteerzeugung und Rückkühlung dürfte der Wegfall der teuren Hochdruckwasserleitungen im Schacht und der Hochdruckwärmetauscher sein, womit sich sehr niedrige Kosten für diese Wetterkühlanlage ergeben dürften.

Zusammenfassend erkennt man, daß es eine Vielzahl von Möglichkeiten gibt, den Standort von Kälteerzeugungsanlage und Rückkühlwerken oder Kühltürmen zu wählen. Selbst bei der Wetterkühlung bleibt noch die Wahl zwischen einer mehr zentralen Kühlung in Schachtnähe bzw. am Eintritt in eine Bauabteilung (Beispiel Monopol) und einer rein dezentralen Kühlung, eventuell sogar im Streb selbst.

9.5 Wirkung der Wetterkühlung

Welche Wirkung die Wetterkühlung haben kann, soll anhand einiger Bilder aus dem Schrifttum (83) verdeutlicht werden. Das Bild 63 zeigt den Einfluß der Kühlleistung auf die Effektivtemperaturen im Abbau. Die Darstellung gilt für einen Abbau mit für das Ruhrrevier durchschnittlichen Daten, aber mit einer um 10 K über dem Durchschnitt liegenden Gebirgstemperatur $t_{gu} = 50\,°C$. Ohne Kühlung werden in der ausziehenden Abbaustrecke Effektivtemperaturen knapp über 32 °C erreicht. Mit einer relativ kleinen Kühlleistung von 370 kW, davon 230 kW (= 10 Strebkühler) im Streb, kann man Klimawerte von $t_{eff} > 30\,°C$ vermeiden. Will man das Klima entscheidend verbessern, so muß man ungefähr 1 MW Kühlleistung aufbringen, so werden bei 1,16 MW, davon 0,7 MW vor dem Streb und rd. 470 kW im Streb (= 20 Strebkühler) in Einziehstrecke und Streb 24 °C, in der Ausziehstrecke 26,5 °C Effektivtemperatur nicht überschritten. Die höchsten Trockentemperaturen betragen jedoch immer noch rd. 31 °C im Strebbereich und 33 °C am Ende der Ausziehstrecke.

Das Bild 22 enthält die entsprechenden Effektivtemperaturen für eine extrem hohe, aber vereinzelt schon erreichte Gebirgstemperatur von 60 °C. Wie man sieht, ist jetzt eine Kühlleistung von 1160 kW nicht mehr so reichlich bemessen, daß beinahe komfortable Klimawerte um $t_{eff} = 25\,°C$ erreicht werden, sondern sie ist gerade ausreichend, um im Strebbereich unter $t_{eff} = 29\,°C$ und in der Ausziehstrecke unter 32 °C zu bleiben.

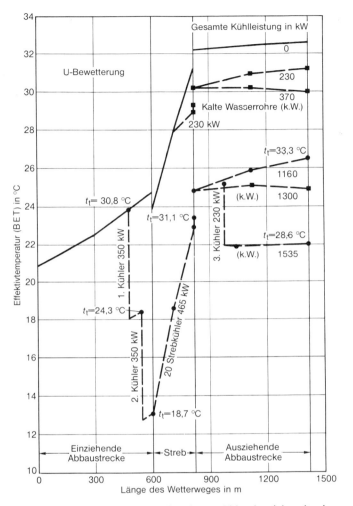

Bild 63. Errechnete Effektivtemperaturen in einem Abbaubetrieb mit einer ursprünglichen Gebirgstemperatur $t_{gu} = 50$ °C mit und ohne Wetterkühlung.

Wenn man die Fördermenge bei $t_{gu} = 60$ °C nun noch auf 2700 t v.F./d verdoppelt (Bild 64), so ist es bei einem Streb mit durchschnittlicher Flözmächtigkeit und Streblänge praktisch nicht mehr möglich, unter der Grenze $t_{eff} = 32$ °C zu bleiben, weil man insbesondere im Streb eine ausreichende Kühlleistung gar nicht unterbringen kann (83).

Diese Aussagen gelten für einen Abbau mit U-Bewetterung. Mit Y-Bewetterung kann man die Klimaverhältnisse in der ausziehenden Abbaustrecke wesentlich verbessern, aber nicht die im Streb. — Eine erhebliche Klimaverbesserung auch im Streb kann dann nur noch die W-Bewetterung bringen, weil man praktisch

135

die Streblänge halbiert (86). Bei der Kombination von W-Bewetterung und Wetterkühlung mit rd. 1 MW Kühlleistung ist es möglich, in einem Streb mit 60 °C Gebirgstemperatur und 2700 t v.F./d und sonst durchschnittlichen Daten das Klima gerade noch zu beherrschen (vgl. Bild 21).

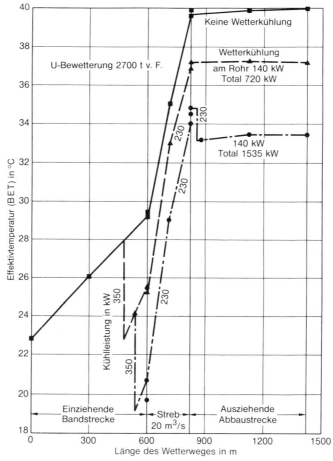

Bild 64. Effektivtemperaturen in einem Abbaubetrieb mit extrem hoher Gebirgstemperatur (60 °C) und sehr hoher Fördermenge.

9.6 Versuch einer Zusammenfassung und Wertung von Maßnahmen zur Klimatisierung

Die Gebirgstemperatur hat einen überragenden Einfluß auf das Grubenklima, wenn man bedenkt, daß es im Bergbau weltweit eine gewaltige Spanne in den Gebirgstemperaturen gibt. In Sibirien, Spitzbergen oder Kanada kommen Gebirgstemperaturen um −10 °C vor. Hier gibt es Problemstellungen wie die, daß

Einziehwetter mit −40 °C auf erträgliche Werte aufgeheizt werden müssen, daß aber das gefrorene Gebirge nicht auftauen darf. In Japan hat man bei Tunnel-auffahrungen Gebirgstemperaturen um 90 °C gemessen und konnte nur durch das Versprühen von großen Mengen kalten Gletscherwassers die Klimawerte so-weit herunterdrücken, daß die Mannschaft wenigstens einige Stunden arbeiten konnte.

Den zwischen diesen Extremen liegenden Bereich von etwa 20 bis 60 °C kann man in 3 Zonen einteilen:

1. Bei Gebirgstemperaturen von 20 bis etwa 30 °C treten keine klimatischen Pro-bleme auf. Bei 30 °C und großen Fördermengen können immerhin Trockentem-peraturen um 30 °C auftreten, die also über der Arbeitszeitgrenze von 28 °C lie-gen, bei der die Schichtzeit von 8 auf 7 h herabgesetzt wird. Außerdem kann eine hohe Luftfeuchtigkeit unangenehm, aber nicht gefährlich sein. — Um die er-wähnte Schichtzeitverkürzung zu vermeiden, wird auch in diesem Bereich manchmal Wetterkühlung durchgeführt.

2. Im Bereich von 30 bis 40 °C kann man im allgemeinen ohne Wetterkühlung auskommen, wenn man die Wettermengen möglichst groß wählt und die Vor-teile der Y-Bewetterung nutzt. Die Gleichstromführung der Wetter und der För-derkohle sollte ebenfalls in Betracht gezogen werden, wenn man in der Nähe von 40 °C liegt und große Fördermengen angestrebt werden. Mit diesen wetter-technischen Maßnahmen kann man, abgesehen von sehr dünnen Flözen bei gro-ßen Fördermengen, stets unter der oberen Grenze von 32 °C Effektivtemperatur bleiben, und oft auch unter der zweiten Klimagrenze von 29 °C Effektivtempera-tur. Wettertemperaturen unter dem Grenzwert $t_l = 28$ °C sind dagegen, insbeson-dere im Sommer und bei größeren Fördermengen, nur mit Hilfe der Wetterküh-lung zu erreichen.

3. Im Bereich von 40 bis 60 °C, Werte, die in Teufen von 800 bis 1400 m vor-kommen, besteht im allgemeinen die Notwendigkeit der Wetterkühlung. Bei mittleren Strebwettermengen und Fördermengen wird man zwischen 40 und 45 °C mit kleinen Kühlleistungen auskommen, um 29 °C Effektivtemperatur zu unterschreiten oder mit sehr großen Kühlleistungen noch die Wetter im größten Teil des Abbaus auf 28 °C Trockentemperatur kühlen. Zwischen 45 und 50 °C Gebirgstemperatur wird man $t_{eff} = 29$ °C mit einer mittleren Kühlleistung von 400 bis 600 kW unterschreiten. Bei Gebirgstemperaturen über 50 °C muß man mit großen Kühlleistungen um 1 MW arbeiten, um bei 50 bis 55 °C noch unter $t_{eff} = 29$ °C und bei 55 bis 60 °C wenigstens unter $t_{eff} = 32$ °C zu bleiben. Alle diese Aussagen gelten für Strebbau, U-Bewetterung und Mittelwerte der Flöz-mächtigkeit, Wettermenge und Fördermenge.

Die realen Verhältnisse variieren jedoch in weiten Grenzen, und es ist notwen-dig, für jeden Planungsfall Klimavorausberechnungen durchzuführen, um die erforderlichen wettertechnischen und klimatechnischen Maßnahmen bestimmen zu können.

Im Bereich hoher Gebirgstemperaturen kommt man bei geringer Flözmächtig-keit rasch an die Grenzen der Klimabeherrschung, wenn man überdurchschnitt-liche Fördermengen anstrebt (54). Bei Flözmächtigkeiten um 1 m hat man eine sehr kleine Strebwettermenge von maximal 600 m³/min, auf die man in der einziehenden Abbaustrecke höchstens 400 kW Kühlleistung übertragen kann. Strebkühlung kommt praktisch nicht oder doch nur mit einer sehr kleinen Kühlleistung von max. 100 kW infrage. Selbst für den Fall einer sehr starken Wetterauffrischung am Strebausgang (also Y-Bewetterung) wird man bei $t_{gu} = 50\,°C$ nur eine Fördermenge von 1000 t v.F./d, bei $t_{gu} = 60\,°C$ gar nur 500 t v.F./d erreichen können, da man sonst über $t_{eff} = 32\,°C$ kommt.

Das andere Extrem ist ein mächtiges Flöz von 3 m Mächtigkeit, bei dem man eine Wettermenge von 2200 m³/min im Streb verwirklichen kann. Hier könnte man noch 1000 t v.F./d ohne Wetterkühlung erreichen und würde bei $t_{gu} = 50\,°C$ bei $t_{eff} < 29\,°C$ und bei $t_{gu} = 60\,°C$ bei $t_{eff} < 32\,°C$ bleiben.

Man könnte aber auch eine sehr große Kühlleistung von rd. 1,5 MW an den einziehenden Wetterstrom übertragen und dann noch bei $t_{gu} = 55\,°C$ Gebirgstemperatur rd. 3000 t v.F./d erreichen.

Anschließend soll eine gewisse Rangordnung der Maßnahmen zur Klimaverbesserung bei hohen Gebirgstemperaturen unter Berücksichtigung der in den letzten Jahren raschen Änderung der Einstellung der Bergwerke zur Kimatisierung versucht werden.

Die erste Maßnahme sollte eine Erhöhung der Wettermenge im Abbau, insbesondere der Strebwettermenge, sein, die nächste Maßnahme eine sinnvolle Wetterkühlung, wenn die maximale Strebwettermenge nicht erreicht werden kann oder nicht ausreicht. Bei geringer Flözmächtigkeit und entsprechend kleiner möglicher Strebwettermenge sollte eine Y-Bewetterung mit Wetterauffrischung am Strebende angestrebt werden. Die benötigte Kühlleistung ist hier auf etwa 1 MW je Abbau begrenzt; das Problem ist die richtige Wahl von Leistung und Standort der Wetterkühler, um den gesamten Wetterstrom in der Einziehstrecke nahe dem Streb möglichst tief zu kühlen. Eine wirksame Kühlung im Streb ist schwer durchzuführen. Bei großer Flözmächtigkeit kann man, betrachtet man nur die maximale Wettergeschwindigkeit als begrenzenden Faktor, sehr große Wettermengen durch den Streb schicken. Hier könnte diese Wettermenge aber unrealistisch groß werden, weil der Zuschnitt des Bergwerkes nur eine begrenzte Gesamtwettermenge erlaubt.

Wenn die gesamte oder nahezu die gesamte Wettermenge, die für einen Abbau zur Verfügung steht, durch den Streb geschickt werden kann, so sollte man keine Y-Bewetterung oder gar H-Bewetterung durchführen, sondern bei U- oder Z-Bewetterung die Strebwettermenge so groß wie möglich wählen. Bei sehr großen Strebwettermengen kann man die Einziehwetter schon weit vor dem Streb, zumindest am Anfang der einziehenden Abbaustrecke kühlen, weil sich eine große Wettermenge nicht so rasch wiedererwärmt. Hier kann eine Kühlleistung bis zu 2 MW verwirklicht werden. Wird bei einer großen Flözmächtigkeit die aufgrund der maximalen Wettergeschwindigkeit mögliche Wettermenge im Streb bei weitem nicht erreicht, so kann Kühlung der Wetter mit Strebkühlern die wirksamste und auch eine notwendige Lösung sein.

Bei sehr hohen Gebirgstemperaturen wird eine Kombination von möglichst großer Streb- oder Abbauwettermenge und einer starken Wetterkühlung stets notwendig sein, zumindest bei einer überdurchschnittlichen Fördermenge je Abbau. — Ein wetterdichter Streckenbegleitdamm sollte, wenn möglich, immer angestrebt werden.

Reicht diese Kombination noch nicht aus, um den erwünschten Klimazustand zu erreichen, so sind zwei weitere sehr wirksame, aber auch kostspielige Maßnahmen die Verwendung von Blasversatz bzw. einem anderen geeigneten Vollversatz oder/und die Bewetterung mit Hilfe einer dritten Abbaustrecke, wie bei der W-Bewetterung. Die Notwendigkeit dieser Maßnahmen aus klimatischen Gesichtspunkten wird sich bis zu Gebirgstemperaturen um 55 °C nur bei großen Fördermengen und bei relativ geringen Wettermengen, also insbesondere bei geringen bis mittleren Flözmächtigkeiten ergeben. Sehr bedeutend kann der Wärmezustrom aus sonderbewetterten Strecken sein; wenn möglich, sollte diese Wärmequelle aus dem Einziehstrom der Wetter zum Abbau ferngehalten werden.

Weitere Maßnahmen, wie die abfallende Bewetterung bzw. die Gleichstromführung von Wettern und Förderkohle bringen nennenswerte Klimaverbesserungen insbesondere in den einziehenden Abbaustrecken; bei hohen Gebirgstemperaturen, wo zumeist Wetterkühlung unvermeidlich ist, bedeutet dies jedoch „nur" eine Verringerung der Kühlleistung in den einziehenden Abbaustrecken um ungefähr 200 bis 300 kW.

Es gibt schließlich noch eine Vielzahl von Maßnahmen, die sich aber nur unter besonderen Verhältnissen anwenden lassen, die im allgemeinen keine sehr große Wirkung haben oder die sehr teuer sind. Zur ersten Gruppe gehören das Abpumpen von heißen Wasserzuflüssen in Rohrleitungen, die Isolierung von warmen Rohrleitungen, zur zweiten Gruppe die Isolierung der Wetterwege, die Abführung von Motorwärme über Kühlwasser und zur dritten Gruppe die massive Verwendung von Druckluft anstelle von Elektro- oder Dieselenergie oder eine Vorauskühlung des Gebirges durch besondere Kühlsysteme.

Zusammenfassend kann man feststellen, daß man mit Hilfe maximaler Strebwettermengen, intensiver Wetterkühlung im Abbau und erforderlichenfalls teurer zusätzlicher Maßnahmen, wie Blasversatz oder W-Bewetterung das Grubenklima in den Steinkohlenbergwerken bis zu Gebirgstemperaturen von 60 °C beherrschen kann, wenn die Fördermenge bei geringer Flözmächtigkeit ungefähr 1500 t v.F./d und bei großer Flözmächtigkeit ungefähr 3000 t v.F./d nicht überschreitet. Die erwähnte intensive Wetterkühlung bedeutet Kühlleistungen um 10 MW für ein Bergwerk, wie sie im allgemeinen nur mit zentralen Kälteerzeugungsanlagen über oder über und unter Tage verwirklicht werden können.

Damit ist aber auch gesagt, daß die heute schon in einigen nicht besonders tiefen Abbauen im Monatsdurchschnitt erreichten Fördermengen von 4000 t v.F./d und mehr in sehr großen Teufen und bei entsprechend hohen Gebirgstemperaturen nicht erreicht werden können.

9.7 Andere Möglichkeiten der Wetterkühlung

Bisher wurde fast ausschließlich über die Wetterkühlung mit Hilfe von Wetterkühlern, also Wärmetauschern Wetter-Kaltwasser mit einem geschlossenen Wasserkreislauf gesprochen, wie sie auch in den meisten Fällen im Bergbau verwendet werden. Ein wichtiger Vorteil des geschlossenen Wasserkreislaufes besteht darin, daß das Wasser nicht von außen her verschmutzt wird, wie dies bei einem offenen Kreis unvermeidlich ist, wenn die Wetter staubhaltig sind. Allerdings darf man nicht übersehen, daß im vorrückenden Streb oder Streckenvortrieb die Kühler von Zeit zu Zeit ihren Standort wechseln müssen; dabei wird die Kaltwasserringleitung notwendigerweise geöffnet und es können Schmutz und Fremdkörper in den Kälteträger gelangen, so daß der obengenannte Vorteil des geschlossenen Kreislaufes, jedenfalls bei beweglichen Wetterkühlern, auch nicht überwertet werden sollte.

Zumindest im südafrikanischen Goldbergbau (107) werden Wetter auch in Sprühkammern gekühlt. Diese zum Teil sehr großen Kammern können über und unter Tage verwendet werden. In ihnen wird das Kaltwasser versprüht. Das Bild 65 zeigt eine Prinzipskizze einer untertägigen Sprühkammer und das Bild 66 ein typisches Sprühbild der Düse.

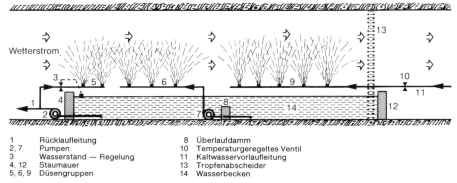

1	Rücklaufleitung	8	Überlaufdamm
2, 7	Pumpen	10	Temperaturgeregeltes Ventil
3	Wasserstand — Regelung	11	Kaltwasservorlaufleitung
4, 12	Staumauer	13	Tropfenabscheider
5, 6, 9	Düsengruppen	14	Wasserbecken

Bild 65. Prinzip einer 2½stufigen Sprühkammer zur Luftkühlung nach S. J. Bluhm und A. Whillier (107).

Bezüglich der Besonderheiten solcher Sprühkammern, wie der zweckmäßigen Anordnung der Düsen, der Regelung der Wasserzirkulation und der Abhängigkeit der Kühlleistung von der Zahl der Stufen der Versprühung wird auf die ausgezeichnete Arbeit von S. J. Bluhm und A. Whillier (107) verwiesen.

Da die Temperatur des versprühten Kaltwassers mit zumeist 5 bis 10 °C weit unter der Taupunkttemperatur der zu kühlenden Wetter liegt, wird die absolute Luftfeuchtigkeit der Wetter (der Wasserdampfgehalt) nicht etwa vergrößert, sondern erheblich gesenkt, ähnlich wie im konventionellen Wetterkühler. Am Austritt aus der Sprühkammer sind die Wetter zwar mit $\varphi \approx 100\%$ nahezu gesättigt, aber auf dem nachfolgenden Wetterweg erwärmen sie sich überwiegend trocken und die relative Luftfeuchtigkeit fällt.

Der Vorteil der Sprühkammern gegenüber den üblichen Wetterkühlsystemen besteht in der Möglichkeit, sehr große Kammern mit einer sehr großen Kühlleistung mit einem verhältnismäßig geringen Kostenaufwand zu bauen; vor allem wenn ein geeigneter Raum bereits vorhanden ist, sind die Kosten gering.

Aus diesen Überlegungen heraus wird auch in Deutschland ein Steinkohlenbergwerk im Rahmen eines Forschungsvorhabens Sprühkammern zur Wetterkühlung bauen und erproben.

Ein anderes, ebenfalls in Südafrika weit verbreitetes Verfahren zur Wetterkühlung ist die Betriebswasserkühlung. Da im südafrikanischen Goldbergbau sehr
große Wassermengen von gleicher Größenordnung wie die Rohfördermenge
zum Zwecke der Staubbekämpfung insbesondere beim Bohren verbraucht werden, kann man dem Betriebswasser auch sehr große Kälteleistungen bis rd.
10 MW je Bergwerk aufladen. Das kalte Wasser übt natürlich eine Kühlwirkung
auf die Umgebung aus, schon aufgrund der Wärmeübertragung an den Rohren.
Es werden aber nicht nur die Wetter, sondern zu einem erheblichen Teil das Ne-
bengestein und das Fördergut gekühlt. Deshalb ist der Wirkungsgrad der Kühlung mit „service-water" sicher geringer als der einer direkten Wetterkühlung.
Andererseits wird die Kühlwirkung insbesondere im Abbau oder im Streckenvortrieb, also direkt an den Arbeitsplätzen frei; das bedeutet einen besseren
Standortwirkungsgrad wie der von Wetterkühlern, die oft weit vom Arbeitsplatz
entfernt sind (abgesehen von Strebkühlern und Wetterkühlern in der Nähe der
Ortsbrust von Aus- und Vorrichtungsbetrieben).

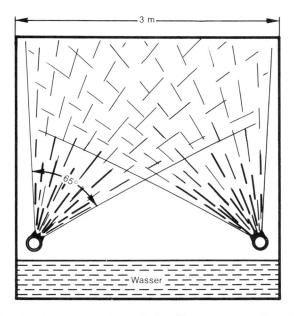

Bild 66. Typisches Sprühmuster von Düsen in Sprühkammern unter Tage (107).

Trotz der im westeuropäischen Steinkohlenbergbau ungünstigen Voraussetzungen für die Betriebswasserkühlung — die kleinen Wassermengen begrenzen die
Kühlleistung im Streb stark — werden auch hier schon einzelne Versuche mit
dieser Art der Wetterkühlung, zumeist ergänzend zu der konventionellen Art,
durchgeführt, sowohl in Großbritannien (56) als auch in der Bundesrepublik
Deutschland.

9.8 Kosten der Wetterkühlung

Es sei hier einerseits auf das Schrifttum verwiesen (111), andererseits auf die Grundlagen für die Berechnung der Kosten von Wetterkühlmaschinen, die als Anhang 6 angefügt sind.

Bei den Anlagekosten (vgl. die Tabellen 1 und 2 im Anhang 6) zeigt es sich, daß die zentrale Wetterkühlung mit rd. 1750 DM/kW annähernd doppelt so teuer ist wie die dezentrale mit rd. 900 DM/kW. Hauptgrund für die Mehrkosten sind lange Rohrleitungen, bei der Kälteerzeugung über Tage außerdem Hochdruckrohre im Schacht und Hochdruckwärmetauscher sowie ein Maschinenhaus.

Die spezifischen Anlagekosten für die Wetterkühleinrichtungen gliedern sich in folgende Hauptposten: rd. 200 DM/kW für die Kälteerzeugungsanlage (Wasserkühlmaschine), 130 DM/kW für Streckenkühler bzw. rd. 300 DM/kW für Strebkühler und rd. 100 DM/kW für Kühlwasserrückkühler.

Wichtiger als die Anlagekosten sind die Betriebskosten, die bei zentraler Kälteerzeugung mit rd. 2200 DM/d MW nur zwei Drittel der spezifischen Betriebskosten bei dezentraler Kälteerzeugung betragen.

Annähernd die Hälfte der Betriebskosten entfällt auf elektrische Energie, vor allem für den Antrieb der Kältemittelverdichter, aber auch für Pumpen und Ventilatoren.

Je nach den Verhältnissen können die Betriebskosten außerordentlich stark schwanken, so daß die ebengenannten Zahlen nur grobe Richtwerte sind. Bei einem ausgedehnten Kaltwasserrohrleitungsnetz, zumal bei Verwendung von isolierten Rohren, bei geringer Lebensdauer der Rohre im Abbaubereich und bei sehr großen und langen Hochdruckrohrleitungen im Schacht können erheblich höhere Kosten auftreten. Bei sehr günstigen Kühlwassertemperaturen oder einer starken Vorkühlung des Kälteträgers in Kühltürmen über Tage können über einen entsprechend geringen spezifischen Energieverbrauch auch wesentlich niedrigere Betriebskosten vorliegen. Einige Beispiele für die Kostenberechnung werden im Schrifttum mitgeteilt (111).

Naturgemäß hängen die erforderliche Kühlleistung und damit auch die Kosten der Wetterkühlung insbesondere von der Gebirgstemperatur und von dem Ziel der Klimatisierung ab. Diese beiden Faktoren muß man berücksichtigen, wenn man die oft gestellte, generelle Frage nach den Kosten der Wetterkühlung im deutschen Steinkohlenbergbau so beantworten will, daß keine irreführenden Verallgemeinerungen entstehen.

Will man Klimawerte von $t_{eff} > 32\,°C$ oder auch $> 29\,°C$ vermeiden, so beginnt erst bei Gebirgstemperaturen über $40\,°C$ die Notwendigkeit der Wetterkühlung, die Kosten sind also Null oder doch geringfügig. — Bewetterungssystem im Abbau und Fördermenge je Abbau haben übrigens einen großen Einfluß auf die konkreten Daten. — Mit der Gebirgstemperatur t_{gu} steigen die Betriebskosten, in erster Näherung linear, auf 3000 bis 7000 DM/d bei $t_{gu} = 60\,°C$. Das bedeutet bei 1500 t v.F./d Kosten von 2,00 bis 4,70 DM/t v.F.

Will man Trockentemperaturen von $t_t > 28\,°C$ im gesamten Abbaubereich verhindern, so beginnt die Notwendigkeit der Wetterkühlung schon bei Gebirgstemperaturen um und unter 30 °C, zumindest bei größeren Fördermengen. Bei Gebirgstemperaturen über 40 °C ist es oft schon unmöglich, dieses Ziel der Wetterkühlung zu verwirklichen, zumindest bei hohen Fördermengen und mittlerer oder geringer Flözmächtigkeit und U- oder Z-Bewetterung. Da es sehr schwierig ist, die Trockentemperaturen genau genug zu berechnen (starker Einfluß der Wasserverdustung) und die Verhältnisse in Abhängigkeit von den genannten Einflüssen außerordentlich stark variieren, soll hier keine Zahl für die Kosten der Wetterkühlung bei $t_l < 28$ °C genannt werden. Sie kann nur im Rahmen einer detaillierten Klimaplanung für den Einzelfall berechnet oder für Abbaue mit Wetterkühlung bei Erfassung aller Kosten, etwa für Wartung, Reparaturen, Strom- und Wasserverbrauch, real angegeben werden.

Der Versuch, Betriebskosten für die Wetterkühlung als Funktion der Gebirgstemperatur für Abbaue im deutschen Steinkohlenbergbau quantitativ wiederzugeben, wird im Bild 67 gemacht.

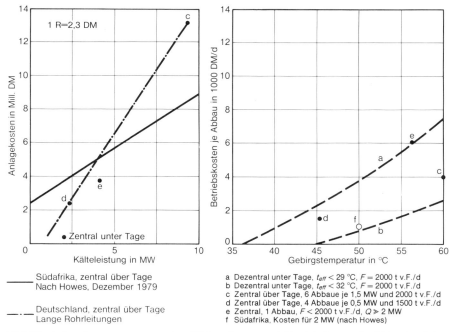

Bild 67. Anlagekosten von zentralen Kälteanlagen und Betriebskosten je Abbaubetriebspunkt.

a Dezentral unter Tage, $t_{eff} < 29$ °C, $F = 2000$ t v.F./d
b Dezentral unter Tage, $t_{eff} < 32$ °C, $F = 2000$ t v.F./d
c Zentral über Tage, 6 Abbaue je 1,5 MW und 2000 t v.F./d
d Zentral über Tage, 4 Abbaue je 0,5 MW und 1500 t v.F./d
e Zentral, 1 Abbau, $F < 2000$ t v.F./d, $Q \gg 2$ MW
f Südafrika, Kosten für 2 MW (nach Howes)

Will man $t_{eff} = 29$ °C nicht überschreiten, so beginnt bei einer Fördermenge von 2000 t v.F./d die Notwendigkeit der Wetterkühlung im Durchschnitt etwa bei 36 bis 37 °C Gebirgstemperatur. Hier sind die Kosten also noch gleich Null. Bei $t_{gu} = 50$ °C muß man mit knapp 4000 DM/d bzw. 2 DM/t v.F. Betriebskosten rechnen. Bei 60 °C Gebirgstemperatur kann ein Betrag um 7500 DM/d bzw. 3,75 DM/t v.F. erwartet werden. Bei 2200 DM/d MW Betriebskosten bedeutet die letzte Zahl auch eine Kälteleistung von 7500 DM/d zu 2200 DM/d MW gleich 3,4 MW, also eine extrem hohe Kälteleistung für einen Abbau, mit der man nicht nur Streb und Abbaustrecken, sondern auch noch ein bis zwei Vorrichtungsbetriebe kühlen kann.

Will man nur gerade unter dem oberen Klimagrenzwert bleiben, so sind die Kosten der Wetterkühler viel geringer. Die Notwendigkeit der Kühlung beginnt erst bei $t_{gu} = 45\,°C$; bei 50 °C hat man knapp 1000 DM/d bzw. 0,5 DM/t v.F. Betriebskosten (Kälteleistung 400 kW), und selbst bei $t_{gu} = 60\,°C$ sind die Werte mit 2400 DM/d bzw. 1,20 DM/t v.F. und 1,1 MW noch nicht besonders groß.

In der linken Bildhälfte von Bild 67 sind einige Angaben über die Anlagekosten zentraler Wetterkühlanlagen zusammengestellt.

10. Individualkühlung, Arbeitsplatzkühlung

10.1 Kühlkleidung

Es gibt in vielen Industriezweigen Strahlungs- und Flammenschutz-Anzüge. Diese speziellen Schutzanzüge sollen hier nicht besprochen werden. Ebensowenig soll auf große, schwere Ganzkörper-Kühlanzüge eingegangen werden, wie sie im Bergbau insbesondere für Grubenrettungsarbeiten etwa über angelegten Sauerstoff-Rettungsgeräten getragen werden; alle diese Anzüge sind für normale Tätigkeit viel zu schwer und hinderlich. Hier sollen nur leichte Kühlkleidungen in Betracht gezogen werden, am besten Kühlwesten, die Arme und Beine frei lassen, aber dennoch eine spürbare Kühlwirkung von etwa 200 W ausüben.

Die Forschungsstelle für Grubenbewetterung und Klimatechnik (FGK) hat sich im Rahmen von Forschungsvorhaben über die Verbesserung des Grubenklimas

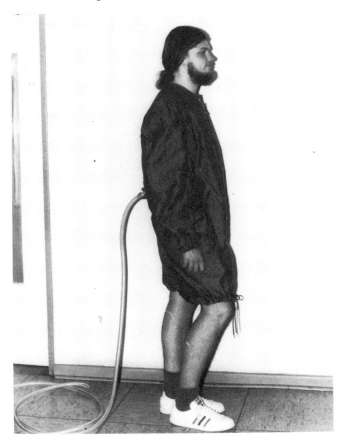

Bild 68. Druckluftanzug.

auch mit der Frage befaßt, ob es irgendwo in der Welt brauchbare Kühlkleidung der obengenannten Art gibt und ob vielleicht eine verbesserte Kühlkleidung entwickelt werden kann.

Grundsätzlich kann man die Kühlkleidung in zwei Gruppen einteilen, in nicht autonome und in autonome Systeme. Autonom heißt, daß die Kleidung nicht von einer äußeren Energiequelle — wie einer Steckdose — oder Kältequelle — wie einer Kältemaschine — abhängt, sondern entweder die Energie- und Kältequelle mit sich führt oder keine Antriebsenergie benötigt.

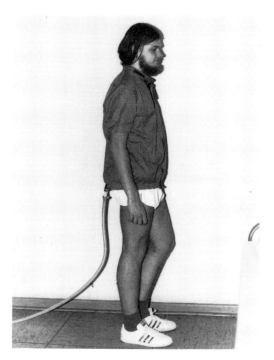

Bild 69. Druckluftjacke.

Zu den nicht autonomen Kühlkleidungen gehören Druckluftanzüge oder -jacken. Bei ihnen ist ein Druckluftanschluß in geringer Entfernung notwendig; der Verbindungsschlauch zwischen diesem Ventil und dem Anzug ist etwas hinderlich und auf die Dauer durch sein Gewicht lästig. Solche Kleidung wurde im Auftrag der FGK 1976 untersucht. Die Untersuchungsergebnisse wurden in aller Kürze 1978 veröffentlicht (103). Die Bilder 68 und 69 zeigen die untersuchte Druckluftkleidung. Die Kühlwirkung der zwar trockenen, aber recht warmen Druckluft war zu gering, als daß dieser Vorteil nach Meinung des Probanden die obenerwähnten Nachteile ausgleichen könnte. Hauptsächlich wegen des prinzipiellen Nachteils nicht autonomer Systeme wurden bisher keine weiteren Untersuchungen an Druckluftanzügen oder -jacken durchgeführt.

Zu den autonomen leichten Kühlkleidungen gehören eine im Zuge des amerikanischen Raumfahrtprogramms entwickelte sogenannte Apollo-Weste (vgl. Bild 72), die ebenfalls, zum Vergleich mit den Druckluftbekleidungen, untersucht wurde (103).

Leider war auch die Kühlwirkung dieser Weste unbefriedigend. Ihr relativ hohes Gewicht von 6,5 kg wurde als lästig empfunden. Der größte Nachteil besteht jedoch darin, daß die Pumpe, die das kalte Wasser im Kreis bewegt, sehr störanfällig war. Außerdem läßt die Kühlwirkung nach etwa 1 bis 1,5 h stark nach, weil das kühlende Wassereis dann geschmolzen ist. Schließlich ist die Energiequelle (Batterie) nicht eigensicher und deshalb für Schlagwettergruben nicht geeignet.

Es besteht somit weiterhin der Wunsch nach einer angenehm zu tragenden, leichten und leistungsfähigen Kühlkleidung mit einer Kühlleistung von etwa 200 W. Kühlkleidung mit diesen Eigenschaften, die noch dazu ein eigensicheres Energieversorgungssystem und eine Operationsdauer von rd. 5 h haben soll, kann aber, wenn überhaupt, nur durch vieljährige, intensive Forschungs- und Entwicklungsarbeit in Zusammenarbeit von Firmen, Instituten und Bergwerken geschaffen werden. In welchem Umfang sich die FGK mit einer solchen Entwicklungsarbeit befassen kann, hängt auch von den Bedürfnissen der Praxis in der Zukunft ab. Zunächst hat sie in umfangreichem Maße das Schrifttum studiert.

Das Literaturstudium zeigt, daß es eine sehr große Zahl von Veröffentlichungen und Berichten aus aller Welt gibt. Hierüber wird im folgenden kurz berichtet.

10.1.1 Kühlung mit Flüssigkeitskreislauf

Allein über wassergekühlte Kleidung gibt es rd. 200 Aufsätze aus den USA, Kanada, Großbritannien und Israel vorwiegend aus der Zeit nach 1967.

Die Mehrzahl dieser Aufsätze beschränkt sich jedoch auf arbeitsphysiologische Untersuchungen an Personen mit und ohne Kühlkleidung, bei denen kein autonomes, tragbares Kühlsystem vorlag, sondern das Wasser von externen, konventionellen Kälteanlagen und Pumpen gekühlt und durch die Wasserschläuche im Kühlanzug geschickt wurde. Das Interesse konzentriert sich bei diesen Messungen oft auf den Einfluß der Wasserverteilung, -menge und -temperatur auf Kühlleistung, Hauttemperatur, Rektaltemperatur und Pulsfrequenz.

Eine der wenigen Arbeiten (133), die sich mit der Entwicklung eines tragbaren Kühlsystems befaßt, kommt zu dem Ergebnis, daß ein mit Wassereis gekühlter Kühlmittelkreislauf (Gefrierpunkt $-14\,°C$) weniger technische Probleme aufweist als ein mit Trockeneis (CO_2-Eis) gekühlter Kreislauf. Von beiden Systemen sind jedoch funktionsfähige Kühler von jeweils rund 5 kg Gewicht (inklusive Pumpe, aber ohne Kühlanzug) entwickelt worden. Dagegen erwies sich ein autonomes System mit Gas (bzw. Luft) als Kühlmittel als ungeeignet, vor allem wegen des zu großen Energiebedarfes zum Umwälzen des Kühlmittels.

Trotz der insgesamt positiven Beurteilung der beiden tragbaren, autonomen Kühlsysteme mit flüssigem Kühlmittelkreislauf kommt man zu folgender kritischen Beurteilung:

1. Der Kühler mit Trockeneis hat den großen Vorteil, daß sich sein Gewicht beim Gebrauch verringert, da das Eis sublimiert. Es mußte aber wegen der tiefen Temperaturen eine Kühlflüssigkeit gewählt werden, die eine zu geringe spezifische Wärmekapazität hat (große Umwälzmenge) und deren Flammpunkt sehr niedrig ist.

2. Der Kühler mit Wassereis hat im Vergleich zu der von der FGK untersuchten Apollo-Weste der ILC/USA zwei wichtige Vorteile, nämlich aufladbare Batterien und die Möglichkeit, das Wasser im Wärmetauscher durch Anschluß an eine externe Kältemaschine zu gefrieren. Voraussetzung für diesen letzten Punkt sind ein bis $-14\,°C$ nicht gefrierendes Kühlmittel und ein geschlossener Kühlmittelkreislauf. Der Kühler hat jedoch folgende Nachteile: eine komplizierte Arbeitsweise, Undichtigkeiten im Kühlmittelkreislauf und häufiges Versagen insbesonders des Pumpenmotors.

3. Beide Kühler erreichten zwar in Verbindung mit dem verwendeten Ganzkörper-Kühlanzug eine Kühlleistung von max. 400 W, aber die Kühldauer betrug rd. 40 min bei 400 W und bis 80 min bei 200 W. Diese geringe Kühldauer entspricht beispielsweise der Kältekapazität der Wassereisfüllung von rd. 2,2 kg.

Für das im Bergbau erstrebte Ziel, eine Kühldauer von einer Schicht mit 5 bis 6 h zu erreichen, müßte also die Wasserfüllung 8 bis 10 kg betragen, um eine Kühlleistung von 200 W zu gewährleisten. Ein solches Zusatzgewicht ist dem Bergmann jedoch nicht zuzumuten, so daß eine Reduzierung der Kühldauer oder der Kühlleistung wohl in Kauf genommen werden muß.

Trotz der im Schrifttum (133) schlechteren Beurteilung der Trockeneis-Kühlung wurde dieses Prinzip in jüngerer Zeit weiterverfolgt und von der Drägerwerk AG eine technisch erheblich verbesserte Klimaweste (128) entwickelt. Es wurde ebenfalls ein Silikonöl als Kühlflüssigkeit verwendet, das zwar auch eine recht geringe spezifische Wärmekapazität von 1,5 kJ/kgK, aber einen wesentlich höheren Flammpunkt besitzt. Diese Kühlweste wird im westdeutschen Kalibergbau erprobt, wobei vor allem technische Verbesserungen wie die Steuerung der Membranpumpe, weniger knickempfindliche Kühlschläuche und besserer Tragekomfort erzielt wurden. Aufgrund dieser Tests und von Untersuchungen in einem arbeitsphysiologischen Institut wurde die Kühlkleidung der Drägerwerk AG wesentlich geändert. Sie enthält jetzt zwei Druckbehälter für die Aufnahme von CO_2-Trockeneis. Der neu entwickelte Prototyp ist viel weniger störanfällig, hat aber nunmehr mit 13,7 kg ein sehr hohes Gewicht. Eine wesentliche Gewichtsreduzierung wird angestrebt.

10.1.2 Kühlung mit Eis (ohne Flüssigkeitskreislauf)

Nach dem derzeitigen Stand des Wissens dürften die Wassereis-Kühlwesten aus Südafrika (125, 126) und des Drägerwerkes noch am ehesten den hier gewünschten Anforderungen, nämlich hohe Sicherheit, gute Kühlleistung und geringe Einengung der Bewegungsfreiheit entsprechen. Diese Kühlwesten nutzen die Wärmekapazität von knapp 5 kg Wassereis. Sie haben keinen Kühlmittelkreislauf, so daß auch keine bewegten, störanfälligen Teile, wie Pumpen, vorhanden sind und keine Antriebsenergie notwendig ist. Da diese Einrichtungen entfallen, werden einige kg Gewicht gespart, so daß eine entsprechend größere Menge Wassereis verwendet werden kann, wodurch die Einsatzdauer auf mindestens 2,5 h bei 220 W Kühlleistung vergrößert wird. Es sind jedoch bisher noch keine arbeitsphysiologischen Untersuchungen an weißen Bergleuten oder unter den klimatischen Bedingungen des westeuropäischen Steinkohlenbergbaus vorgenommen worden. Deshalb wurden erste Messungen dieser Art sowie Untersuchungen über den Tragekomfort auf Anregung der FGK 1979/80 in einem deutschen arbeitsphysiologischen Institut durchgeführt. Über die Ergebnisse wird anschließend noch berichtet.

Erst in jüngster Zeit sind einige Veröffentlichungen (124, 132, 123) über CO_2-Eis-Kühlkleidung ohne Kühlmittelkreislauf erschienen. Sehr optimistisch klingt eine kurze Notiz im Schrifttum (123) über eine Kühljacke mit Trockeneisfüllung der Firma Gard-Rite aus Südafrika. Es sublimiert das in vier Taschen untergebrachte CO_2-Eis, und das kalte, gasförmige CO_2 strömt unmittelbar über die Körperoberfläche und kühlt diese. Die Kühlwirkung soll sich über 6 bis 8 h erstrecken. Da 4 kg Trockeneis verwendet werden und die Sublimationswärme von CO_2 rd. 573 kJ/kg beträgt, müßte dann aber die Kühlleistung mit 106 bis 80 W sehr gering sein. Auch diese Trockeneis-Jacke wurde in die von der FGK gewünschten Untersuchungen mit einbezogen.

Während der Abfassung des Berichtes über die Ergebnisse des Literaturstudiums wurde noch der Forschungsbericht 1977 des Bureau of Mines, USA (129) bekannt. Er informiert über eine neuentwickelte Kühlkleidung mit Wassereis in Plastiktaschen (127) und ein neues tragbares Kühlsystem mit Wassereis als Kältequelle und einem flüssigen Kälteträgerkreislauf mit Pumpe (130). Die zuerst genannte Kleidung ist der Wassereis-Weste aus Südafrika im Prinzip recht ähnlich, sie ist etwas leichter bei einem Gewicht mit Eis von rd. 5 kg, hält aber auch nur für max. 2 h vor. Die tragbare Kühlkleidung mit einem Flüssigkeitskreislauf ähnelt der von G. F. Barlow (133) beschriebenen Kühlkleidung mit Wassereis. Sie hat jedoch nur eine Kältekapazität von 88 Wh, entsprechend einer Wassereismenge von 1 kg (Gesamtgewicht 5 kg). Zusammenfassend bringen diese, für Rettungsarbeiten konzipierten Kühlkleidungen keine wesentlichen neuen Erkenntnisse.

10.1.3 Weitere Arten von Kühlkleidung

Es gibt eine große Zahl weiterer Veröffentlichungen über Kühlkleidung. Als Kältemittel werden neben Wassereis und CO_2-Eis auch Kohlenfluorwasserstoffe verwendet und die Verdunstungswärme des Wassers (131, 134) ausgenutzt. Die von A. Hausman und J. M. Petit (134) beschriebene Kühlkleidung (Kappe und Jacke aus doppeltem, mit 15 °C kaltem Wasser durchtränktem Frottiergewebe) ist für Grubenrettungsarbeiten konzipiert und ist für diesen Zweck äußerst wirksam, trotz oder gerade wegen ihrer Einfachheit. Sie entspricht jedoch nicht der gesuchten, für den ständigen Gebrauch bei der Arbeit geeigneten, angenehm tragbaren Kühljacke oder Kühlweste. — Viele Kühlkleidungen sind Ganzkörperbekleidungen (119, 118), zum Teil mit schweren Kühlaggregaten versehen, oft ist es sogar eine reine Strahlenschutz- und Flammenschutzkleidung, die für das hier angestrebte Entwicklungsziel völlig ungeeignet ist.

Abschließend soll noch über die Ergebnisse neuester Untersuchungen an fünf Arten von Kühlwesten berichtet werden, die vom Institut für Arbeitsphysiologie und Rehabilitationsforschung der Universität Marburg vorgenommen wurden. Es handelt sich um folgende Kühlwesten:

a) Trockeneisweste (CO_2-Eis-Weste) aus Südafrika (Bild 70).

b) Kühlweste des Drägerwerkes mit Flüssigkeitskreislauf und CO_2-Eis als Kühl- und Arbeitsmittel (Bild 71).

c) Sogenannte Apollo-Weste mit Flüssigkeitskreislauf und Wassereis als Kühl- mittel der Firma ILC, USA (Bild 73).

d) Wassereisweste aus Südafrika (Bild 72).

e) Wassereisweste der Drägerwerk AG (Bild 74).

Bild 70. Trockeneisweste aus Südafrika.

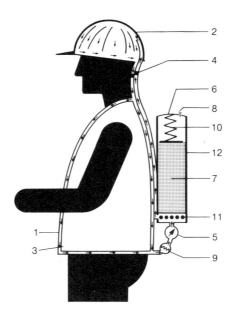

Bild 71. Kühlweste mit CO_2-Eis und Flüssigkeitskreislauf nach A. Pasternack (128).

Bild 72. Wassereisweste aus Südafrika.

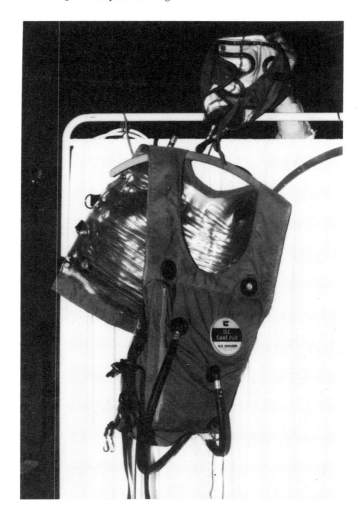

Bild 73. Apollo-Kühlweste.

An drei Versuchspersonen wurde die Kühlwirkung dieser Westen bei Laufband-gehen mit 4 km/h bei 3° Steigung und einem trockenen Raumklima von $t_t = 40\,°C$ und $\varphi = 20\%$ untersucht.

Das Bild 75 zeigt als typisches Beispiel den Anstieg der Kerntemperatur eines Probanden als Funktion der Versuchsdauer für die Westen a) (Kurve 2), b) (Kurve 3), c) (Kurve 4) und e) (Kurve 5) und zum Vergleich auch ohne Kühlklei-dung.

Bild 74. Wassereiswesten der Drägerwerk AG.

Man erkennt, daß alle Kühlwesten eine Verringerung des Anstiegs der Rektaltemperatur bewirken, die Wirkung der Trockeneisweste (Kurve 2) ist jedoch minimal.

Nach etwa 2 h Versuchsdauer ist die Wirkung aller Kühlwesten mit 0,1 bis 0,3 K noch unbedeutend. Dieses Meßergebnis stimmt gut mit der Untersuchung von Professor Wenzel an der Apollo-Weste überein (103).

Offensichtlich wirkt sich das Gewicht der Kühlwesten negativ aus, wodurch der Kühleffekt zunächst kompensiert wird. Bei längerer Versuchsdauer wird jedoch der Kühleffekt, außer bei der Trockeneisweste, immer deutlicher. Nach 4 h beträgt die Bremsung des Anstiegs der Kerntemperatur bei der Drägerwerk-Kühlweste (Kurve 3) 0,3 K, bei der Apolloweste (Kurve 4) 0,4 K und bei der Drägerwerk-Wassereisweste (Kurve 5) 0,7 K. Bei der Wassereisweste wird nach etwa 2 h sogar eine Konstanz der Rektaltemperatur (steady state) erreicht; das gilt auch für die bei dieser Versuchsperson nicht untersuchte Wassereisweste aus Südafrika.

Das Bild 75 gibt unten das subjektive thermische Komfortempfinden der Versuchsperson wieder. Die Wassereisweste schneidet auch hier am besten ab.

Trotz erheblicher Differenzen zwischen den Versuchsergebnissen für verschiedene Personen wird die erhebliche Kühlwirkung der Wassereiswesten und die sehr geringe Kühlwirkung der Trockeneisweste in allen Versuchen bestätigt.

Es muß noch erläuternd mitgeteilt werden, daß die Wassereiswesten und die Apollo-Weste nach jeweils 1 h, die beiden CO_2-Eiswesten (Kurven 2 und 3) nach jeweils 2 h gewechselt wurden, da die Kühlkapazität nur für 1 bis 2 h ausreichte. Eine Kühlkleidung, die ohne Wechsel bzw. Erneuerung der Eisfüllung für mehr

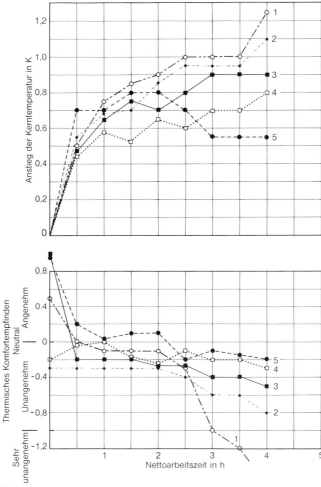

1 Ohne Kühlkleidung
2 CO$_2$-Eisweste Südafrika
3 Drägerwerk-Kühlweste, CO$_2$
4 Apollo-Weste
5 Wasserweste Drägerwerk

Bild 75. Kühlwirkung von vier verschiedenen Kühlwesten bei Laufbandgehen mit 4 km/h bei 3° Steigung und bei $t_t = 40$ °C und $\varphi = 20\%$.

als 2 h oder gar eine Schicht lang wirksam bleibt, gibt es noch nicht. Man könnte natürlich eine Kühlkleidung mit der doppelten oder dreifachen Eisfüllung bauen, aber sie wäre dann zu schwer und zu voluminös. Es erscheint sinnvoller, bei einer längeren Einsatzdauer die Eisweste zu wechseln. Bei einer kurzen Einsatzdauer von weniger als 2 h ist der Wert der Kühlkleidung offenbar gering. Diese beiden Erkenntnisse schwächen das insgesamt positive Untersuchungsergebnis bei der Beurteilung des Wertes der Kühlwesten für den praktischen Einsatz unter Tage stark ab.

10.2 Arbeitsplatzkühlung

Bei einer Tätigkeit, die vorwiegend am gleichen Ort ausgeübt wird, kann man an eine Kühlung des Arbeitsplatzes denken. Besonders günstig ist es, wenn die Energieversorgung für die Arbeitskühlung gewährleistet ist. Dann kann sich auch der Arbeitsplatz mit der Energiequelle und Kühleinrichtung bewegen, wie dies bei Krankabinen mit Kühlung und auch in klimatisierten Autos der Fall ist. Beim Einsatz unter Tage gibt es jedoch zusätzliche Probleme mit der Energieversorgung, beispielsweise wegen der Schlagwettergefahr. Aus diesem Grunde ist es auch nicht verwunderlich, daß eine Fahrzeugkabinenkühlung im deutschen Bergbau zuerst im Kalibergbau vorgenommen wurde. Bezüglich Einzelheiten hierüber wird auf den ausgezeichneten Aufsatz von A. Potthoff (108) verwiesen.

Sicher ist es auch im Steinkohlenbergbau möglich, solche mobilen Arbeitsplätze, zum Beispiel Fahrerstände von Lokomotiven und manche anderen Arbeitsplätze zu klimatisieren, allerdings an schlagwettergefährdeten Betriebspunkten mit einem erheblich größeren Aufwand.

Eine andere Möglichkeit, die negativen Auswirkungen sehr hoher Klimawerte zu verhindern, wäre die Schaffung von Erholungsräumen, wie klimatisierten Zelten für die Zeit der ohnehin anfallenden Pausen. Für Arbeiter, die in wenigen Minuten zu diesen Zelten gelangen können, bieten sie eine Chance, die eventuell schon erhöhte Rektaltemperatur zu senken. Wirksamer wäre in dieser Hinsicht allerdings ein Bad mit richtig temperiertem Wasser. Für Bergleute an anderen Einsatzorten, die erst durch den halben Streb kriechen müssen, um zu solchen Erholungsräumen zu kommen, ist der Aufwand größer als der Nutzen.

Auf jeden Fall sind Individualkühlung (Kühlkleidung) und Arbeitsplatzkühlung bisher noch keine wirksamen Möglichkeiten zu einer erheblichen Verringerung der Klimabelastung für die Mehrzahl der Bergleute im Steinkohlenbergbau mit ihren langen und teilweise engen (Streben) Grubenbauen. Immerhin sind wesentliche Verbesserungen der derzeitigen Einrichtungen denkbar, und man sollte nicht versäumen, auch auf diesem Gebiet Forschungs- und Entwicklungsarbeit zu leisten.

11. Meßgeräte für das Grubenklima

11.1 Handmeßgeräte für Temperatur und Feuchte der Wetter

Das einfachste Gerät zur Temperaturmessung ist das Thermometer. Es gibt Thermometer in vielfältiger Ausführung vom Quecksilber-Thermometer bis zu modernen, digital anzeigenden Widerstandsthermometern. Diese Meßgeräte, die unter Tage nur selten und für besondere Zwecke eingesetzt werden, sind in Handbüchern der Meßtechnik und im Schrifttum ausführlich beschrieben.

Zur genauen Bestimmung der Trockentemperatur der Wetter ist ein normales Thermometer nicht geeignet, denn es fehlt ein Strahlungsschutz. Selbst bei den im Bergbau üblichen geringen Temperaturunterschieden zwischen den Wettern und den das Meßgerät umgebenden Oberflächen tritt schon ein deutlicher Meßfehler durch Strahlung auf.

Einen Strahlungsschutz hat dagegen das Aspirationspsychrometer nach Aßmann. Seine Wirkungsweise, die Handhabung dieses Meßgerätes und die möglichen Fehlerquellen bei der Messung beschreibt P. Weuthen (62) ausführlich, so daß hier die Kenntnis dieses Grundwissens vorausgesetzt werden soll.

Einfache Thermometer, auch Quecksilber-Thermometer, werden unter Tage vor allem für Temperaturmessungen in Wasserleitungen, in Wasserseigen und im Fördergut benutzt.

Das Aspirationspsychrometer nach Aßmann ist immer noch das wichtigste Meßgerät für Temperatur- und Feuchtemessungen in den Grubenwettern. Es gibt verschiedene Ausführungen von verschiedenen Firmen. Für wissenschaftliche Klimauntersuchungen wird fast ausschließlich die große Bauform verwendet, weil die kleinen Geräte zu ungenau sind. Das große Gerät hat eine Skalenteilung von 0,2 zu 0,2 K. Die Meßgenauigkeit liegt bei $\pm 0,2$ K; wenn man alle Fehlerquellen sorgfältig ausscheidet, läßt sich der Fehler sogar fast im Bereich $\pm 0,1$ K halten. Ein Vorteil des großen Gerätes ist, neben der höheren Genauigkeit, die im Verhältnis zu dem mittleren Typ rasche Angleichung an die Umgebungstemperatur. Der Hauptnachteil, insbesondere bei Messungen in geringmächtigen Streben, liegt in seiner Größe, deswegen wird es auch bei Routinemessungen in der Grube weniger gern verwendet.

Ein gewisser Nachteil aller Psychrometer bleibt die verhältnismäßig hohe Anpassungszeit an Temperaturveränderungen von etwa 2 min. Wenn große Temperaturunterschiede zwischen den Meßpunkten bei zwei aufeinanderfolgenden Messungen liegen, dann muß man bis zu 4 min warten, bis die Anzeige konstant ist. Grund dafür ist die große Wärmekapazität des Quecksilbergefäßes. Diesen Nachteil hat das Temperatur- und Feuchtemeßgerät „Hygrophil" der Firma Ultrakust nicht. Meßfühler sind hier zwei Halbleiterwiderstände, von denen einer trocken, der andere mit einem feuchten Strumpf überzogen ist. Die Fühler werden belüftet wie die Thermometer beim Psychrometer, und wegen ihrer kleinen Maße zeigen sie nach wenigen Sekunden den Wert der Trocken- und Feuchttemperatur auf einem elektrischen Anzeigegerät an. So kann man in einer Schicht eine große Zahl von Messungen vornehmen und in den Wetterwegen Temperaturprofile aufnehmen, was sonst aus Zeitmangel oft unterbleibt. Leider ändern die Meßfühler ihre Charakteristik im Laufe der Zeit, so daß im Abstand von einigen Monaten das Gerät überprüft werden sollte. Außerdem besteht für dieses Gerät nur eine Sonderzulassung für die Bergbau-Forschung GmbH.

Es gibt eine Reihe von weiteren Handmeßgeräten, zumeist nur für die Temperatur, auf dem Markt, die aber zum Teil keine Zulassung für den Steinkohlenbergbau haben, zum Teil nicht genau genug oder zu teuer sind. Zusammenfassend kann man sagen, daß die Meßgeräte zur Bestimmung der Temperatur und der relativen Luftfeuchtigkeit der Wetter noch nicht dem modernen Stand der Meßtechnik entsprechen. Es ist allerdings festzustellen, daß die Messung der Luftfeuchtigkeit mit hoher Genauigkeit unter den Erschwernissen des Einsatzes in der Grube, wie Staub, Schlag, Explosionsgefahr, ein sehr schwieriges meßtechnisches und wirtschaftliches Problem ist.

Um wenigstens für wissenschaftliche Messungen ein ausreichend genaues und rasch ansprechendes Handmeßgerät zu besitzen, hat die FGK zwei neuartige Geräte von der Sina AG, Zürich, angeschafft. Es besteht aber auch für sie nur eine auf bestimmte Leute beschränkte Sonderzulassung; außerdem sind die Geräte zu groß für einen routinemäßigen Einsatz durch den Wettersteiger, und ihr Preis liegt weit über 1000 DM/Stück.

11.2 Schreibende Temperatur- und Feuchtemeßgeräte

Neben diesen Handmeßgeräten zur Temperatur- und Feuchtemessung in den Wettern werden auch schreibende Meßgeräte benutzt. Die bekannten Thermohygrografen und Thermopsychrografen (62) sind nicht genau genug, so daß die FGK schon seit Jahren um bessere schreibende Meßgeräte bemüht ist. Zunächst wurde ein Feuchtefühler von der Firma Ultrakust entwickelt, der wie das Hygrophil nach dem psychrometrischen Prinzip und mit Halbleiterwiderständen arbeitet und an einen Kompensationsschreiber angeschlossen wird. Leider traten häufig Störungen, vor allem bei der Wasserversorgung des feuchten Fühlers auf, so daß dann eine zu hohe Feuchttemperatur angezeigt wurde. Deshalb wurde in Zusammenarbeit mit der Sina AG ein batteriegespeister, eigensicherer Temperatur- und Luftfeuchtigkeitsschreiber entwickelt, der die gestellten Anforderungen an sehr schnelle Temperaturangleichung, Meßgenauigkeit und Zuverlässigkeit im rauhen Grubenbetrieb weitgehend erfüllt. Leider kostet ein Schreiber mit dazugehörigem Fühler rd. 12 000 DM. Dieses Schreibgerät wird im Schrifttum (68) ausführlich beschrieben. Es soll deshalb nicht näher darauf eingegangen werden.

11.3 Klimasummenmeßgeräte

Bekannte Klimasummenmeßgeräte sind das Kata-Thermometer (136) und das Comfy-Test-Gerät nach Madsen (21).

Das Kata-Thermometer wurde schon 1916 von Hill et al. bekannt gemacht und wird in angelsächsischen Bergbaugebieten häufig benutzt. Es mißt die „Kühlstärke" der Umgebung infolge von Konvektion, Strahlung und Verdunstung. In

Südafrika wird aber in jüngster Zeit die Hitzebelastung der Bergleute mehr aufgrund von Feuchttemperatur und Wettergeschwindigkeit beurteilt (SCP-Wert), das Kata-Thermometer verliert also an Bedeutung. Im deutschen Bergbau ist es nie von Bedeutung gewesen, weshalb hier auch nicht näher darauf eingegangen werden soll.

Das Comfy-Test-Gerät dient zur Bestimmung der thermischen Behaglichkeit, arbeitet also nicht in dem für den Bergbau wichtigen Bereich weit oberhalb der thermischen Behaglichkeit. Außerdem ist das Gerät nicht für Schlagwettergruben zugelassen.

Im deutschen Bergbau, vor allem im Steinkohlenbergbau, ist die amerikanische Effektivtemperatur t_{eff} der bergbehördlich festgelegte Klimasummenmaßstab. Um ihn zu bestimmen, müssen die Trockentemperatur t_t, die Feuchttemperatur t_f und die Wettergeschwindigkeit w gemessen und dann der Wert t_{eff} aus einem Diagramm (Anlage 2) abgelesen oder nach den in jüngerer Zeit von der Bergbau-Forschung GmbH entwickelten Beziehungen berechnet werden. Eine der weniger genauen ($\pm 0,2$ K), aber noch relativ kurzen Gleichungen sei hier genannt:

$$t_{eff} = 1,2 - w(4,3 - 0,13\,w - 0,082\,t_t) - t_f(0,28 - 0,02\,t_f +$$
$$+ 0,00484\,t_t) + t_t(1,165 - 0,0104\,t_t) \text{ in } °C \dots\dots\dots\dots\dots\dots \text{[66]}$$

Diese Methode ist recht umständlich, obwohl Psychrometer zur Messung von t_t und t_f und Anemometer zur Messung von w bei wettertechnischen Messungen ohnehin benötigt werden. Deshalb bemüht sich die Bergbau-Forschung seit Jahren, einen Prototyp eines Klimasummenmeßgerätes für die Effektivtemperatur zu entwickeln. Diese Arbeit steht kurz vor dem Abschluß. Es ist jedoch noch ein weiter Weg bis zu einem in Serie gefertigten, bergbehördlich zugelassenen Klimasummenmeßgerät, dessen unvermeidlich hoher Preis außerdem einer stärkeren Verbreitung entgegenstehen dürfte.

11.4 Die Bestimmung der Gebirgstemperatur

Neben Wettertemperaturen müssen auch Gesteinstemperaturen gemessen werden. Es interessieren vor allem die Temperatur des unverritzten Gebirges, die man aus Bohrlochtemperaturmessungen erhält, und Oberflächentemperaturen, deren Messung ein sehr schwieriges physikalisches Problem ist, wenn man eine Genauigkeit von $\pm 0,1$ K anstrebt, die beispielsweise bei der Bestimmung von Wärmeübergangszahlen in Wetterwegen notwendig ist.

Bohrlochtemperaturen werden auf den Schachtanlagen oft noch mit Ketten von Maximumthermometern nach der Methode von H. Jahns (63) zur Ermittlung der ursprünglichen Gebirgstemperatur t_{gu} gemessen. Das ist ein sehr zeitraubendes, wenn auch zuverlässiges Verfahren, vorausgesetzt, die Richtlinien werden befolgt. Die FGK war um ein Meßgerät bemüht, das die Bohrlochtemperatur schnell und in jeder gewünschten Bohrlochtiefe anzeigt. Das erste neu entwickelte Gerät dieser Art war das Bohrlochtemperaturmeßgerät der Firma Ultrakust, das auch viele Vorzüge gegenüber anderen Meßgeräten hat. Die Bohrlochsonde besteht aus einem biegsamen Kunststoffrohr, das man auf- und abwickeln und leicht ins Bohrloch einführen kann. Der Meßfühler hat eine geringe Wärmekapazität, so daß sich der Temperaturausgleich im Bohrloch rasch vollzieht und dem Gebirge kaum Wärme entzogen wird. Das Anzeigegerät ist klein und leicht und erlaubt eine für viele Aufgaben ausreichend genaue Messung mit einem Fehler von ±0,2 K. Leider ist das Gerät recht anfällig gegen eine hohe Luftfeuchtigkeit; es läßt sich bei raschen, starken Temperaturänderungen nicht gut eineichen, und außerdem altern die Halbleiterfühler. Dazu kommt, daß die Firma am Bau dieser ersten Geräte ihrer Art und deren Weiterentwicklung wegen des zu geringen Absatzes nicht mehr interesssiert ist. Diese Geräte sind im Handel nicht mehr erhältlich.

Es wurde deshalb als Nächstes ein Bohrlochtemperaturmeßgerät mit Thermoelementen gebaut. Dies hat jedoch eine verhältnismäßig große Wärmekapazität, so daß man bis etwa ¼ h nach dem Einführen warten muß, ehe die Temperatur abgelesen werden kann. Unangenehm ist auch die Notwendigkeit, ein Thermosgefäß für die Vergleichsstelle mitnehmen zu müssen.

Schließlich wurde von der FGK ein Gerät aus Halbleiterfühlern entwickelt, mit Sonden aus leichten, dünnwandigen Kunststoffrohren, die diese Nachteile nicht aufweisen. Die Thermospannung wird mit einem Galvanometer, bei genauen Messungen mit Galvanometer und Kompensator gemessen und daraus die Temperatur errechnet. Dieses Bohrlochtemperaturmeßgerät mit Halbleitern wurde in mehrjährigem Einsatz bis zur Betriebsreife entwickelt und von der Klaas KG in Castrop-Rauxel in einer begrenzten Stückzahl hergestellt.

Die Bestimmung der Oberflächentemperatur in Wetterwegen ist ein besonders schwieriges Problem, auf das aber im Rahmen dieser kurzen Übersicht nicht näher eingegangen zu werden braucht. Im Bergbau verwendet man zur Zeit ein berührungsloses Oberflächentemperaturmeßgerät, das nach dem Prinzip der Ultrarotabsorption arbeitet. Sein Einsatz wird jedoch im Gegensatz zu den übrigen genannten Meßgeräten auf wissenschaftliche Untersuchungen in Wetterwegen beschränkt bleiben, während das Bohrlochtemperaturmeßgerät und das Temperatur- und Feuchteschreibgerät auch einmal routinemäßig für Planungs- und Überwachungsaufgaben eingesetzt werden könnten. In der letzten Zeit hat das Oberflächentemperaturmeßgerät allerdings zum Zwecke der Früherkennung von Selbstentzündungsbränden einige praktische Bedeutung bekommen.

11.5 Die Bestimmung von Wärmemengen

Für das Grubenklima wichtige Wärmemengen $\dot{Q}$ sind die Wärmeaufnahme der Wetter in einem Wetterweg oder die Abkühlung der Wetter in einem Wetterkühler, die nach der Gleichung [31.1] bestimmt werden können:

$$\dot{Q} = \dot{m}_w \, (c_{pL} \, \Delta t_t + c_{pD} \, x \, \Delta t_t + r_v \, \Delta x) \text{ in W} \quad \dots \dots \dots \dots \dots \dots \quad [31.1]$$

Es bedeuten Δt_t die Temperaturänderung, Δx die Änderung des Wasserdampfgehaltes und $\dot{m}_w$ den Mengenstrom. Diese Werte kann man mit Psychrometer und Anemometer messen, wobei der Wasserdampfgehalt natürlich aus den Psychrometermeßwerten t_t und t_f errechnet werden muß (vgl. Abschnitt 6.1) und für eine genauere Bestimmung des Massenstromes auch der Luftdruck (mit einem Barometer) gemessen werden (oder ausreichend genau bekannt sein) muß.

159

Bei der Bestimmung der Wärmeaufnahme der Wetter in einem Grubenbau oder in einer Luttenleitung bestehen nur dann meßtechnische Schwierigkeiten, wenn die Wettergeschwindigkeit oder die Änderung von Trocken- und Feuchttemperatur so gering sind, daß sie in den Bereich der Fehlergrenzen der Meßgeräte gelangen.

Bei der wetterseitigen Bestimmung der Leistung eines Kühlers ergeben sich dagegen oft erhebliche Probleme bei der Ermittlung des durchschnittlichen Wetterzustandes am Kühleraustritt und oft auch bei der Wettermengenmessung (wenn dem Kühler keine Lutte nachgeschaltet ist).

Andere wichtige Wärmemengenströme $\dot{Q}$ bzw. $\Delta\dot{Q}$ sind die Wärmeabgabe oder -aufnahme des Wassers in Rohrleitungen, insbesondere in Kaltwasserrohrleitungen und die Wärmeabgabe des Fördergutes. Diese können nach Gleichung [29.1] ermittelt werden:

$$\dot{Q} = \dot{m}\,c\,\Delta t \text{ in W} \quad\dots\dots\dots\dots\dots\dots\dots\dots\dots\dots \text{[29.1]}$$

Das setzt die Kenntnis des Massenstromes $\dot{m}$ in kg/s des sich bewegenden Stoffes, seine spezifische Wärme c in J/kg K und die Temperaturänderung Δt in K in dem zu untersuchenden Rohrleitungsstück oder Förderbandabschnitt voraus. Bei Wasser als Medium genügen ein Volumenstrommeßgerät (zum Beispiel Woltmann-Zähler) und zwei geeignete Thermometer. Die Dichte ϱ und der Wert c sind genau genug bekannt. — Bei Fördergut ist die Mengenbestimmung ein Problem; es gibt Bandwaagen (56), die aber sehr sorgfältig eingebaut und geprüft werden müssen. Auch die Messung der mittleren Kohletemperatur ist recht aufwendig. Sie wird im Schrifttum beschrieben (77). Die spezifische Wärme von Förderkohle liegt etwa im Bereich von 1 bis 1,2 kJ/kg K.

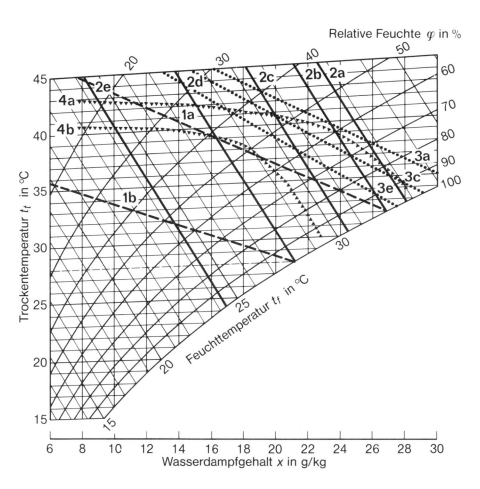

Relative Feuchte φ in %

Klimasummenmaßstäbe:

1 Belding und Hatch, $J = 50$, $\dot{q}_M = 233$ W/m²
   1a $w = 3$ m/s
   1b $w = 0,25$ m/s
2 Specific Cooling Power, SCP $= 250$ W/m²
   2a $w = 3,5$ m/s
   2b $w = 2$ m/s
   2c $w = 1$ m/s
   2d $w = 0,5$ m/s
   2e $w = 0,25$ m/s

3 Basis-Effektivtemperatur nach Yaglou, $t_{eff} = 32$ °C
   3a $w = 3,5$ m/s
   3c $w = 1$ m/s
   3e $w = 0,25$ m/s

4 Kurven gleicher Erholungsdauer nach Wenzel, $w = 0,3$ m/s
   4a 200 W
   4b 290 W

Anlage 1. *hx*-Diagramm für Grubenwetter: vier wichtige Klimasummenmaße.

Anlage 2

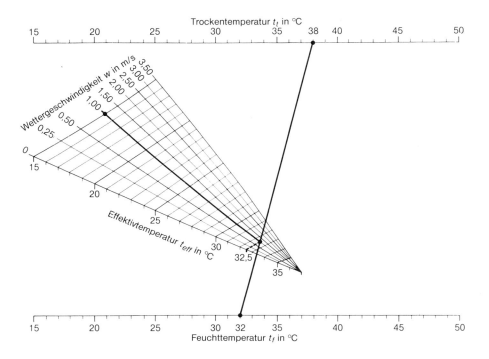

Anlage 2. Effektivtemperatur (Basis Effective Temperature = BET).

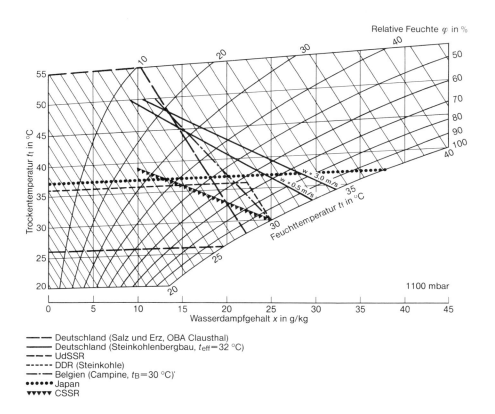

Relative Feuchte φ in %

Trockentemperatur t_t in °C

Feuchttemperatur t_f in °C

Wasserdampfgehalt x in g/kg

$w = 3.0$ m/s

$w = 0.5$ m/s

1100 mbar

— — Deutschland (Salz und Erz, OBA Clausthal)
——— Deutschland (Steinkohlenbergbau, $t_{eff}=32$ °C)
– – – UdSSR
------- DDR (Steinkohle)
–·– Belgien (Campine, $t_B=30$ °C)·
•••••• Japan
▼▼▼▼▼ CSSR

Anlage 3. *hx*-Diagramm für Grubenwetter: Klimagrenzen für ein Arbeitsverbot in verschiedenen Bergbaugebieten.

Anlage 4

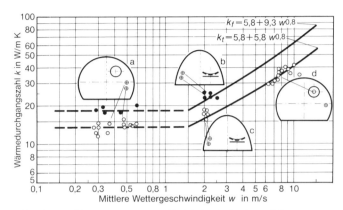

a Streckenvortrieb   c Einziehstrecke, trockener Teil
b Einziehstrecke, feuchter Teil   d Kaltwasserrohr in einer Wetterlutte

Anlage 4. Wärmedurchgangszahl k nicht isolierter Kaltwasserleitungen (Stahlrohre).

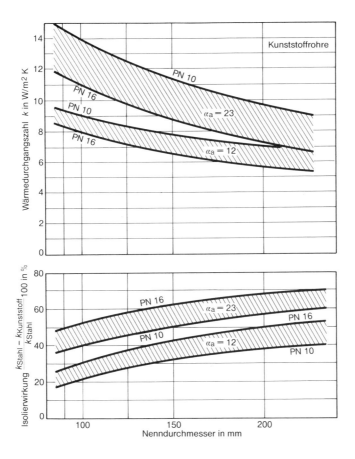

Anlage 5. Die Wärmedurchgangszahl k und die Isolierwirkung von Kunststoffrohren (PVC-AS) als Funktion vom Nenndurchmesser.

Anlage 6

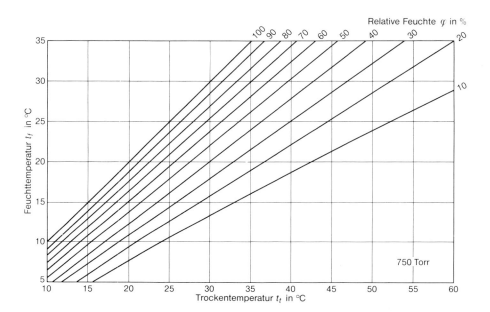

Anlage 6. Diagramm zur Bestimmung der relativen Luftfeuchtigkeit.

Anlage 7

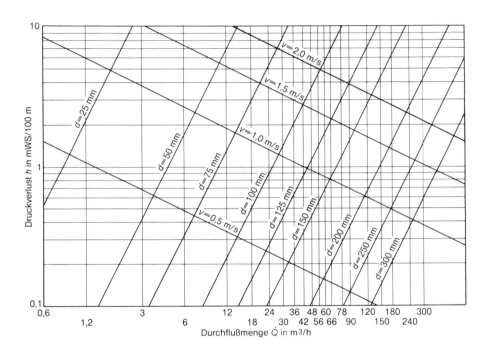

Anlage 7. Druckverlust in Rohrleitungen bei Durchfluß von Wasser.

167

Anlage 8

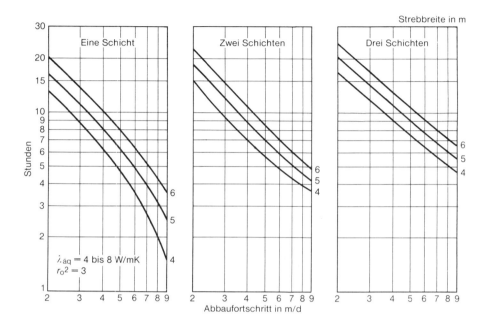

Anlage 8. Mittleres Bewetterungsalter von Streben.

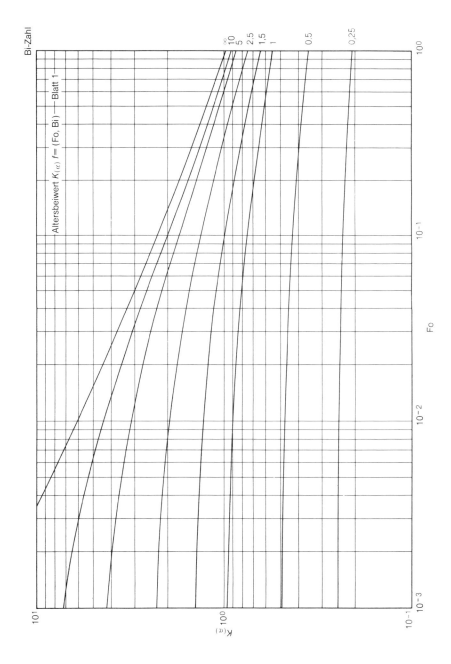

Anlage 9. Altersbeiwert $K(\alpha) = f(Fo, Bi)$ [Blatt 1].

Anlage 10

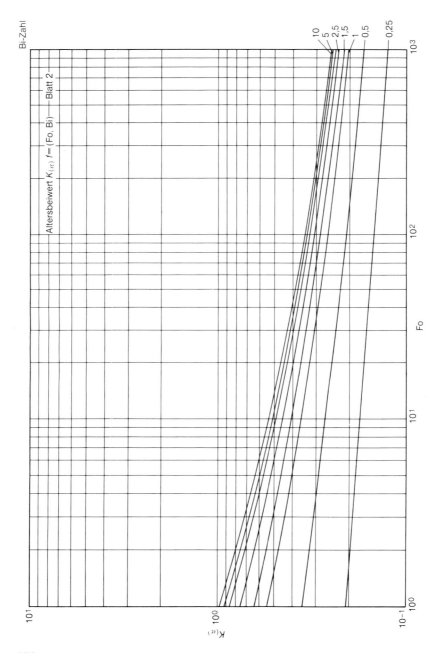

Anlage 10. Altersbeiwert $K(\alpha) = f(Fo, Bi)$ [Blatt 2].

Klimavorausberechnung für Streben

F. f. Gb.

ZECHE GEWERKSCHAFT AUGUSTE VICTORIA 3/7
FLOEZ ZOLLVEREIN 2/3   5. SOHLE . 4 . ABT . BAUHOEHE 544
(OHNE UND MIT KUEHLUNG)

BETRIEBSPUNKT

wird errechnet.
wird übernommen.

Anlage 11. Klimavorausberechnung für Streben (Formular).

Anlage 12

```
            KLIMAVORAUSBERECHNUNG FUER STREB OHNE KUEHLUNG
            ================================================

GEWERKSCHAFT AUGUSTE VICTORIA 3/7   5.SOHLE,4.ABT.,BAUHOEHE 544        LFD.NR. 1
        FLOEZ ZOLLVEREIN 2/3 (OHNE UND MIT KUEHLUNG)
-------------------------------------------------------------------------------

                    VORGEGEBENE KLIMAWERTE FUER SOMMER
                    ----------------------------------
TEUFE AM STREBEINGANG     - 900.   M    TROCKENTEMPERATUR          33.00  GRAD CELS.
TEUFE AM STREBAUSGANG     - 900.   M    FEUCHTTEMPERATUR           25.00  GRAD CELS.
STREBLAENGE                 220.   M    GEBIRGSTEMPERATUR          40.00  GRAD CELS.
STREBBREITE                4.00 M       GEOTHERM. TIEFENSTUFE      25.00  M/K
FLOEZMAECHTIGKEIT          1.90 M       WETTERMENGE IM STREB       18.0   CBM/S
ALTER DES STREBES         12.00 H       WETTERMENGE I.D.STRECKE    22.5   CBM/S
ABBAUGESCHWINDIGKEIT       2.60 M/D
ROHFOERDERMENGE           2000.   T/D   AEQU.WAERMELEITFAEHIGKEIT   7.00  W/M K
INST. LEISTUNG EL.BETR.    800.   KW    FEUCHTIGKEITSKENNGROESSE   0.450  (-)
FOERDERDAUER (F.HUBAR.)      0.   H/D
ZAHL DER WEGABSCHNITTE      10.   (-)   ZAHL DER FOERDERSCHICHTEN      2  S/D
-------------------------------------------------------------------------------
           GEWINNUNGSVERFAHREN  = SCHAELENDE GEWINNUNG
           BETRIEBSVORGANG      = GEWINNUNG
           NEBENGESTEIN         = SANDSCHIEFER
           HANGENDBEHANDLUNG    = BRUCHBAU
           AUSBAUART            = RAHMENAUSBAU, (A = 3,75*(M - 0,3))
-------------------------------------------------------------------------------

    ERRECHNETE WERTE NACH ZUSCHLAG DER INSTALLIERTEN LEISTUNG AM STREBEINGANG
    ------------------------------------------------------------------------
       DT 33.46  DF 25.20  PHI  50.2  H  71.4  X 14.74  DEF  24.46
              ERRECHNETE WERTE DER EINZELNEN WEGABSCHNITTE
              --------------------------------------------
  M   22.  DT 33.40 DF 25.62 PHI  52.7 H  73.1 X 15.42 ET-0.258 DEF 24.6 DGU 40.0
  M   44.  DT 33.35 DF 26.04 PHI  55.1 H  74.8 X 16.10 ET-0.225 DEF 24.8 DGU 40.0
  M   66.  DT 33.32 DF 26.45 PHI  57.4 H  76.4 X 16.77 ET-0.194 DEF 25.0 DGU 40.0
  M   88.  DT 33.31 DF 26.85 PHI  59.7 H  78.1 X 17.43 ET-0.165 DEF 25.3 DGU 40.0
  M  110.  DT 33.32 DF 27.25 PHI  61.8 H  79.8 X 18.09 ET-0.138 DEF 25.5 DGU 40.0
  M  132.  DT 33.35 DF 27.64 PHI  63.9 H  81.5 X 18.74 ET-0.112 DEF 25.8 DGU 40.0
  M  154.  DT 33.40 DF 28.02 PHI  65.8 H  83.2 X 19.38 ET-0.089 DEF 26.0 DGU 40.0
  M  176.  DT 33.45 DF 28.39 PHI  67.7 H  84.9 X 20.01 ET-0.067 DEF 26.3 DGU 40.0
  M  198.  DT 33.52 DF 28.76 PHI  69.5 H  86.6 X 20.63 ET-0.046 DEF 26.6 DGU 40.0
  M  220.  DT 33.61 DF 29.12 PHI  71.1 H  88.2 X 21.25 ET-0.027 DEF 26.9 DGU 40.0
                    ERRECHNETE WERTE AM STREBAUSGANG
                    ================================
       DT 33.98  DF 29.26  PHI 70.0  H  88.8  X 21.34  DEF  27.2

    ERRECHNETE WERTE AM STREBAUSGANG MIT WAERMEZUSTROM AUS DEM ALTEN MANN
    --------------------------------------------------------------------
       DT 34.06  DF 29.97  PHI 73.7  H  92.2  X 22.63  DEF  27.8
===============================================================================
BEMERKUNGEN
BAROMETERSTAND = 840. TORR           =  1120.  MBAR       GERECHNET AM  2. 4.1981
WETTERMENGE STREBAUSGANG             =    18.0 CBM/S
WAERMEERZEUGUNG DURCH INST.LEISTUNG  =   264.  KW
ABZUG ODER ZUSCHLAG FUER HUBARBEIT   =     0.  KW
GESAMTKAELTELEISTUNG BEI GRENZWERT   =     0.0 KW
AEQ.WAERMELEITFAEHIGKEIT IM STREB    =     4.2 W/M K
```

Anlage 12. Klimavorausberechnung für Streb ohne Kühlung (EDV-Ausdruck).

Anlage 13

```
KLIMAVORAUSBERECHNUNG FUER STREB NUR MIT GRUNDKUEHLER
======================================================

GEWERKSCHAFT AUGUSTE VICTORIA 3/7  5.SOHLE,4.ABT.,BAUHOEHE 544      LFD.NR. 1
         FLOEZ ZOLLVEREIN 2/3 (OHNE UND MIT KUEHLUNG)
-----------------------------------------------------------------------------

                    VORGEGEBENE KLIMAWERTE FUER SOMMER
                    ---------------------------------
TEUFE AM STREBEINGANG   - 900.   M    TROCKENTEMPERATUR          33.00  GRAD CELS.
TEUFE AM STREBAUSGANG   - 900.   M    FEUCHTTEMPERATUR           25.00  GRAD CELS.
STREBLAENGE             220.   M       GEBIRGSTEMPERATUR          40.00  GRAD CELS.
STREBBREITE             4.00 M         GEOTHERM. TIEFENSTUFE      25.00  M/K
FLOEZMAECHTIGKEIT       1.90 M         WETTERMENGE IM STREB       18.0   CBM/S
ALTER DES STREBES       12.00 H        WETTERMENGE I.D.STRECKE    22.5   CBM/S
ABBAUGESCHWINDIGKEIT     2.60 M/D
ROHFOERDERMENGE         2000.   T/D    AEQU.WAERMELEITFAEHIGKEIT   7.00  W/M K
INST. LEISTUNG EL.BETR.  800.   KW     FEUCHTIGKEITSKENNGROESSE   0.450  (-)
FOERDERDAUER (F.HUBAR.)    0.   H/D
ZAHL DER WEGABSCHNITTE    10.   (-)    ZAHL DER FOERDERSCHICHTEN    2    S/D
-----------------------------------------------------------------------------
         GEWINNUNGSVERFAHREN   = SCHAELENDE GEWINNUNG
         BETRIEBSVORGANG       = GEWINNUNG
         NEBENGESTEIN          = SANDSCHIEFER
         HANGENDBEHANDLUNG     = BRUCHBAU
         AUSBAUART             = RAHMENAUSBAU, (A = 3,75*(M - 0,3))
-----------------------------------------------------------------------------
   LEISTUNG D. GRUNDKUEHLER            580. KW       WASSERTEMPERATUR 10. GRAD CELS.

            ERRECHNETE WERTE NACH DER KUEHLUNG IM GRUNDKUEHLER
            ---------------------------------------------------
      DT 22.15  DF 18.92  PHI 73.0  H  50.2  X 11.01  PDL 198.44

  ERRECHNETE WERTE NACH ZUSCHLAG DER INSTALLIERTEN LEISTUNG AM STREBEINGANG
  ------------------------------------------------------------------------
      DT 22.60  DF 19.17  PHI 71.8  H  51.0  X 11.12  DEF  12.46
             ERRECHNETE WERTE DER EINZELNEN WEGABSCHNITTE
             ============================================
  M   22. DT 23.67 DF 20.02 PHI 70.8 H  53.6 X 11.71 ET 0.416 DEF 13.8 DGU 40.0
  M   44. DT 24.62 DF 20.80 PHI 70.2 H  56.1 X 12.31 ET 0.386 DEF 15.1 DGU 40.0
  M   66. DT 25.48 DF 21.54 PHI 69.9 H  58.5 X 12.91 ET 0.359 DEF 16.2 DGU 40.0
  M   88. DT 26.26 DF 22.23 PHI 69.8 H  60.8 X 13.51 ET 0.335 DEF 17.2 DGU 40.0
  M  110. DT 26.96 DF 22.88 PHI 69.9 H  63.1 X 14.12 ET 0.313 DEF 18.2 DGU 40.0
  M  132. DT 27.60 DF 23.50 PHI 70.2 H  65.3 X 14.73 ET 0.292 DEF 19.0 DGU 40.0
  M  154. DT 28.19 DF 24.08 PHI 70.6 H  67.5 X 15.33 ET 0.274 DEF 19.8 DGU 40.0
  M  176. DT 28.72 DF 24.64 PHI 71.0 H  69.6 X 15.94 ET 0.258 DEF 20.5 DGU 40.0
  M  198. DT 29.22 DF 25.18 PHI 71.6 H  71.6 X 16.54 ET 0.243 DEF 21.2 DGU 40.0
  M  220. DT 29.67 DF 25.69 PHI 72.2 H  73.6 X 17.14 ET 0.230 DEF 21.9 DGU 40.0

                     ERRECHNETE WERTE AM STREBAUSGANG
                     ================================
      DT 30.04  DF 25.84  PHI 71.0  H  74.2  X 17.23  DEF  22.3

    ERRECHNETE WERTE AM STREBAUSGANG MIT WAERMEZUSTROM AUS DEM ALTEN MANN
    --------------------------------------------------------------------
      DT 31.05  DF 27.00  PHI 72.5  H  79.0  X 18.67  DEF  23.7
=============================================================================
BEMERKUNGEN
BAROMETERSTAND = 840. TORR            =    1120.  MBAR       GERECHNET AM  2. 4.1981
WETTERMENGE STREBAUSGANG              =    18.5 CBM/S
WAERMEERZEUGUNG DURCH INST.LEISTUNG=     264.  KW
ABZUG ODER ZUSCHLAG FUER HUBARBEIT =       0.  KW
GESAMTKAELTELEISTUNG BEI GRENZWERT =     580.0 KW
AEQ.WAERMELEITFAEHIGKEIT IM STREB   =      4.2 W/M K
```

Anlage 13. Klimavorausberechnung für Streb nur mit Grundkühler (EDV-Ausdruck).

Anlage 14

```
KLIMAVORAUSBERECHNUNG FUER STREB MIT GRENZWERTTEMPERATUR     T-T = 27. GRAD CELS.
=================================================================================
GEWERKSCHAFT AUGUSTE VICTORIA 3/7   5.SOHLE,4.ABT.,BAUHOEHE 544        LFD.NR. 1
              FLOEZ ZOLLVEREIN 2/3 (OHNE UND MIT KUEHLUNG)
---------------------------------------------------------------------------------
                      VORGEGEBENE KLIMAWERTE FUER SOMMER

TEUFE AM STREBEINGANG    - 900.   M    TROCKENTEMPERATUR      33.00   GRAD CELS.
TEUFE AM STREBAUSGANG    - 900.   M    FEUCHTTEMPERATUR       25.00   GRAD CELS.
STREBLAENGE                220.   M    GEBIRGSTEMPERATUR      40.00   GRAD CELS.
STREBBREITE               4.00 M       GEOTHERM. TIEFENSTUFE  25.00   M/K
FLOEZMAECHTIGKEIT         1.90 M       WETTERMENGE IM STREB   18.0    CBM/S
ALTER DES STREBES       12.00 H        WETTERMENGE I.D.STRECKE 22.5   CBM/S
ABBAUGESCHWINDIGKEIT     2.60 M/D
ROHFOERDERMENGE           2000.   T/D  AEGU.WAERMELEITFAEHIGKEIT 7.00 W/M K
INST. LEISTUNG EL.BETR.    800.   KW   FEUCHTIGKEITSKENNGROESSE 0.450 (-)
FOERDERDAUER (F.HUBAR.)      0.   H/D
ZAHL DER WEGABSCHNITTE      10.   (-)  ZAHL DER FOERDERSCHICHTEN   2   S/D
             GEWINNUNGSVERFAHREN = SCHAELENDE GEWINNUNG
             BETRIEBSVORGANG     = GEWINNUNG
             NEBENGESTEIN        = SANDSCHIEFER
             HANGENDBEHANDLUNG   = BRUCHBAU
             AUSBAUART           = RAHMENAUSBAU, (A = 3,75*(M - 0,3))
---------------------------------------------------------------------------------
LEISTUNG EINES STREBTEILKUEHLERS BEI GRENZWERTTEMPERATUREN =        2. KW
WASSERTEMPERATUR DES STREBTEILKUEHLERS =                           5. GRAD CELS.
---------------------------------------------------------------------------------
              ERRECHNETE WERTE NACH DER KUEHLUNG IM GRUNDKUEHLER
              ----------------------------------------------------
        DT 26.69  DF 21.64  PHI  63.2  H  58.8  X 12.53  QKL    337.3

       ERRECHNETE WERTE NACH ZUSCHLAG DER INSTALLIERTEN LEISTUNG AM STREBEINGANG

        DT 27.15  DF 21.87  PHI  62.1  H  59.5  X 12.64  DEF  17.91
                  ERRECHNETE WERTE DER EINZELNEN WEGABSCHNITTE
                  ============================================
KW    16. DT 26.78 DF 21.66 PHI  62.8 H  58.8 X 12.52          DEF 17.5
  M   22. DT 27.32 DF 22.32 PHI  64.0 H  61.1 X 13.19 ET 0.240 DEF 18.3 DGU 40.0
KW    24. DT 26.80 DF 22.02 PHI  65.1 H  60.1 X 12.99          DEF 17.6
  M   44. DT 27.38 DF 22.67 PHI  66.0 H  62.3 X 13.65 ET 0.258 DEF 18.4 DGU 40.0
KW    28. DT 26.78 DF 22.32 PHI  67.2 H  61.1 X 13.42          DEF 17.7
  M   66. DT 27.40 DF 22.97 PHI  67.9 H  63.4 X 14.05 ET 0.276 DEF 18.6 DGU 40.0
KW    30. DT 26.77 DF 22.59 PHI  69.1 H  62.1 X 13.80          DEF 17.9
  M   88. DT 27.42 DF 23.24 PHI  69.5 H  64.4 X 14.42 ET 0.292 DEF 18.7 DGU 40.0
KW    32. DT 26.77 DF 22.84 PHI  70.8 H  63.0 X 14.15          DEF 18.0
  M  110. DT 27.45 DF 23.48 PHI  70.9 H  65.2 X 14.76 ET 0.306 DEF 18.9 DGU 40.0
KW    34. DT 26.77 DF 23.06 PHI  72.4 H  63.8 X 14.46          DEF 18.0
  M  132. DT 27.48 DF 23.69 PHI  72.2 H  66.0 X 15.06 ET 0.319 DEF 19.0 DGU 40.0
KW    36. DT 26.76 DF 23.26 PHI  73.7 H  64.5 X 14.74          DEF 18.1
  M  154. DT 27.50 DF 23.88 PHI  73.4 H  66.7 X 15.32 ET 0.331 DEF 19.1 DGU 40.0
KW    36. DT 26.80 DF 23.45 PHI  74.9 H  65.2 X 15.00          DEF 18.2
  M  176. DT 27.55 DF 24.06 PHI  74.3 H  67.4 X 15.58 ET 0.339 DEF 19.2 DGU 40.0
KW    40. DT 26.78 DF 23.59 PHI  76.0 H  65.7 X 15.22          DEF 18.3
  M  198. DT 27.56 DF 24.21 PHI  75.3 H  68.0 X 15.78 ET 0.349 DEF 19.3 DGU 40.0
KW    40. DT 26.79 DF 23.73 PHI  76.9 H  66.2 X 15.42          DEF 18.4
  M  220. DT 27.59 DF 24.35 PHI  76.1 H  68.5 X 15.98 ET 0.357 DEF 19.4 DGU 40.0

                   ERRECHNETE WERTE AM STREBAUSGANG
                   ================================
        DT 27.95  DF 24.51  PHI 74.9  H  69.1  X 16.07  DEF  19.8

       ERRECHNETE WERTE AM STREBAUSGANG MIT WAERMEZUSTROM AUS DEM ALTEN MANN
       -------------------------------------------------------------------
        DT 29.14  DF 25.74  PHI 75.7  H  73.9  X 17.45  DEF  21.5
=================================================================================
BEMERKUNGEN
BAROMETERSTAND = 840. TORR         =     1120.  MBAR       GERECHNET AM  2. 4.1981
WETTERMENGE STREBAUSGANG           =       18.1 CBM/S
WAERMEERZEUGUNG DURCH INST.LEISTUNG=      264.  KW
ABZUG ODER ZUSCHLAG FUER HUBARBEIT =        0.  KW
GESAMTKAELTELEISTUNG BEI GRENZWERT =      653.3 KW
AEQ.WAERMELEITFAEHIGKEIT IM STREB  =        4.2 W/M K
```

Anlage 14. Klimavorausberechnung für Streb mit Grenzwerttemperatur $t_t = 27\,°C$
        (EDV-Ausdruck).

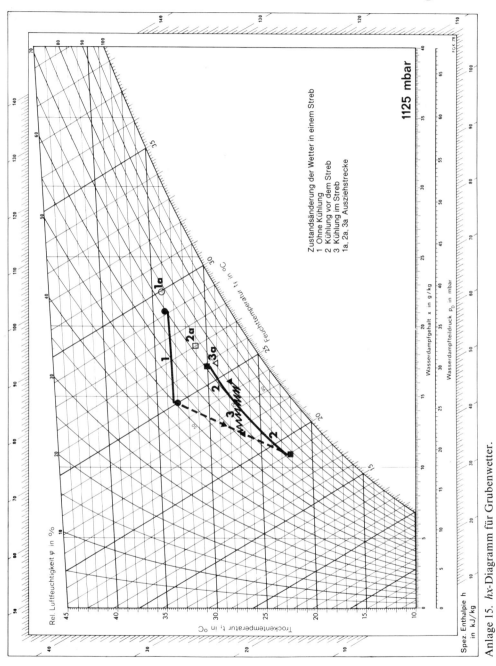

Anlage 15. *hx*-Diagramm für Grubenwetter.

Anlage 16

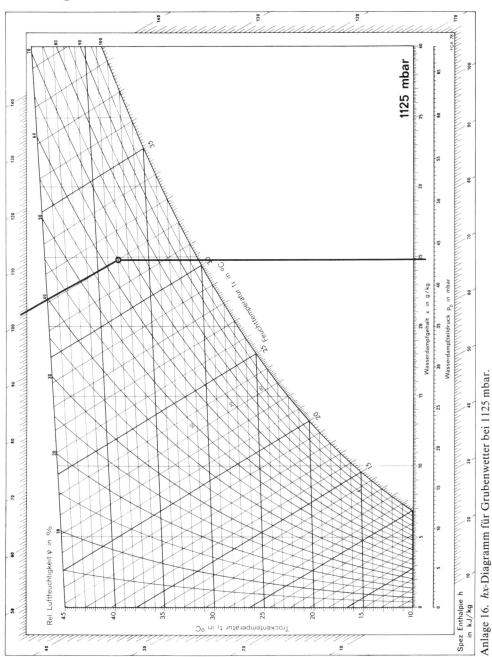

1125 mbar

Anlage 16. *hx*-Diagramm für Grubenwetter bei 1125 mbar.

Berechnung des Temperaturverlaufes der Wetter in einer trockenen Strecke

1. Kurze Herleitung der Berechnungsformel

Es wurde im Kapitel 6 erwähnt, daß der durch Leitung in einem Körper fließende Wärmestrom $\dot{q}$ der Wärmeleitfähigkeit λ und dem Temperaturgefälle $\frac{dt}{dn}$ proportional ist:

$$\dot{q} = \lambda \frac{dt}{dn} \text{ in kW/m}^2 \quad \dots \dots \dots \dots \dots \dots \dots \dots \dots \dots \dots \dots \dots \quad [1.1]$$

Wenn man also — neben λ — das Temperaturgefälle an der Oberfläche eines Wetterweges kennt, so kann man die aus dem Gebirge austretende Wärmemenge $\dot{q}$ berechnen. Das Temperaturgefälle im Gebirge nahe der Oberfläche könnte man in einem Bohrloch messen, nur geht das natürlich nicht bei einer Vorausberechnung, wo die Strecke noch gar nicht aufgefahren ist. Man muß also auch die Steilheit des Temperaturgefälles kennen.

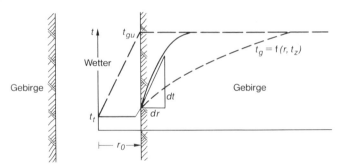

Das Temperaturgefälle $\frac{dt}{dn}$, das bei einer kreisförmigen Strecke gleich der Änderung der Bohrlochtemperatur t_g in radialer Richtung $\frac{dt}{dr}$ ist, ändert sich nun im Laufe der Zeit, das heißt während der Auskühlung des Wetterweges. Zuerst ist $\frac{dt}{dr}$ sehr groß, also der Temperaturanstieg unter der Oberfläche sehr steil, später ist $\frac{dt}{dr}$ klein.

Zu einer bestimmten Zeit t_z hat $\frac{dt}{dr}$ gerade den Wert $\frac{t_{gu} - t_t}{r_o}$. Es ist dann

$$\dot{q} = \lambda \frac{t_{gu} - t_t}{r_o} \text{ in kW/m}^2 \quad \dots \dots \dots \dots \dots \dots \dots \dots \dots \dots \dots \quad [2]$$

Zu irgendeiner beliebigen Zeit hat der Wärmestrom den Wert

$$\dot{q} = \lambda \frac{t_{gu} - t_t}{r_o} K(\alpha) \text{ in kW/m}^2 \quad \dots \dots \dots \dots \dots \dots \dots \dots \dots \quad [3.1]$$

Dabei ist $K(\alpha)$ ein Faktor, der in erster Linie von der Zeit abhängt und Altersbeiwert genannt wird. Kennt man $K(\alpha)$, so kann man $\dot{q}$ berechnen.

Der Altersbeiwert $K(\alpha)$ kann aus einem Diagramm entnommen werden (Anlage 10).

Multipliziert man die Wärmestromdichte $\dot{q}$ mit der Übertragungsfläche $A = U\,z$, so erhält man die vom Gebirge abgegebene Wärmemenge

$$\dot{Q} = \dot{q}\,A = \lambda\,\frac{t_{gu} - t_t}{r_o}\,K(\alpha)\,U\,z \text{ in kW} \quad\dots\dots\dots\dots\dots\dots\dots\dots\dots \text{[4.1]}$$

U Umfang in m
z Weglänge in m

Diese Wärme muß von den Wettern aufgenommen werden; die Wärmeaufnahme der Wetter ist

$$\dot{Q} = \dot{m}_w\,c_{pL}\,(t_{tz} - t_{to}) \text{ in kW} \quad\dots\dots\dots\dots\dots\dots\dots\dots\dots\dots\dots \text{[5.1]}$$

t_{tz} Trockentemperatur der Wetter am Ende des betrachteten Wegabschnittes in °C
t_{to} Trockentemperatur der Wetter am Anfang des betrachteten Wegabschnittes in °C

Aus den beiden Gleichungen [4] und [5] kann man den Anstieg der Wettertemperatur $t_{tz} - t_{to}$ errechnen; die Rechnung gilt allerdings nur für einen sehr kleinen Abschnitt des Wetterweges genau genug, in dem sich die Differenz $(t_{gu} - t_t)$ nicht wesentlich ändert. Aus den Gleichungen läßt sich aber folgende Beziehung [6] ableiten, die zur Berechnung des Temperaturverlaufes in trockenen Grubenbauen benutzt wird:

$$t_{gu} - t_{tz} = (t_{gu} - t_{to})\,e^{-\frac{U\,\lambda\,K(\alpha)\,z}{\dot{m}_w\,c_{pL}\,r_o}} \text{ in °C} \quad\dots\dots\dots\dots\dots\dots\dots\dots\dots \text{[6]}$$

Eine vollständigere Ableitung wird am Schluß dieses Anhanges 1 für den mathematisch interessierten Leser gebracht.

Nun wollen wir ein Zahlenbeispiel durchrechnen (söhlige Strecke), wobei vor allem die Bestimmung von $K(\alpha)$ geübt werden soll.

2. Berechnungsbeispiel für eine söhlige Strecke

2.1 Temperaturanstieg im Wetterweg

Berechnungsdaten

$t_{gu} = 45\ °\text{C}$
$t_{to} = 20\ °\text{C}$
$U\ = 14\ \text{m}$
$A\ = 12\ \text{m}^2$
$r_o\ = \dfrac{2\,A}{U} = 1,72\ \text{m}$
$\lambda\ = 4,07\ \text{W/m K (Mittelwert für Sandstein)}$
$c\ = 0,816\ \text{kJ/kg K}$
$\varrho\ = 2570\ \text{kg/m}^3$
$a\ = \dfrac{\lambda}{c\,\varrho} = \dfrac{4,07}{0,816 \cdot 10^3 \cdot 2570} = 0,194 \cdot 10^{-5}\ \text{m}^2/\text{s}$
$t_z\ = 5\ \text{Jahre} = 43\ 800\ \text{h}$
$w\ = 3\ \text{m/s}$
$\alpha\ = 12,8\ \text{W/m}^2\ \text{K}$
$Bi\ = \dfrac{\alpha\,r_o}{\lambda} = \dfrac{12,8 \cdot 1,72}{4,07} = 5,4$

$$Fo = \frac{a\,t_z}{r_o{}^2} = \frac{0{,}194 \cdot 10^{-5} \cdot 43{,}8 \cdot 10^3 \cdot 3600}{2{,}96} \approx 104$$

Nach Anlage 10 ergibt sich

$K(\alpha) = 0{,}32$
$c_{pL} = 1 \text{ kJ/kg K}$
$z = 1500 \text{ m}$
$\varrho_L = 1{,}3 \text{ kg/m}^3$ (Dichte der Wetter)

Daraus:

$\dot{V} = w\,A = 3 \cdot 12 = 36 \text{ m}^3/\text{s}$
$\dot{m}_w = \varrho\,\dot{V} = 1{,}3 \cdot 36 = 46{,}8 \text{ kg/s}$

Nun kann mit der eigentlichen Rechnung begonnen werden:

$$\frac{U\,\lambda\,K(\alpha)\,z}{\dot{m}_w\,c_{pL}\,r_o} = \frac{14 \cdot 4{,}07 \cdot 0{,}32 \cdot 1500}{46{,}8 \cdot 1 \cdot 10^3 \cdot 1{,}72} = 0{,}34$$

Nach Gleichung [6]:

$$45 - t_{tz} = (45 - 20)\,e^{-0{,}34} = \frac{25}{1{,}405} = 17{,}8 \text{ °C}$$

$$t_{tz} = 45 - 17{,}8 \qquad = \underline{\underline{27{,}2 \text{ °C}}}$$

Temperaturanstieg: $\Delta t_z = t_{tz} - t_{to} = 7{,}2 \text{ K}$

2.2 Einfluß der Wettermenge auf den Temperaturanstieg

Ändert man im Exponenten $\dfrac{U\,\lambda\,K(\alpha)\,z}{\dot{m}_w\,c_p\,r_o}$ nur einen Faktor, zum Beispiel die Wettermenge $\dot{m}_w$ in kg/s, so läßt sich der Temperaturanstieg rasch berechnen. Ändert man $\dot{m}_w$, so ist der neue Exponent

$$\frac{U\,\lambda\,K(\alpha)\,z}{\dot{m}_{w2}\,c_{pL}\,r_o} = \frac{U\,\lambda\,K(\alpha)\,z}{\dot{m}_{w1}\,c_{pL}\,r_o}\,\frac{\dot{m}_{w1}}{\dot{m}_{w2}} = 0{,}34 \cdot \frac{46{,}8}{\dot{m}_{w2}}$$

Dann lassen sich die Werte wie folgt berechnen:

$$\frac{U\,\lambda\,K(\alpha)\,z}{\dot{m}_{w2}\,c_{pL}\,r_o} = \frac{15{,}912}{\dot{m}_{w2}}$$

Die Ergebnisse sind in der folgenden Tabelle zusammengestellt.

Vergrößert man die Wettermenge also um 100%, so fällt der Temperaturanstieg Δt_z von 7,2 K auf 3,9 K, also um nicht ganz die Hälfte.

Verringert man die Wettermenge auf die Hälfte, so steigt Δt_z von 7,2 auf 12,3 K.

Diese Abhängigkeit gilt aber nicht allgemein; sobald sich die Wettertemperatur der Gebirgstemperatur genähert hat, ändert sich der Temperaturanstieg nur noch wenig.

$\dot{m}_{w2}$ kg/s	$\dot{V}$ m³/s	Exponent	$e^{\cdots}$	$(t_{gu} - t_{to})\,e^{\cdots}$ K	t_{tz} °C	Δt_z °C
15,6	12	1,02	2,773	9,0	36,0	16,0
23,4	18	0,68	1,974	12,7	32,3	12,3
70,2	54	0,23	1,259	19,9	25,1	5,1
93,6	72	0,17	1,185	21,1	23,9	3,9

2.3 Einfluß der Jahreszeit

Hat man am Anfang eines Wetterweges eine jahreszeitliche Temperaturschwankung (Amplitude) A_o in °C, so ist am Ende des Wegabschnittes der Länge z in m diese kleiner geworden; sie beträgt

$$A = A_o \, e^{-\frac{U \lambda z}{\dot{m}_w \, c_{pL} \, r_o} F(\mu)} \quad \dots \dots \dots \dots \dots \dots \dots \dots \dots \dots \dots \dots \dots \dots \dots \dots \dots \quad [7]$$

In dieser Gleichung sind alle Zeichen bekannt, mit Ausnahme der Funktion $F(\mu)$, deren Bedeutung im Schrifttum (34) erklärt ist.

3. Ableitung der Gleichung zur Berechnung des Temperaturanstiegs der Wetter

1. Wärmeleitung im Gebirge

$$\dot{q} = \lambda \, grad_n \, t_g \text{ in W/m}^2 \quad \dots \dots \dots \dots \dots \dots \dots \dots \dots \dots \dots \dots \dots \dots \quad [1.2]$$

1.1 Einführung des Altersbeiwertes $K(\alpha)$

$$\dot{q} = \lambda \, \frac{t_{gu} - t_t}{r_o} \, K(\alpha) \text{ in W/m}^2 \quad \dots \dots \dots \dots \dots \dots \dots \dots \dots \dots \dots \quad [3.1]$$

1.2 Trockener Anteil ε_t der Wärmeübertragung bei teilweise feuchtem Wetterweg

$$\dot{q}_t = \varepsilon_t \, \dot{q} = \varepsilon_t \, \lambda \, \frac{t_{gu} - t_t}{r_o} \, K(\alpha) = \lambda_t \, K(\alpha) \, \frac{t_{gu} - t_t}{r_o} \text{ in W/m}^2 \quad \dots \dots \dots \dots \quad [3.2]$$

1.3 Wärmestrom im differentiell kleinen Wegabschnitt dz

$$\dot{Q}_t = \dot{q}_t \, U \, dz = U \, \lambda_t \, K(\alpha) \, \frac{t_{gu} - t_t}{r_o} \, dz \text{ in W} \quad \dots \dots \dots \dots \dots \dots \quad [4.2]$$

λ Wärmeleitfähigkeit des Gebirges in W/mK
t_{gu} ursprüngliche Gebirgstemperatur in °C
t_t Trockentemperatur der Wetter in °C
r_o gleichwertiger Radius des Wetterweges in m
U Umfang des Wetterweges in m

2. Erwärmung der trockenen Wetter

$$\dot{Q}_t = \dot{m}_w \, c_{pL} \, d \, t_t \text{ in W} \quad \dots \dots \dots \dots \dots \dots \dots \dots \dots \dots \dots \dots \dots \dots \quad [5.2]$$

3. Verknüpfung von Wärmestrom und Wettererwärmung

$$\dot{m}_w \, c_{pL} \, d \, t_t = U \, \lambda_t \, K(\alpha) \, \frac{t_{gu} - t_t}{r_o} \, dz \quad \dots \dots \dots \dots \dots \dots \dots \dots \dots \quad [5.3]$$

$\dot{m}_w$ Massenstrom der Wetter in kg/s
c_{pL} spezifische Wärme der Wetter in kJ/kgK bzw. in J/kgK

4. Umformung

$$\frac{d \, t_t}{t_{gu} - t_t} = \frac{U \, \lambda_t \, K(\alpha)}{\dot{m}_w \, c_{pL} \, r_o} \, dz$$

5. Integration

$$\int \frac{d \, t_t}{t_{gu} - t_t} = \int \frac{U \, \lambda_t \, K(\alpha)}{\dot{m}_w \, c_{pL} \, r_o} \, dz$$

unter Verwendung der allgemeinen Formel:

$$\int_0^z \frac{dx}{ax + b} = \frac{1}{a} \ln (a\, x_z + b) - \frac{1}{a} \ln (a\, x_o + b)$$

erhält man mit $a = -1$ und $b = t_{gu}$:

$$\int_0^z \frac{dt_t}{t_{gu} - t_t} = -\ln (t_{gu} - t_{tz}) + \ln (t_{gu} - t_{to}) = \ln \frac{t_{gu} - t_{to}}{t_{gu} - t_{tz}} = -\ln \frac{t_{gu} - t_{tz}}{t_{gu} - t_{to}}$$

Integriert man die rechte Seite unter Verwendung der allgemeinen Gleichung

$$\int a\, dx = a\, x$$

so erhält man mit $z_o = 0$:

$$\int_0^z \frac{U\,\lambda_t\, K(\alpha)}{\dot{m}_w\, c_{pL}\, r_o}\, dz = \frac{U\,\lambda_t\, K(\alpha)}{\dot{m}_w\, c_{pL}\, r_o}\, z$$

6. Es ist also

$$\ln \frac{t_{gu} - t_{tz}}{t_{gu} - t_{to}} = -\frac{U\,\lambda_t\, K(\alpha)}{\dot{m}_w\, c_{pL}\, r_o}\, z$$

und nach Erheben beider Seiten in die e-Funktion

$$\frac{t_{gu} - t_{tz}}{t_{gu} - t_{to}} = e^{-\frac{U\,\lambda_t\, K(\alpha)}{\dot{m}_w\, c_{pL}\, r_o}\, z}$$

Die übliche Schreibweise dieser Gleichung ist

$$t_{tz} = t_{gu} - (t_{gu} - t_{to})\, e^{-\frac{U\,\lambda_t\, K(\alpha)}{\dot{m}_w\, c_{pL}\, r_o}\, z} \quad \text{in } °C$$

t_{tz} Trockentemperatur der Wetter am Ende des betrachteten Wetterweges der Länge z in °C

t_{gu} ursprüngliche Gebirgstemperatur in °C

t_{to} Trockentemperatur der Wetter am Anfang des betrachteten Wegabschnittes ($z = 0$) in °C

$K(\alpha) = \mathrm{f}\,(Fo,\, Bi)$ Altersbeiwert

Fo Fourier-Zahl

Bi Biot-Zahl

$\dot{m}_w$ Massenstrom der Wetter (kg/s)

$\lambda_t = \varepsilon_t\, \lambda$ (W/mK)

$\varepsilon_t = \dfrac{c_{pL}\,(t_{tz} - t_{to})}{h_z - h_o} = c_{pL}\, \dfrac{\Delta t_t}{\Delta h}$

Δt_t Anstieg der Trockentemperatur in einem Wetterwegabschnitt in K

Δh Anstieg der Enthalpie h der Wetter im gleichen Wetterwegabschnitt in kJ/kg

z Länge des Wetterweges in m

Anmerkung: Das Verhältnis ε_t schwankt in weiten Grenzen, in trockenen bzw. trocken aussehenden Strecken zumeist zwischen 0,5 und 1, in feuchten Wetterwegen, insbesondere in Streben und Kohlenabfuhrstrecken zumeist zwischen 0,1 und 0,3. Der Wert ε_t kann ausreichend genau mit einem Programm für die Klimavorausberechnung mit Computern bestimmt werden.

Anhang 2

Klimavorausberechnung für einen Streb

1. Aufgabenstellung und Daten

Für einen geplanten Abbaubetrieb ist vorauszuberechnen, welche Trockentemperaturen und Grubenklimawerte im Streb auftreten werden, wenn erstens nicht gekühlt wird und zweitens am Strebeingang zwei Wetterkühler mit einer Gesamtleistung von 580 kW eingesetzt werden.

Daten des Strebes:

Streblänge	$z = 220$ m
Flözmächtigkeit	$m = 1,90$ m
Strebbreite	$b = 4,00$ m
Teufe	$H = -900$ m NN
Einfallen	0 gon
mittleres Strebalter	$t = 12$ h
Abbaugeschwindigkeit	$v_a = 2,60$ m/d in 2 Schichten
Abbauführung	Vorbau
Wetterführung	gleichgerichtet mit der Förderung
Gewinnungsverfahren	Hobel
Rohfördermenge	$F_r = 2000$ t/d
installierte Leistung	$P_N = 800$ kW
Gesteinsart des Nebengesteins	Sandschiefer
Gebirgstemperatur	$t_{gu} = 40,0$ °C
geothermische Tiefenstufe	g.T. $= 25,0$ m/K
Wettermenge in der einziehenden Abbaustrecke	$\dot{V}_E = 22,5$ m³/s
Wettermenge im Streb	$\dot{V} = 18,0$ m³/s
Wettergeschwindigkeit im Streb	$w_m = 3,0$ m/s
	für Gespanne: $A = 3,75$ (m $-$ 0,3) m²

Wetterzustand am Strebeingang (Sommerwerte):

Trockentemperatur	$t_{to} = 33,0$ °C
Feuchttemperatur	$t_{fo} = 25,0$ °C
Luftdruck	$p = 1125$ mbar

Wärmetechnische Kenngrößen (50):

äquival. Wärmeleitfähigkeit	$\lambda_{äq} = 7$ W/mK
Feuchtigkeitskenngröße	$\eta_f = 0,450$
Hangendbehandlung	Bruchbau
Verhältnis trockene zu gesamte Wärmeübertragung an die Wetter	$\varepsilon_t = 0,01$ (keine Kühlung)
	$\varepsilon_t = 0,30$ (Kühlung)

Daten der Strebkühlanlage:

Nennleistung der Kältemaschinenanlage	$\dot{Q}_N = 750$ kW
Prinzip der Kühlanlage	Wasserkühlmaschine (indirekte Verdampfung)
Aufstellung der Kältemaschine	im Querschlag

182

Verlegung der (teilweise isolierten) Kaltwasserleitung	in der einziehenden Abbaustrecke
Wetterkühler	Einbau von Kühlern mit einer Kühlleistung von $\dot{Q} = 580\ \text{kW}$ in der einziehenden Abbaustrecke, nahe dem Streb
Verluste an der Kaltwasserleitung	$\dot{Q}_N - \dot{Q} = 170\ \text{kW}$
Temperatur an der Kühleroberfläche	$t_K = 10{,}0\ ^\circ\text{C}$

2. Berechnungsformeln und Schrifttum

Die gesuchte Temperatur am Strebende (Ende in Wetterrichtung) t_{tz} kann nach folgender Gleichung [1] berechnet werden:

$$t_{tz} = t_{gu} - (t_{gu} - t_{to})\, e^{-\frac{U\,\lambda_t\, K(\alpha)}{\dot{m}_w\, c_{pL}\, r_o} z} \text{ in } ^\circ\text{C} \quad\dots\dots\dots\dots\dots\dots\text{[1]}$$

Es bedeuten:

U Umfang des Strebes in m

λ_t Hilfsgröße für die Berechnung des Temperaturverlaufes der Wetter in kW/mK

$$\lambda_t = \varepsilon_t\, \lambda_{\ddot{a}q} \text{ in kW/mK} \quad\dots\dots\dots\dots\dots\dots\dots\dots\dots\text{[2]}$$

$$\varepsilon_t = \frac{c_p\,(t_{tz} - t_{to})}{h_z - h_o} \quad\dots\dots\dots\dots\dots\dots\dots\dots\dots\text{[3]}$$

$c_{pL} \approx 1$ kJ/kg K spezifische Wärme der Wetter

h_z Enthalpie der Wetter am Strebende in kJ/kg

h_o Enthalpie der Wetter am Strebeingang in kJ/kg

$K(\alpha) = \text{f}\,(Fo,\,Bi)$, Altersbeiwert nach Anlage 9

Fo Fourier-Zahl

a Temperaturleitzahl in m^2/s

$$Fo = \frac{a\, t}{r_o^2} \quad\dots\dots\dots\dots\dots\dots\dots\dots\dots\dots\dots\text{[5]}$$

$$a = \frac{\lambda_{\ddot{a}q\, max}}{c_g\, \varrho_g} \text{ in m}^2/\text{s} \quad\dots\dots\dots\dots\dots\dots\dots\dots\dots\text{[6]}$$

$\lambda_{\ddot{a}q\, max}$ ist der Wert $\lambda_{\ddot{a}q}$, aber begrenzt auf den Bereich $\lambda \leqq \lambda_{\ddot{a}q\, max} \leqq 2\,\lambda$ in kW/mK.

λ mittlere Wärmeleitfähigkeit des Nebengesteins, z. B.

Sandstein	$\lambda = 0{,}00345$ kW/mK
Sandschiefer	$\lambda = 0{,}00257$ kW/mK
Schieferton	$\lambda = 0{,}00197$ kW/mK

In unserem Fall (Sandschiefer) ist also $\lambda_{\ddot{a}q\, max} = 5{,}14$ W/mK $= 0{,}00514$ kW/mK

$c_g \approx 0{,}84$ kJ/kg K spezifische Wärme des Gesteins

$\varrho_g \approx 2650$ kg/m^3 Dichte des Gesteins (115)

r_o gleichwertiger Radius, bei Rechteckquerschnitt

$$r_o = r_{K\ddot{o}} = \frac{U}{\varrho_{K\ddot{o}}} \text{ in m} \quad\dots\dots\dots\dots\dots\dots\dots\dots\dots\text{[7]}$$

Der Faktor $\varrho_{K\ddot{o}}$ (Index *Kö* steht für König) kann einem Arbeitsblatt oder dem Schrifttum (23) entnommen werden. Näherungsweise gilt

$$\varrho_{K\ddot{o}} = 7{,}22 - 0{,}62\,\frac{\text{m}}{\text{b}} \quad\dots\dots\dots\dots\dots\dots\dots\dots\dots\text{[8]}$$

183

hier: $\varrho_{K\ddot{o}} \approx 6{,}93$

Biot-Zahl $Bi = \dfrac{\alpha\, r_o}{\lambda_{t\,min}}$ . . . . [9]

α Wärmeübergangszahl als f(w) in W/m^2 K

Für den Streb gilt näherungsweise

$\alpha = 11\, \dfrac{w^{0{,}75}}{(2\, r_o)^{0{,}25}}$ in W/m^2 K . . . . [10]

$\lambda_{t\,min}$ ist der Wert λ_t, aber begrenzt auf den Bereich $0{,}6\,\lambda \leqq \lambda_{t\,min} \leqq \lambda$ in W/mK

In diesem Fall also: $0{,}6\,\lambda = 1{,}54$ W/mK

Zusätzlicher Einfluß der elektrischen Betriebsmittel.

$\dot{Q}_{el} = P$ in kW . . . . [11]

P wirkliche Leistungsaufnahme kW;

P/P_n ist im Streb im Mittel $0{,}33$

Schließlich:

$\dot{m}_w$ Massenstrom der Wetter in kg/s

$\dot{m}_w = \varrho\ \dot{V}$ in kg/s . . . . [12]

$\dot{V}$ in m^3/s

ϱ Dichte der Wetter in kg/m^3

$\varrho = \dfrac{p}{R_f\, T}$ in kg/m^3 . . . . [13]

$R_f \approx 290\ \dfrac{\text{Nm}}{\text{kgK}}$ Gaskonstante der feuchten Wetter

$T = 273{,}2 + t_t$ in K . . . . [14]

hier: bei $p = 1125$ mbar bzw. $1{,}125 \cdot 10^5$ N/m^2 und $t_{to} = 33$ °C ist am Strebeingang $\varrho = 1{,}27$ kg/m^3

$\dot{Q}_{el} = \Delta\dot{Q}_{wel} = \dot{m}_w\, \Delta h_{el}$ . . . . [15]

$\Delta\dot{Q}_{wel}$ Wärmeaufnahme der Wetter durch Elektroenergie kW

3. Lösung der Aufgaben

3.1 Wettererwärmung im Streb, wenn nicht gekühlt wird

3.1.1 Berechnung des Temperaturanstieges (ohne den Einfluß elektrischer Betriebsmittel)

$\lambda_t = \varepsilon_t\, \lambda_{\ddot{a}q} = 0{,}01 \cdot 7 = 0{,}07$ W/mK . . . . [2]

$a = \dfrac{\lambda_{\ddot{a}q\,max}}{c_g\, \varrho_g} = \dfrac{5{,}14 \cdot 10^{-3}}{0{,}84 \cdot 2650} = 2{,}31 \cdot 10^{-6}$ m^2/s . . . . [6]

$r_o = \dfrac{U}{\varrho_{K\ddot{o}}} = \dfrac{11{,}80}{6{,}93} = 1{,}70$ m . . . . [7]

$F_o = \dfrac{a\,t}{r_o^2} = \dfrac{2{,}31 \cdot 10^{-6} \cdot 12 \cdot 3600}{1{,}7^2} = 3{,}45 \cdot 10^{-2}$ . . . . [5]

$$\alpha = 11 \frac{w^{0,75}}{(2r_o)^{0,25}} = 11 \frac{2,28}{1,358} = 18,47 \text{ W/m}^2\text{K} \quad \dots \quad [10]$$

$$Bi = \frac{\alpha \, r_o}{\lambda_{t \, min}} = \frac{18,47 \cdot 1,7}{1,54} = 20,4 \quad \dots \quad [9]$$

$$K(\alpha) = 3,27 \text{ (nach Diagramm)} \quad \dots \quad [4]$$

$$\dot{m}_w = \varrho \, \dot{V} = 1,27 \cdot 18 = 22,86 \text{ kg/s} \quad \dots \quad [12]$$

$$t'_{tz} = t_{gu} - (t_{gu} - t_{to}) \, e^{-\frac{U \lambda_t \, K(\alpha)}{\dot{m}_w \, c_{pL} \, r_o} z} \text{ in } °C \quad \dots \quad [1]$$

t'_{tz} bezeichnet die Temperatur am Strebausgang ohne den Einfluß der elektrischen Betriebsmittel, entsprechend wird im folgenden h'_z gebraucht.

$$t'_{tz} = 40 - (40 - 33) \cdot e^{-0,0153} \, °C$$

$$t'_{tz} = 40 - 6,894 = 33,106 \, °C$$

3.1.2 Berechnung der Enthalpie der Wetter an Strebein- und -ausgang (ohne elektrische Energie)

$$\varepsilon_t = \frac{c_{pL} \, (t'_{tz} - t_{to})}{h'_z - h_o}; \quad \Delta h' = h'_z - h_o = \frac{c_{pL}}{\varepsilon_t} (t'_{tz} - t_{to}) \quad \dots \quad [3]$$

Ermittlung der Enthalpie am Strebeingang:

$$h_o = f(t_{to}, f_o) = 70,3 \pm 0,2 \text{ kJ/kg} \quad \dots \quad [15]$$

(aus dem hx-Diagramm bei $p = 1125$ mbar)

Enthalpie am Strebausgang:

$$h'_z = h_o + \frac{c_p}{\varepsilon_t}(t'_{tz} - t_{to}) = 70,3 + \frac{0,106}{0,01} = 80,9 \text{ kJ/kg} \quad \dots \quad [3.1]$$

Ergänzend wird noch der Grubenklimawert (amerikanische Effektivtemperatur, aus dem t_{eff}-Diagramm) am Strebeingang, aber schon im Streb bestimmt.

$$t_{eff_o} = f(t_{to}, t_{fo}, w) = 24,1 \pm 0,1_{(im \, Streb)} \, °C \quad \dots \quad [16]$$

3.1.3 Einfluß der Wärmeabgabe der elektrischen Betriebsmittel

$$\dot{Q}_{el} = 0,33 \, P_N \approx 264 \text{ kW} \quad \dots \quad [11]$$

Daraus ergibt sich eine Enthalpiezunahme

$$\Delta h_p = \frac{\dot{Q}_{el}}{\dot{m}_w} = \frac{264}{22,86} = 11,55 \text{ kJ/kg} \quad \dots \quad [17.1]$$

Von dieser Wärme sind am Strebausgang im Durchschnitt nur etwa 80% zu spüren, weil der Wärmestrom aus dem Gebirge gebremst wird, also

$$h_z = h'_z + 0,8 \, \Delta h_p = 80,9 + 9,3 = 90,2 \text{ kJ/kg} \quad \dots \quad [18.1]$$

Trocken-, Feucht- und Effektivtemperatur am Strebausgang: Von der Elektrowärme Δh_p werden etwa 20% trocken übertragen, am Strebausgang sind hiervon wiederum nur etwa 70% zu beobachten (Störung des Wärmezuflusses aus dem Gebirge):

$$t_{tz} = t'_{tz} + 0,2 \cdot 0,7 \frac{\Delta h_p}{c_p} = 33,1 + 1,6 = 34,7 \, °C \quad \dots \quad [19]$$

Aus t_{tz} und h_z erhält man über das *hx*-Diagramm die Feuchttemperatur t_{fz} und dann über das t_{eff}-Diagramm die Effektivtemperatur t_{effz}:

$t_{fz} = 29,7 \pm 0,1 \,°C$

$t_{effz} = 27,8 \pm 0,1 \,°C$

Dies sind die Klimawerte am Strebausgang, noch im Streb ($w_m = 3\ \text{m/s}$). Unmittelbar hinter dem Streb, in der ausziehenden Abbaustrecke, ergibt sich wegen der geringeren Wettergeschwindigkeit ($w = 1,25\ \text{m/s}$) bereits ein recht hoher Klimawert

$t_{eff} = 29,4 \,°C$

Der Wetterzustand am Strebein- und -ausgang ist ins *hx*-Diagramm einzuzeichnen.

3.2 Wettererwärmung im Streb bei Kühlung

Eine genauere Berechnung, beispielsweise des Altersbeiwertes, soll aus Zeitgründen unterbleiben. Es wird vorausgesetzt, daß die Werte $\varepsilon_t = 0,30$ und $K(\alpha) = 3,2$ richtig sind. Da nicht im Streb, sondern in der Abbaustrecke gekühlt wird, ist die größere Wettermenge im Kühler zu berücksichtigen.

3.2.1 Bestimmung der Abkühlung der Wetter im Wärmetauscher (Wetterkühler)

Die Enthalpiesenkung der Wetter beträgt

$$\Delta h_K = \frac{\dot{Q}}{\dot{m}_{wE}} = \frac{580}{1,27 \cdot 22,5} = 20,3\ \text{kJ/kg} \dotfill [17.2]$$

Der Zustand der Wetter am Kühleraustritt liegt ungefähr auf der Verbindungsgeraden zwischen dem Eintrittszustand der Wetter ($t_t = 33,0\ °C$, $t_f = 25,0\ °C$) und der Temperatur an der Kühleroberfläche ($t_K = 10\ °C$), bei voller Sättigung ($\varphi = 100\%$). Diese Linie ist ins *hx*-Diagramm einzuzeichnen. Sie schneidet die Linie der Enthalpie am Kühleraustritt:

$$h_{oK} = h_o - \Delta h_K = 70,3 - 20,3 = 50,0 \pm 0,2\ \text{kJ/kg} \dotfill [18.2]$$

Der Schnittpunkt ist der Wetterzustand, die Trockentemperatur der Wetter t_{toK} (Index K steht für Kühlung) beträgt

$t_{toK} = 22,4 \pm 0,2\ °C$

3.2.2 Temperaturanstieg im Streb

Es kann wieder Gleichung [1] benutzt werden, wobei anstelle von t_{to} jetzt t_{toK} einzusetzen und die Änderung von $K(\alpha)$ und λ_t zu beachten sind.

$$\lambda_t = \varepsilon_t \lambda_{\ddot{a}q} = 0,3 \cdot 7 = 2,1\ \text{W/mK} \dotfill [2]$$

$$t'_{tzK} = t_{gu} - (t_{gu} - t_{toK})\, e^{-\frac{U \lambda_t K(\alpha)}{\dot{m}_w\, c_{pL}\, r_o} z}\ \text{in °C} \dotfill [1]$$

$$t_{tzK} = 40 - (40 - 22,4)\, e^{-\frac{11,8 \cdot 2,1 \cdot 10^{-3} \cdot 3,2}{22,86 \cdot 1 \cdot 1,7} \cdot 220}\ °C$$

$$t_{tzK} = 40 - 17,7 \cdot e^{-0,449} = 40 - 11,3 = 28,7\ °C$$

Dazu addiert sich der Einfluß der elektrischen Energie, diesmal zu 35% trocken ($\varepsilon_{tp} = 0,35$), und nur 60% sind am Strebausgang festzustellen:

$$t_{tzK} = t'_{tzk} + 0,35 \cdot 0,60\, \frac{\Delta h_p}{c_p} = 28,7 + 2,4 = 31,1\ °C \dotfill [19]$$

3.2.3 Bestimmung der Klimawerte am Strebausgang

Der Wärmefluß aus dem Gebirge ergibt sich wieder nach Gleichung [3.1]

$$h'_{zK} = h_{oK} + \frac{c_p}{\varepsilon_t}(t'_{tzK} - t_{toK}) = 50,0 + \frac{28,7 - 22,3}{0,3} = 71,3 \; \frac{kJ}{kg} \; \dots \dots \dots \dots \dots \; [3.1]$$

Dazu addiert sich die Wärme der Maschinen, am Strebausgang sind wegen der hier stärkeren Beeinflussung des Wärmestromes aus dem Gebirge noch 70% festzustellen, also

$$h_{zK} = h'_{zK} + 0,7 \, \Delta h_p = 71,3 + 0,7 \cdot 11,55 = 79,4 \; \frac{kJ}{kg} \; \dots \dots \dots \dots \dots \; [18.2]$$

Es ist, aus dem *hx*-Diagramm, die Feuchttemperatur t_{fz} und danach die amerikanische Effektivtemperatur t_{effz} am Strebausgang zu bestimmen.

$t_{fz} \quad = 27,2 \pm 0,1 \; °C$

$t_{effz} = 23,7 \pm 0,1 \; °C$

187

Anhang 3

Wärmedurchgang durch Rohre bzw. Lutten (stationärer Wärmefluß)

1. Rechnerische Beziehungen

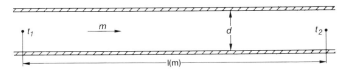

Hat man eine Rohrleitung oder eine Lutte, die in einem Raum mit der Temperatur t_3 liegt, so kann man den Temperaturanstieg des in ihr fließenden Mediums nach folgender Beziehung errechnen:

$$t_2 = t_3 - (t_3 - t_1)\, e^{-\frac{U k l}{\dot{m} c}} \text{ in } °C \dots\dots\dots\dots\dots\dots\dots\dots\dots [1]$$

t_2 Temperatur am Ende in °C
t_1 Temperatur am Eintritt in °C
$U = \pi\, d_i$ Rohrumfang in m
k Wärmedurchgangszahl in W/m²K
l Rohrlänge in m
$\dot{m}$ Menge des strömenden Mediums in kg/s
c spezifische Wärme des strömenden Mediums in J/kgK

Die Wärmedurchgangszahl k ist umso größer, je größer die Wärmeübergangszahlen α und die Wärmeleitfähigkeit λ der Rohrwand ist; k wird nach Gleichung [2] berechnet:

$$\frac{1}{k} = \frac{1}{\alpha_i} + \frac{d_i}{d_a\, \alpha_a} + \frac{d_i}{2\lambda} \ln \frac{d_a}{d_i} \text{ in } \text{m}^2\, \text{K}/\text{W} \dots\dots\dots\dots\dots\dots\dots\dots [2]$$

α_i Wärmeübergangszahl an der Innenwand in W/m²K
α_a äußere Wärmeübergangszahl in W/m²K
d_i lichter Durchmesser in m
d_a äußerer Durchmesser (einschließlich eventuell vorhandener Isolierung) in m
λ Wärmeleitfähigkeit der Rohrwand bzw. der Isolierung in W/mK

Hat man eine zusammengesetzte Rohrwand, so muß man bei exakter Rechnung die Werte $\dfrac{d_i}{2\,\lambda} \ln \dfrac{d_a}{d_i}$ für jede Schicht ausrechnen und an die Stelle des letzten Gliedes $\sum \left(\dfrac{d_i}{2\,\lambda} \ln \dfrac{d_a}{d_i} \right)$ setzen.

In der Grube interessieren insbesondere gut isolierte Stahlrohre; bei diesen kann man den Wärmeleitwiderstand in der Rohrwand vernachlässigen und so rechnen, als wäre nur die Isolierung vorhanden.

Bei langen Rohren oder Lutten in Wetterwegen ändert sich mitunter die Umgebungstemperatur t_3 merklich. Dann muß man die Gesamtlänge in mehrere Abschnitte aufteilen, in denen sich t_3 nur wenig ändert, und kann für jeden Abschnitt eine mittlere Temperatur t_3 in die Rechnung einsetzen.

Der wichtigste Punkt der Berechnung ist die Bestimmung der Wärmedurchgangszahl. Genaue k-Werte erhält man aus sorgfältigen Messungen an vergleichbaren Rohrleitungen oder Lutten. Liegen keine Meßwerte vor, so hängt die Genauigkeit der Bestimmung von k bei nicht isolierten Leitungen praktisch nur von der Genauigkeit der Kenntnis von α_a ab; α_a entscheidet über die Größe des Wärmeaustausches, wie ein Rechenbeispiel noch zeigen wird. Die Wärmeübergangszahl an der Außenwand der Rohre oder Lutten enthält den Einfluß der Konvektion (Index k), auch der freien Konvektion, den Einfluß der Strahlung (Index s) und eventuell den Einfluß einer Wasserdampfkondensation (Index $kond$) bei kalten Rohren.

$$\alpha_a = \alpha_k + \alpha_s + \alpha_{kond} \text{ in W/m}^2\text{K} \dots\dots\dots\dots\dots\dots\dots\dots\dots\dots\dots\dots [3]$$

Für α_k an außen längsangeströmten Rohren sind aus dem Schrifttum kaum Werte zu entnehmen. Am ehesten sind die Werte aus den Bildern 25 und 26 zu gebrauchen, die für Lutten gelten. Auf Grund von Messungen an längsangeströmten Körpern sind folgende Formeln zur näherungsweisen Berechnung zu empfehlen:

$$\alpha_k \approx \sqrt{\alpha_{ek}{}^2 + \alpha_{fk}{}^2} \text{ in W/m}^2\text{K} \dots\dots\dots\dots\dots\dots\dots\dots\dots\dots [4]$$

Es bedeuten α_{ek} die Wärmeübergangszahl durch erzwungene Konvektion, die vor allem von der Geschwindigkeit w in m/s abhängt, mit der das Rohr außen längs angeströmt wird und α_{fk} die Wärmeübergangszahl durch freie Konvektion, die insbesondere vom Temperaturunterschied zwischen Rohrwand und Wettern ($t_o - t_l$) in K sowie vom Rohrdurchmesser d_a abhängt:

$$\alpha_{ek} \approx 4{,}07 \; w^{0,8} \text{ in W/m}^2\text{K} \dots\dots\dots\dots\dots\dots\dots\dots\dots\dots\dots\dots [5]$$

$$\alpha_{fk} \approx 1{,}5 \left(\frac{t_o - t_l}{\pi \frac{d_a}{2}} \right)^{0,25} \text{ in W/m}^2\text{K} \dots\dots\dots\dots\dots\dots\dots\dots\dots [6]$$

Die Wärmeübergangszahl durch Strahlung kann außer bei metallisch blanken Rohren angenommen werden zu:

$$\alpha_s \approx 5{,}81 \text{ W/m}^2\text{K} \dots\dots\dots\dots\dots\dots\dots\dots\dots\dots\dots\dots\dots\dots\dots [7]$$

Die Wärmeübergangszahl auf Grund der Kondensation ist schwer anzugeben, da man den Grad der Benetzung vorher nicht genau kennt. Solange die Wandtemperatur der Rohrleitung größer ist als die Feuchttemperatur der Wetter, sind die Rohre trocken, es ist $\alpha_{kond} = 0$. Liegt die Wandtemperatur t_o erheblich unter der Feuchttemperatur t_f, so werden die Rohre stark schwitzen, und man kann rechnen, daß α_{kond} mindestens ebenso groß ist wie α_k. Bei nassen Rohren kann man also rechnen:

$$\alpha_a \approx 2 \; \alpha_k + 5{,}81 \text{ in W/m}^2\text{K} \dots\dots\dots\dots\dots\dots\dots\dots\dots\dots\dots [8]$$

Die innere Wärmeübergangszahl α_i ist meistens so groß, daß sie den k-Wert nur wenig beeinflußt.

Bei Wasserleitungen kann man das Glied $\frac{1}{\alpha_i}$ in Gleichung [2] ruhig wegfallen lassen. Bei Luttenleitungen gilt:

$$\alpha_i \approx 4{,}07 \; \frac{w_i^{0,75}}{d_i^{0,25}} \text{ in W/m}^2\text{K} \dots\dots\dots\dots\dots\dots\dots\dots\dots\dots\dots [9]$$

Die Wärmeaufnahme oder Abgabe des in den Leitungen strömenden Mediums kann man rasch nach Gleichung 10 bestimmen:

$$\dot{Q} = \dot{m} \, c \, (t_2 - t_l) \text{ in W} \dots\dots\dots\dots\dots\dots\dots\dots\dots\dots\dots\dots\dots [10]$$

Die spezifische Wärme von Wasser ist bekanntlich

$c_w = 4{,}187 \text{ kJ/kgK bzw. } 4187 \text{ J/kgK}$

und die von Luft

$c_{pL} = 1 \text{ kJ/kgK}$ bzw. 1000 J/kgK

Beim Wärmedurchgang durch ausreichend stark isolierte Rohre oder Lutten hat der Wärmeübergang keine große Bedeutung. Man kann die α-Werte schätzen und in die Rechnung einsetzen. Entscheidend wichtig ist hier die Wärmeleitfähigkeit der Isolierung λ und die Dicke der Isolierung sowie das Verhältnis von Außendurchmesser zu Innendurchmesser der Isolierung d_a/d_i.

Die Wärmeleitfähigkeit der Isolierstoffe kann Handbüchern entnommen werden, meistens gibt die Herstellerfirma die Werte für ihre Isoliermaterialien an. Die Mehrzahl aller Isolierstoffe enthält viel Luft, die die geringe Wärmeleitfähigkeit

$\lambda_L \approx 0,027 \text{ W/mK}$

bei mittleren Temperaturen hat. Je nach Raumgewicht der Isolierstoffe pflegt deren Leitfähigkeit zwischen 0,035 W/mK (bei geringem Raumgewicht) und 0,058 W/mK zu liegen. Wir rechnen mit einem üblichen Wert $\lambda = 0,041$ W/mK für luftgekühlte Isoliermaterialien. Moderne Isolierstoffe, mit Freon oder ähnlichen Gasen aufgeschäumte Kunststoffe, haben Wärmeleitfähigkeiten um 0,023 W/mK.

Jetzt sollen einige einfache Zahlenbeispiele über die Wärmeabgabe von Rohrleitungen durchgerechnet werden. Daraus ergeben sich Aufschlüsse über die Wirkung der Isolierung.

2. Isolierung von Lutten (Berechnungsbeispiel)

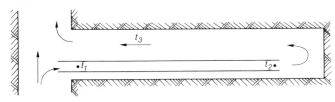

Errechnen wir die Luttenaustrittstemperatur t_2 für folgende Daten:

$t_1 = 20\,°C$ Lutteneintrittstemperatur (hinter dem Lüfter)
$t_3 = 30\,°C$ mittlere Wettertemperatur in der Strecke
$l = 500$ m Luttenlänge
$d_i = 0,7$ m Luttendurchmesser
$\dot{V} = 6,67 \text{ m}^3/\text{s}$ Wettermenge
$\varrho = 1,3 \text{ kg/m}^3$ Dichte der Wetter
$\dot{m} = \dot{V}\varrho = 8,67 \text{ kg/s}$

Der Wert von c_p ist bekannt. Nun ist k zu bestimmen.

2.1 Nicht isolierte Kunststofflutte

Zur Bestimmung von α_i braucht man die Geschwindigkeit in der Lutte w_i; sie ergibt sich als Quotient von Wettermenge und Querschnitt $A = \pi\dfrac{d^2}{4}$ in m².

$$w_i = \frac{\dot{V}}{\pi\dfrac{d^2}{4}} = \frac{6,67}{\pi\dfrac{0,49}{4}} = 17,3 \text{ m/s}$$

Daraus ergibt sich nach Gleichung [9]:

$$\alpha_i = 4{,}07 \, \frac{w_i^{0{,}75}}{d_i^{0{,}25}} = 4{,}07 \, \frac{8{,}5}{0{,}915} = 37{,}8 \text{ W/m}^2\text{K}$$

Zur Bestimmung von α_a benötigen wir zunächst die Wettergeschwindigkeit w in m/s in der Strecke

$$w = \frac{\dot{V}}{A_{Strecke}} = \frac{6{,}67}{10} = 0{,}67 \text{ m/s}$$

$$\alpha_{ek} \approx 4{,}07 \cdot 0{,}67^{0{,}8} = 2{,}95 \text{ W/m}^2\text{K}$$

Der Temperaturunterschied $(t_{to} - t_l)$ wird geschätzt auf im Mittel 2 K. Damit:

$$\alpha_{fk} = 1{,}5 \left(\frac{2}{\pi \cdot 0{,}35} \right)^{0{,}25} = 1{,}74 \text{ W/m}^2\text{K}$$

$$\alpha_k = \sqrt{2{,}95^2 + 1{,}74^2} = 3{,}42 \text{ W/m}^2\text{K}$$

Kondensation soll nicht auftreten, dann ist nach Gleichung [3] und [4]:

$$\alpha_a = 3{,}42 + 5{,}81 = 9{,}23 \text{ W/m}^2\text{K}$$

$$\frac{1}{\alpha_i} = 0{,}026 \text{ m}^2\text{K/W}$$

$$\frac{d_i}{d_a \, \alpha_a} = 0{,}108 \text{ m}^2\text{K/W}$$

Jetzt fehlt noch das letzte Glied in Gleichung [2], das bei nicht isolierten Kunststoff- (und auch Blechlutten) aber vernachlässigt werden kann; weil $d_a / d_i \approx 1$ ist, ist $\ln \frac{d_a}{d_i}$ und damit das ganze Glied $\frac{d_i}{2\lambda} \ln \frac{d_a}{d_i} \approx 0$:

$$\frac{1}{k} \approx \frac{1}{\alpha_i} + \frac{1}{\alpha_a} = 0{,}026 + 0{,}108 = 0{,}134$$

$$k = 7{,}46 \text{ W/m}^2\text{K}$$

Jetzt kann t_2 errechnet werden mit Hilfe von Gleichung [1]:

$$t_2 = 30 - 10 \, e^{-\frac{\pi \cdot 0{,}7 \cdot 7{,}46 \cdot 500}{8{,}67 \cdot 1 \cdot 10^3}}$$

$$t_2 = 26{,}1 \text{ °C}$$

2.2 Isolierte Lutte

Rechnen wir mit einer Dicke der Isolierschicht von 0,05 m, dann ist $d_a = 0{,}8$ m. Der Wert $1/\alpha_i$ ändert sich nicht.

$$\frac{d_i}{d_a \, \alpha_a} = 0{,}0945 \text{ m}^2\text{K/W}$$

Wichtig wird jetzt das letzte Glied.

$$\frac{d_i}{2\lambda} \ln \frac{d_a}{d_i} = \frac{0{,}7}{2 \cdot 0{,}041} \ln \frac{0{,}8}{0{,}7} = 1{,}14$$

$$\frac{1}{k} = 0{,}026 + 0{,}0945 + 1{,}14 = 1{,}261$$

$k = 0{,}793 \; \text{W/m}^2\text{K}$

Jetzt kann wieder der Anstieg der Temperatur in der Lutte von 20 °C auf t_2 errechnet werden:

$$t_2 = 30 - (30 - 20) \; e^{-\frac{\pi \cdot 0{,}7 \cdot 0{,}793 \cdot 500}{8{,}67 \cdot 1 \cdot 10^3}}$$

$$= 30 - 10 \; e^{-0{,}1}$$

$$t_2 = 20{,}96 \; °\text{C}$$

Das zeigt deutlich den Vorteil der Isolierlutte bei blasender Bewetterung, der sich allerdings nur vor Ort voll auswirkt; auf dem Rückweg der Wetter durch die Strecke nehmen die bei Anwendung einer Isolierlutte kühlen Wetter eine große Wärmemenge aus dem Gebirge auf.

3. Isolierung von Wasserleitungen

Dieses Problem hat eine große praktische Bedeutung, einmal bei Kaltwasserleitungen, in denen das kalte Wasser von Kühlmaschinen zu den Wetterkühlern fließt, und zweitens bei Rohrleitungen, in denen heiße Sole oder warmes Kühlwasser bewegt wird. In beiden Fällen sollte der Wärmeaustausch zwischen Wasserleitung und Wetterstrom möglichst klein sein; im ersten Fall, weil das Wasser möglichst kalt in die Wetterkühler gelangen soll, im zweiten Fall, weil die Wetter nicht erwärmt werden sollen. Gelegentlich ist allerdings die Kühlwirkung von nicht isolierten Kaltwasserleitungen erwünscht. Die Berechnung der Erwärmung oder Abkühlung von fließendem Wasser in Rohrleitungen erfolgt grundsätzlich genau so wie die Berechnung der Erwärmung der Wetter in einer Lutte. Deshalb kann hier auf eine Rechnung verzichtet und nur über die Ergebnisse gesprochen werden.

Zu erwähnen ist nur zur Berechnung, daß bei Kaltwasserleitungen, die nicht isoliert sind, in der Regel Kondensation auftritt, wodurch die Wärmedurchgangszahl k erheblich vergrößert wird. Der k-Wert ist bei nicht isolierten Wasserleitungen auch deshalb größer als bei Lutten, weil die innere Wärmeübergangszahl (zwischen Wasser und der Rohrwand) 10- bis 20mal größer ist und außerdem die äußere Wärmeübergangszahl α_a wegen des kleinen Rohrdurchmessers (vgl. Gleichung [6]) einen höheren Wert hat.

Das Glied $\dfrac{1}{\alpha_i}$ kann gleich Null gesetzt werden.

Bei isolierten Rohren ist dagegen (bei gleicher Isolierdichte) der k-Wert kleiner als bei Isolierlutten, weil d_i kleiner ist und damit der wichtige Faktor $\ln \dfrac{d_a}{d_i}$ viel größer wird. Eine Isolierstärke von 30 mm reicht in den meisten Fällen aus.

Man kann bei isolierten Wasserrohren die Gleichung [2] ohne weiteres vereinfachen zu

$$\frac{1}{k} \approx \frac{d_i}{2\,\lambda} \ln \frac{d_a}{d_i}$$

In einem Berechnungsbeispiel für eine Rohrleitung von 80 mm Durchmesser erhält man ohne Isolierung einen Wert $k = 29{,}1 \; \text{W/m}^2\text{K}$; isoliert man das Rohr mit Styroporschalen von 40 mm Dicke, so wird $k = 1{,}21 \; \text{W/m}^2\text{K}$.

Die Rechnung ergibt, daß bei einer nicht isolierten Kaltwasserleitung von 500 m Länge eine Kälteleistung von 116 kW an den Wetterstrom abgegeben wird, während der Verlust bei der isolierten Kaltwasserleitung nur 7 kW beträgt. Leider werden die theoretisch möglichen sehr niedrigen Werte von isolierten Rohrleitungen in der Praxis selten erreicht. Die Wärmedurchgangszahlen nicht isolierter Kaltwasserleitungen sind in einem Arbeitsblatt (Anlage 4) zusammengestellt.

Anhang 4

Klimavorausberechnungen für einen Streckenvortrieb mit Vollschnittmaschine

1. Zusammenfassung der Ergebnisse

Die Auffahrung von Gesteinsstrecken mit einer Vollschnittmaschine auf einem tiefen Bergwerk muß mit Wetterkühlung erfolgen. Im ungünstigsten Zeitraum, das heißt im Sommer und in der zweiten Hälfte der Auffahrung, also bei einer sehr großen Länge der Sonderbewetterung (maximale Länge 5 km), ist eine Kühlleistung von rd. 580 kW erforderlich, um im Bereich der Vortriebsmaschine Effektivtemperaturen von 28 °C und mehr zuverlässig zu verhindern. Während der übrigen Zeit genügt eine Kühlleistung von rd. 350 kW im Maschinenbereich.

Voraussetzung für die Realisierung der geplanten Klimawerte ist die Verwirklichung der geplanten Wettermenge von mindestens 10 m³/s vor Ort. Sie kann erreicht werden mit Hilfe einer Luttenleitung von 1,2 m Durchmesser, wenn diese gut verlegt und überdurchschnittlich dicht ist und die geeigneten Lüfter eigesetzt werden. Bei sehr großen Luttenlängen könnten zwei parallel geschaltete Gegenläufer am zweckmäßigsten sein, bei geringeren Längen bietet sich ein Lüfter von 900 mm Durchmesser und rd. 70 kW Leistung an. — Wichtig ist es für die optimale Nutzung der Kühlleistung, einen Teilwetterstrom (maximal 5 m³/s) ungekühlt über den Bohrkopf und durch die Entstaubungsanlage zu führen und diesen erwärmten und befeuchteten Wetterstrom in einer Luttenleitung hinter dem Entstauber möglichst weit von der Maschine wegzuführen. Spätestens am Ende dieser Leitung, nach dem Zumischen dieses Teilstromes, werden Effektivtemperaturen über 28 °C erreicht werden.

Grundsätzlich kann die Kühlung mit zwei Wetterkühlmaschinen oder einer Wasserkühlmaschine und Wetterkühlern vorgenommen werden. Beide Lösungen haben Vor- und Nachteile, die im Abschnitt 3. (Berechnungsergebnisse) erörtert werden. Bei sehr langen Strecken, wie im vorliegenden Planungsfall, überwiegen die Vorteile der Wetterkühlmaschinen. Es wird deshalb empfohlen, zwei Wetterkühlmaschinen mit der Vollschnittmaschine mitzuführen. Die erforderliche Kühlleistung beträgt 290 bis 350 kW. Die beste Kühlwirkung wird erreicht, wenn der nicht durch den Entstauber ziehende Wetterstrom zunächst in der Luttenleitung (Verdampfer 1) und nach seiner Erwärmung auf rd. 28 °C Effektivtemperatur noch einmal in der Strecke (Verdampfer 2) gekühlt wird.

Auch in der ersten Hälfte der Auffahrung sollten möglichst große Wettermengen angestrebt werden, dann wird die erwähnte Kühlung vor Ort ausreichen, um hier Effektivtemperaturen über 28 °C und in der gesamten Strecke über 32 °C zu verhindern. In der letzten Phase der Auffahrung ist es wahrscheinlich, daß in Teilen der Strecke Effektivtemperaturen um 32 °C erreicht werden. Zu diesem Zeitpunkt könnte eine weitere Wetterkühlmaschine am Anfang der Luttenleitung eingesetzt werden.

Stattdessen könnte auch eine zweite Luttenleitung verlegt werden, die eine zusätzliche Wettermenge in die Strecke einbläst. Eine weitere Möglichkeit, das Klima in dieser schwierigsten Phase der Auffahrung zu verbessern, besteht darin, möglichst kühles, evtl. sogar kaltes Wasser in die Strecke zu schicken. Auf dem Weg durch die Vorlaufleitung zu den Verbrauchern vor Ort (Düsen und Wetterkühlmaschinen) übt das Wasser eine erhebliche Kühlwirkung auf die zurückströmenden Wetter aus.

193

2. Vorbemerkungen

Am Anfang der Klimavorausberechnungen, deren Ergebnisse im folgenden mitgeteilt werden, standen ausführliche Überlegungen über die Wahl der Lutten und Lüfter, die zweckmäßige Verteilung der Wetter im Bereich der Vortriebsmaschine und die richtige Art der Wetterkühlung. Diese Probleme sollen hier nur angedeutet werden; lediglich die verschiedenen Möglichkeiten der praktischen Durchführung der Wetterkühlung werden ausführlich genug behandelt, um die Berechnungsergebnisse voll verstehen zu können.

Bezüglich der Lutten wurde beschlossen, eine Luttenleitung aus faltbaren Kunststofflutten von 1,2 m Durchmesser zu wählen. Dieses ist der kleinste Durchmesser, bei dem man mit nur einer Luttenleitung die aus staubtechnischen und klimatischen Gründen erforderliche Wettermenge vor Ort ($\dot{V}_{vo}$) von 10 m³/s bei einer Maximallänge von 5000 m verwirklichen kann. Voraussetzung dafür ist eine recht dichte und möglichst geradlinig verlegte (geringer Druckzuschlag) Leitung. Bei Leckverlusten von 0,5% je 100 m und einem Druckzuschlag von 0,2 zum Beispiel ist es möglich, mit 2 parallel geschalteten, gegenläufigen Lüftern (je 700 mm Durchmesser und 44 kW Leistung, also insgesamt 88 kW) wenigstens 13,3 m³/s am Lüfter und 10 m³/s vor Ort zu erreichen.

Im Bereich der Vortriebsmaschine sollten die Wetter so verteilt werden (Bild 1), daß annähernd die Hälfte ungekühlt bis an die Ortsbrust zieht und dann durch die Entstaubungsanlage und eine daran anschließende Luttenleitung abgeführt wird. Die andere Hälfte wird mit einem Wetterkühler (Wärmetauscher) gekühlt; sie erwärmt sich im Bereich der Bohrmotoren und wird in einem 2. Kühler nochmals abgekühlt.

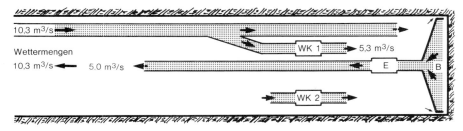

WK   Wetterkühler (Verdampfer der Wetterkühlmaschine)
E   Entstaubungsanlage
B   Bohrschild, Bohrkopf
WK1 Wetterkühler in der Lutte, 145 bis 175 kW
WK2 Wetterkühler in der Stecke, 145 bis 175 kW
      (Die Wetterrichtung im WK2 kann auch umgekehrt sein)

Bild 1. Übersichtsskizze über die Wetterverteilung im Bereich einer Streckenvortriebsmaschine.

Ziel der 2-stufigen Kühlung der Teilwettermenge ist es, im gesamten Maschinenbereich Effektivtemperaturen von 28 °C und mehr mit einer verhältnismäßig kleinen Kühlleistung zu verhindern.

Es ist nun möglich, die Wetterkühlung mit zwei Wetterkühlmaschinen vor Ort oder mit einer Wasserkühlmaschine außerhalb der sonderbewetterten Strecke vorzunehmen. Im ersten Fall stehen die Kältemaschinen in nicht zu großem Abstand von der Ortsbrust, die Wetterkühler sind die Verdampfer dieser Maschinen. In der Strecke müssen zwei Rohrleitungen für den Kühlwasserkreislauf mitgeführt werden, die in der Regel ohne Isolierung bleiben. — Im zweiten Fall sind vor Ort bzw. im Maschinenbereich nur Wetterkühler installiert, die über einen Kaltwasserkreislauf mit Kälte versorgt werden. Die Kaltwasser-

rohrleitungen müssen bei langen Strecken isoliert werden, oder die Kälteleistung der Kälteerzeugungsanlage muß wesentlich, oft um ein Vielfaches, größer sein als die Kühlleistung vor Ort. Es wurden hier Berechnungen zu beiden Versionen vorgenommen.

Neben den schon genannten Daten (Streckenlänge, Wettermengen und Lüfterleistungen)
sind für das Grubenklima noch folgende Angaben besonders wichtig:

Gebirgstemperatur $t_{gu} = 44\ °C$
Vortriebsgeschwindigkeit $v = 15\ m/d$
Streckenquerschnitt $A = 22\ m^2$
Installierte Leistung $P_N = 750\ kW$

und, für den Fall, daß Kaltwasserrohrleitungen verwendet werden:

Rohrdurchmesser $d = 0,15\ m$
Wärmedurchgangszahl der Rohre $k = 3,5\ bzw.\ 7\ W/m^2\ K$

3. Berechnungsergebnisse

3.1 Keine Wetterkühlung

Zum Vergleich mit den weiteren Berechnungen wurde auch der Fall durchgerechnet, daß
keine Wetterkühlung stattfindet (Bild 2, Kurve a_1). Es werden maximale Trockentemperaturen um $t_t = 39\ °C$ erreicht; bei relativen Luftfeuchtigkeiten um 54% vor Ort und 74% im
ortsfernen Teil werden Effektivtemperaturen erheblich über $t_{eff} = 32\ °C$ in der gesamten
Strecke auftreten.

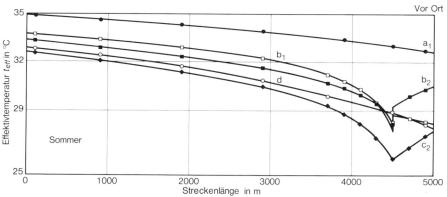

a_1 Kühlleistung 0; 3% der Maschinenwärme trocken übertragen; $P = 350\ kW$
b_1 Kühlleistung 290 kW; 3% der Maschinenwärme trocken übertragen; $P = 350\ kW$
b_2 Kühlleistung 290 kW; 30% der Maschinenwärme trocken übertragen; $P = 350\ kW$
c_2 Kühlleistung 290 kW; 30% der Maschinenwärme trocken übertragen; $P = 180\ kW$
d Kühlleistung 350 kW; Heizleistung $P = 350\ kW$

Bild 2. Errechnete Klimawerte im Streckenvortrieb beim Einsatz einer Wetterkühlmaschine. Variation der Kühlleistung, der Leistung der Vortriebsmaschine und der Feuchtigkeit.

Die Berechnungsergebnisse gelten für die maximale Streckenlänge, für den Sommer und
für ein intensives Schneiden der Vortriebsmaschine.

3.2 Kühlung mit einer Wetterkühlmaschine

Das Bild 2 enthält auch die errechneten Effektivtemperaturen für den Fall, daß Wetterkühlmaschinen vor Ort verwendet werden.

Bei diesen Berechnungen wurden mehrere Einflußgrößen auf das Klima variiert, erstens die Kühlleistung mit 290 bzw. 350 kW, zweitens die wirkliche mittlere Energieaufnahme der Vollschnittmaschine mit $P = 180$ bzw. 350 kW und drittens der Anteil der trocken übertragenen an der gesamten von der Vortriebsmaschine an die Wetter abgegebenen Wärmemenge von 3 bzw. 30%.

Die größte Wahrscheinlichkeit, daß der geplante Zustand verwirklicht wird, hat der Planungsfall der Kurve c_2; die Kühlleistung beträgt 2×145 kW nach Bild 1, die Leistung der Robbins-Maschine $P = 180$ kW, wovon 30% trocken übertragen werden. Eine Leistung von 180 kW entspricht ungefähr dem Tagesdurchschnittswert der elektrischen Leistung, das heißt dem täglichen Energieverbrauch in kWh, geteilt durch 24 h. Tatsächlich liegt der Wert bei 200 kW, es wurde jedoch die Kühlwirkung des vor Ort verdüsten Wassers bereits berücksichtigt. Mit diesem Wert errechnet man für den Hauptteil der Strecke gut zutreffende Klimawerte. Nur im Maschinenbereich treten während der Stunden intensiven Schneidens wesentlich höhere Klimawerte auf. Die Verhältnisse vor Ort werden deshalb durch die Kurve b_2 besser wiedergegeben. Sie gilt für eine Leistung $P = 350$ kW, die als Durchschnitt für die reine Schneidzeit der Maschine von rd. 10 h/d angesehen werden kann. Demnach kann man bei einer Kühlleistung $\Delta \dot{Q} = 290$ kW und 30% trockener Wärmeübertragung an der Vortriebsmaschine folgende maximale Effektivtemperatur erwarten: im ortsnahen Teil etwa 29 bis 30 °C (Kurve b_2) im ortsfernen Teil bis um 32 °C (Kurve c_2).

Die Temperatursenkung etwa 250 m von der Ortsbrust wird übrigens dadurch verursacht, daß die Wetterkühlung in der Berechnung an dieser Stelle erfolgen soll (nur bei den Kurven b und c). — Wenn vor Ort viel Wasser verdüst wird, fällt hier die Effektivtemperatur um 2 K (Vergleich b_1 gegen b_2), im ortsfernen Teil wird das Klima jedoch etwas verschlechtert. Erhöht man die Kühlleistung auf 350 kW, so verbessert man das Klima vor Ort um rd. 2 K Effektivtemperatur (Vergleich d mit b_2), im Hauptteil der Strecke ist der Gewinn gering.

Die Kurven im Bild 2 sind für den Maschinenbereich zu wenig aussagefähig. Die Berechnung mit dem Computer-Programm war nämlich beim Stand der Rechentechnik zur Zeit dieser Klimaplanung noch nicht so detailliert, wie dies im vorliegenden Fall (bei 2 Teilwetterströmen vor Ort mit sehr unterschiedlichen Zustandsänderungen) notwendig gewesen wäre. Deshalb wurden die Zustandsänderungen der Teilwetterströme vor Ort „von Hand" errechnet. Das Ergebnis wurde in ein hx-Diagramm (Bild 3) eingezeichnet.

Die Wetter werden mit einer Trockentemperatur $t_t = 28$ °C und einer Feuchttemperatur $t_f = 22$ °C angesaugt (Pkt. 1). In der Lutte erwärmen sie sich zunächst auf max. 36,8 °C, kühlen sich aber wieder auf rd. 35,0 °C vor dem Wetterkühler (WK1) ab (Pkt. 2). An dieser Stelle schließt sich die Berechnung „von Hand" an. Ein Teilstrom der Wetter $\dot{V} = 5,3$ m³/s geht durch den Kühler und wird auf 22 °C abgekühlt (Pkt. 3). Nach einer kleinen Erwärmung bis zum Luttenende (Pkt. 4) erwärmen sich die Wetter im Maschinenbereich auf ungefähr 33 °C (Pkt. 5), dann werden sie vom Wetterkühler WK2 angesaugt (vgl. Bild 1) und auf 23 °C gekühlt (Pkt. 6). An allen bisher genannten Punkten 1 bis 6 liegt die Effektivtemperatur unter 28 °C.

Der andere Teilstrom $\dot{V} = 5$ m³/s wird am Bohrkopf vorbeigesaugt, erwärmt sich dort auf ungefähr 36 °C (Pkt. 7), wird im Naßentstauber befeuchtet, wobei die Trockentemperatur auf rd. 30 °C fällt (Pkt. 8) und dann im 4-stufigen Lüfter der Entstaubungsanlage auf rd. 40 °C erwärmt (Pkt. 9). Treten diese feuchtwarmen Wetter im Maschinenbereich aus und vermischen sie sich mit dem kühleren Wetterstrom in der Strecke (Pkt. 6), dann hat das Gemisch eine Trockentemperatur von rd. 30 °C (Pkt. 10). Die Effektivtemperatur liegt noch knapp unter 28 °C, steigt jedoch im nachfolgenden Wetterweg rasch über diesen Wert an (Pkt. 11). Im ortsfernen Streckenteil (Pkt. 12 bis 14) gelten die mit dem Computer berechneten Werte aus Bild 2, Kurve c_2.

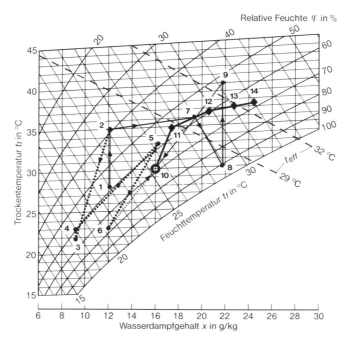

Bild 3. Zustandsänderung der Wetter im Streckenvortrieb (Kühlleistung 290 kW).

Will man die günstigen Klimawerte t_{eff} < 28 °C noch in einem längeren Streckenabschnitt hinter der Maschine erhalten, dann muß man die warmen Wetter aus dem Entstauber in einer ausreichend langen Luttenleitung bis über diesen Bereich hinausführen. — Im Rahmen der Fehlergrenzen der Rechnung (etwa ± 1,5 °C Effektivtemperatur) kann es möglich sein, daß im Torkretierbereich (etwa 200 bis 400 m von der Ortsbrust entfernt) im Sommer und bei großer Streckenlänge die Klimawerte auf t_{eff} > 28 °C steigen. Man muß sich dann entscheiden, ob man dies für kurze Zeit in Kauf nehmen soll oder, falls wirtschaftliche Überlegungen dafür sprechen, zusätzliche Maßnahmen treffen, um ständig deutlich unter t_{eff} = 28 °C zu bleiben. Als besonders wirksame Maßnahmen kommen infrage:

1. Erhöhung der Wettermenge, erforderlichenfalls durch eine zweite Luttenleitung.

2. Verstärkte Bedüsung des Bohrkopfes, falls verhältnismäßig kühles Wasser zur Verfügung steht.

3. Eine zusätzliche Wetterkühlmaschine, unter Umständen am Anfang der Luttenleitung, das heißt hinter den Luttenlüftern.

3.3 Kühlung mit einer Wasserkühlmaschine

Beim Einsatz einer Wasserkühlanlage in Streckenvortrieben stellt man die Kältemaschine zumeist außerhalb der Sonderbewetterung auf. Die Kälte wird über Kaltwasserrohrleitungen zu den Wetterkühlern transportiert, die sich in nicht zu großer Entfernung von der Ortsbrust befinden. Der Vorteil dieser Anordnung besteht u. a. darin, daß die Wartung und gegebenenfalls Reparaturarbeiten viel leichter durchzuführen sind. Außerdem kann man an den kalten Rohrleitungen soviel Wärme aus den Wettern aufnehmen, daß die Strecke auf ihrer gesamten Länge klimatisiert wird. Dieser Wärmeaustausch an den Rohren kann jedoch auch als Nachteil angesehen werden, zumindest bei sehr großen Streckenlängen. Man muß dann die Rohre nämlich, zumindest teilweise, isolieren, andernfalls werden zu große Wärmemengen im ortsfernen Streckenteil ausgetauscht und das Wasser ist vor Ort zu warm, so daß in den Wetterkühlern keine ausreichende Kühlleistung erreicht werden kann.

An einer einzigen nicht isolierten Stahlrohrleitung (Kaltwasservorlauf) von 5000 m Länge und 0,15 m Durchmesser und mit den Schätzwerten $t_l = 35$ °C und $t_w = 20$ °C (Vorlaufleitung mit einem Wasservolumenstrom von 40 m³/h und 10 °C Anfangstemperatur) werden 870 kW übertragen. Das heißt, man braucht eine Kaltwassermaschine mit einer Leistung von rd. 1150 kW, um noch eine Kühlwirkung an den Wetterkühlern vor Ort ausüben zu können. Da eine Maschine dieser Größe in diesem Planungsbeispiel nicht diskutabel ist, muß man die Rohrleitungen, zumindest die Vorlaufleitung, isolieren.

Das Bild 4 enthält die mit dem Computer errechneten Effektivtemperaturen.

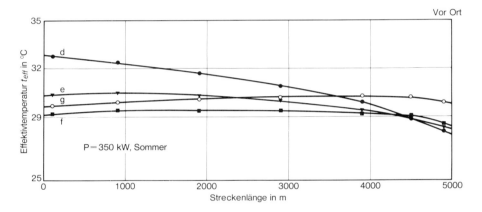

d Kühlleistung vor Ort 350 kW, an den Rohren 0 kW ($k = 0$)
e Kühlleistung vor Ort 300 kW, an den Rohren 290 kW ($k = 3,5$)
f Kühlleistung vor Ort 250 kW, an den Rohren 490 kW ($k = 7$)
g Kühlleistung vor Ort 150 kW, an den Rohren 510 kW ($k = 7$)

Bild 4. Errechnete Klimawerte im Streckenvortrieb beim Einsatz einer Wasserkühlmaschine. Variation der Kälteleistung zwischen 350 und 740 kW.

Bei einer mäßigen Isolierung der Kaltwasserleitung ($k = 7$ W/m²K) werden an Vorlauf und Rücklauf zusammen rd. 500 kW übertragen. Variiert wurden die Kühlerleistungen vor Ort und damit die Gesamtkälteleistungen. Bei einer Kühlerleistung von 2×125 kW bzw. einer Gesamtkühlleistung von $250 + 490 = 740$ kW (Kurve f) werden an keiner Stelle in der gesamten, 5000 m langen Strecke Werte von $t_{eff} \geq 29,5$ °C erreicht.

Wenn man die umlaufende Wassermenge im Kaltwasserkreislauf zu gering wählt oder die Kältemaschine die eben genannte Leistung von 740 kW nicht zu erbringen vermag, sinkt die Leistung der Wetterkühler. Zum Vergleich wurde mit einer Kühlerleistung von $2 \times 75 = 150$ kW gerechnet.

Jetzt, bei einer Gesamtkühlleistung von $150 + 510 = 660$ kW liegen die Effektivtemperaturen über nahezu der gesamten Streckenlänge bei 30 °C. Man erkennt außerdem, daß bei dieser Isolierung eine Kälteleistung von rd. 700 kW notwendig ist, um vor Ort noch eine nennenswerte Kühlleistung zu haben.

Wenn man die Rohre gut isoliert, allerdings ohne Flanschisolierung ($k = 3,5$ W/m^2 K), kann man den Wärmeübergang an den Rohren auf rd. 290 kW verringern (Kurve e). Jetzt ist es möglich, vor Ort eine Kühlleistung von 2×150 kW zu verwirklichen. In diesem Fall sind die Verhältnisse vor Ort wieder nahezu die gleichen wie bei der Wetterkühlmaschine (vgl. Bild 3). Die Klimawerte in der Strecke sind jedoch im ortsfernen Streckenteil um 2 K (Effektivtemperatur) besser, wie ein Vergleich mit völlig isolierten Rohren (Kurve d) und einer Kühlleistung von 350 kW vor Ort zeigt. Die Kurven d in den Bildern 1 und 3 sind identisch, denn bei gleicher Kühlleistung vor Ort hat man annähernd das gleiche Klima, wenn man entweder Wetterkühlmaschinen vor Ort oder eine Wasserkühlmaschine mit Wetterkühlern vor Ort und perfekt isolierten Rohren einsetzt, vorausgesetzt, bei der Wetterkühlmaschine ist der Kühlwasserkreislauf thermisch neutral, das heißt der Vorlauf kühlt die Wetter um den gleichen Betrag, um den der Rücklauf die Wetter aufheizt.

Insgesamt kann man zu der Lösung mit der Wasserkühlmaschine sagen, daß man vor Ort die gleiche Kühlwirkung wie bei einer Wetterkühlmaschine erreichen kann, wenn man die Kaltwasserrohre gut isoliert. Die Leistung der Kältemaschine muß jedoch um wenigstens 290 kW größer sein, weil diese Kältemenge an den Rohren (trotz Isolierung) ausgetauscht wird. Andererseits üben die Kaltwasserrohre eine erwünschte Kühlung über der gesamten Streckenlänge aus, die den Einsatz einer größeren Kältemaschine rechtfertigt.

Klimaplanung für Abbaubetriebe
in einer sehr hohen Gebirgstemperatur

1. Allgemeines

Eine Schachtanlage hat die Absicht, in naher Zukunft Abbau in einem neuen Baufeld zu betreiben. Zunächst sollen, zur Erkundung der Verhältnisse im Westen eines großen Sprunges, zwei Abbaubetriebe gleichzeitig laufen, einer im Flöz B, der zweite voraussichtlich im nächsthöheren bauwürdigen Flöz.

Das Flöz B ist wegen des großen Verwurfes des Sprunges von rd. 415 m erst in einer Teufe von 1250 m anzutreffen, obwohl es im bisherigen Baufeld mit zu den obersten Flözen gehört. Es ist von großer Bedeutung für die zukünftige Abbauplanung, ob das Flöz B, das aus klimatischen Gründen wohl das tiefste Flöz ist, das man mit den heute üblichen Fördermengen von 1000 bis 2000 t v.F./d je Streb noch abbauen kann, uneingeschränkt bauwürdig ist.

Da in den geplanten Abbauen wegen der hohen Gebirgstemperatur sehr ungünstige Klimaverhältnisse zu erwarten sind, werden Klimavorausberechnungen durchgeführt, die Auskunft über die erforderlichen Wettermengen, die gegebenenfalls notwendigen Kälteleistungen von Wetterkühlmaschinen, die zweckmäßigste Art der Wetter- und Abbauführung und die unter den vorliegenden Verhältnissen maximal mögliche Betriebspunktfördermenge geben sollen.

Die Vorausberechnungen werden für den klimatisch ungünstigsten Fall vorgenommen, also für das Flöz B, das am tiefsten liegt und die höchsten Gebirgstemperaturen aufweist, für sommerliche Verhältnisse und für einen ungünstigen Strebstand, das heißt bei großen Abbaustreckenlängen.

2. Daten des Abbaubetriebes

Die Wetter werden vom Schacht VI zum Abbau herangeführt. Eine Zuführung über die 945 m-Sohle (als abfallende Wetterführung bezeichnet) ist klimatisch günstiger als die Zuführung über den geplanten Förderberg (aufsteigende Wetterführung), wie die Rechnung zeigt. Einen entscheidenden Einfluß auf die Klimaverhältnisse hat die Gebirgstemperatur im Abbaubereich.

Beim Abteufen des Schachtes VI wurde eine geothermische Tiefenstufe von 32,4 m/K im Deckgebirge festgestellt. Aus einer bisher einzigen zusätzlichen Messung im Karbon am Schacht VI wurde eine geothermische Tiefenstufe von 18,2 m/K für das Karbon errechnet. Mit diesem Wert erhält man für eine Teufe von 1250 m (-1175 mN) eine Gebirgstemperatur $t_{gu} = 59{,}7\,°C$. Bei nur 100 m Teufendifferenz zwischen den beiden tiefsten Temperaturmeßstellen ist es jedoch unsicher, ob der extrem ungünstige Wert von 18,2 m/K zuverlässig ist. Alle anderen Meßwerte im Karbon in diesem Baufeld ordnen sich gut auf einer Geraden mit einer Tiefenstufe von 21,6 m/K ein. Damit errechnet man für 1250 m Teufe eine Gebirgstemperatur $t_{gu} = 55{,}8\,°C$. Die Klimaplanung basierte auf einer dazwischenliegenden Gebirgstemperatur $t_{gu} = 57\,°C$ für 1250 m Teufe. Es soll baldmöglichst durch Messung festgestellt werden, welche geothermische Tiefenstufe das Karbon hier wirklich aufweist.

Eine andere wichtige Einflußgröße auf das Klima im Abbau ist die Fördermenge. Im vorliegenden Planungsfall sollen 2000 t v.F./d erreicht werden, das entspricht einer Rohfördermenge $F_R = 3000$ t/d. Besonders wichtig ist naturgemäß auch die Wettermenge, insbesondere die Strebwettermenge. Hier sind 83 m³/s für die beiden geplanten Abbaubetriebe mit den dazugehörigen Vorrichtungsbetrieben vorgesehen. In jedem Abbau sollen (bei einem maximalen Kurzschlußwetterstrom von 8 m³/s je Abbau) also 33 m³/s ziehen. Davon können jedoch im Flöz B, wegen des geringen Strebquerschnitts von rd. 5 m² bei einer Mächtigkeit von 1,5 bis 1,6 m und Rahmenausbau nur maximal $\dot{V} = 20$ m³/s durch den Streb ziehen (davon 1000 m³/min im eigentlichen, ausgebauten Strebraum und 200 m³/min in einem unmittelbar daran angrenzenden Streifen des Alten Mannes).

Die verbleibende Wettermenge von 13 m³/s muß durch eine geeignete Wetterführung zur Auffrischung genutzt und den Strebwettern am Strebausgang zugemischt werden. Auf die verschiedenen Möglichkeiten der Wetterführung im Abbau, soll hier aus Platzgründen nicht eingegangen werden. Es sei lediglich in Bild 1 eine Bewetterungsmöglichkeit skizziert, welche die geforderten Wettermengen und die Wetterauffrischung am Strebausgang sicherstellt. Diese Wetterführung hat den Vorteil, daß eine große Wettermenge bis zum Streb geführt wird. Nur in diesem Fall ist es noch vertretbar, in den einziehenden Wetterstrom einen sonderbewetterten Vorrichtungsbetrieb einzuschalten. — Eine Vergrößerung der Wettermengen wäre im Interesse des Grubenklimas erwünscht.

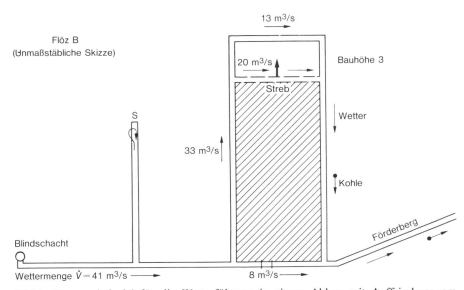

Bild 1. Planungsbeispiel für die Wetterführung in einem Abbau mit Auffrischung am Strebausgang bei abfallender Wetterführung.

Die weiteren, für die Klimavorausberechnung wichtigen und noch nicht genannten Daten sind hier zusammengestellt:

Streblänge $z_1 = 250$ m
Im Strebbereich installierte elektrische Leistung $P_N = 700$ kW
Abbaugeschwindigkeit $v_a = 4$ m/d
Maximale Länge des einziehenden Wetterweges im gebauten Flöz $z_2 = 1500$ m
Bruchbau

3. Ergebnisse der Klimavorausberechnung

3.1 Vergleich von abfallender mit aufsteigender Wetterführung

Man kann die Wetter im vorliegenden Fall über die 945 m-Sohle und den Blindschacht zum Abbau führen. Dann liegt der größte Teil des einziehenden Wetterweges in verhältnismäßig geringer Gebirgstemperatur. Außerdem liegt die Wärmequelle „Förderkohle und Stetigfördermittel" nicht im Einziehweg der Wetter; deshalb gelangen die Wetter kühler und trockener zum Abbau. Diese Art der Wetterführung soll als abfallende Wetterführung bezeichnet werden. Im Ausziehweg der Wetter strömen dann Förderkohle und Wetter in gleicher Richtung. Dieses Prinzip der Gleichstromführung der Wetter sollte auch im Abbaubereich (vgl. Bild 1) immer verwirklicht werden. Die entgegengesetzte Wetterführung, bei der die Wetter durch den Förderberg einziehen (hier Gegenstromführung von Wettern und Förderkohle), soll als aufsteigende Wetterführung bezeichnet werden, obwohl diese Namensgebung, die auf die Wetterführung im Streb bezogen ist, bei der hier nahezu söhligen Lagerung etwas unglücklich ist.

Das Bild 2 zeigt die für verschiedene Bewetterungsalter (3 bis 24 Monate) errechneten Wettertemperaturen im Einziehweg bei abfallender und aufsteigender Wetterführung. Die Temperaturen im Bild 2 gelten für mittlere klimatische Verhältnisse im Einziehweg (Jahresmittelwerte), während in allen anderen Bildern Sommerwerte aufgezeichnet sind. Im Sommer liegen die Temperaturen am Anfang des Weges (Füllort Schacht VI) um 6 °C, am Eintritt in den Abbau um 4 °C höher.

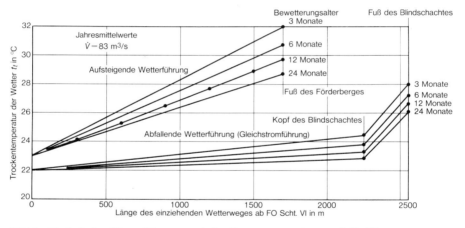

Bild 2. Einfluß der Wetterführung und des Bewetterungsalters auf die Wettertemperaturen im Einziehweg.

Man erkennt, daß die Wetter sich auf der 945 m-Sohle nur geringfügig erwärmen, erst im Blindschacht setzt eine rasche Temperaturerhöhung, vor allem aufgrund der Kompressionswärme, ein. Bei aufsteigender Wetterführung dagegen erwärmen sich die jetzt im Förderberg einziehenden Wetter trotz der großen Wettermenge sehr stark.

Am Eintritt in den Abbaubereich beträgt der Temperaturunterschied zugunsten der abfallenden Wetterführung rd. 4 K; deshalb sollte man unbedingt dieses Prinzip verwirklichen, auch wenn der Vorteil der abfallenden Wetterführung auf dem weiteren Wetterweg durch den Abbau auf rd. 2 K am Strebeingang und knapp 1 K am Strebausgang abgeschwächt wird.

3.2 Klimawerte im Abbau bei aufsteigender Wetterführung

Bei aufsteigender Wetterführung erreichen die Wetter den Abbaubereich im Jahresmittel nach wenigstens einjähriger Bewetterung des Förderberges mit einer Trockentemperatur von 29,7 °C. Im Hochsommer liegt die Temperatur um 4 K höher. Deshalb beginnt die Klimavorausberechnung für den Abbau mit einer Wettertemperatur von rd. 34 °C am Anfang der einziehenden Abbaustrecke. Das Bild 3 zeigt die errechneten Trocken- und Effektivtemperaturen in der einziehenden Abbaustrecke mit der Maximallänge 1500 m und im Streb. Die Rechnung wurde mit einer Strebwettermenge von 20 m³/s (davon 17 m³/s im ausgebauten Strebraum) und für zwei verschiedene Wettermengen in der Abbaustrecke $\dot{V} = 20$ und 33 m³/s durchgeführt. Die größere Menge entspricht einer in Bild 1, dort allerdings für abfallende Wetterführung, dargestellten Art der Wetterauffrischung. Bei der kleineren Wettermenge strömt in der einziehenden Abbaustrecke nur die Strebwettermenge, der Kurzschlußstrom zur Wetterauffrischung $\dot{V} = 13$ m³/s muß dann auf einem anderen Weg zum Strebausgang geführt werden.

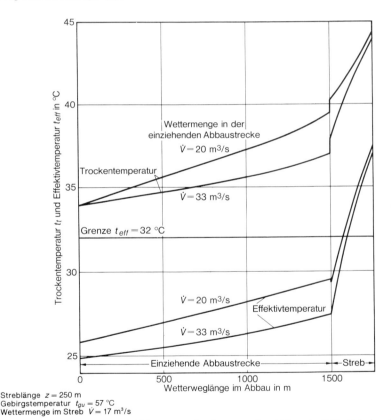

Streblänge $z = 250$ m
Gebirgstemperatur $t_{gu} = 57$ °C
Wettermenge im Streb $\dot{V} = 17$ m³/s

Bild 3. Temperaturen und Klimawerte im Sommer im Abbau in Flöz B bei aufsteigender Wetterführung ohne Wetterkühlung.

Bei der kleineren Wettermenge steigt die Wettertemperatur auf rd. 39 °C am Strebeingang und auf über 44 °C am Strebausgang. Bei der größeren Wettermenge ist die Temperatur am Strebeingang um rd. 2,5 K niedriger; am Strebausgang beträgt der Gewinn jedoch nur noch knapp 0,5 K. Wichtiger als diese Trockentemperaturen sind die Grubenklimawerte oder Effektivtemperaturen. Bekanntlich dürfen diese den Wert $t_{eff} = 32$ °C nicht überschreiten. Am Strebausgang werden aber im Planungsfall rd. 37 °C erreicht, und der genannte Grenzwert wird schon vor der Strebmitte überschritten, wenn der Abbau nicht gekühlt wird.

Wenn man die geplante Fördermenge von 2000 t v.F./d aufrechterhalten will und wenn Blasversatz anstele von Bruchbau indiskutabel ist, müßte man entweder die Wettermenge im Streb mehr als verdoppeln oder Wetterkühlanlagen großer Leistung einsetzen. Eine nennenswerte Erhöhung der Strebwettermenge ist bei der gegebenen Flözmächtigkeit jedoch nicht möglich. Es bleibt also nur der Weg der Wetterkühlung.

Im Bild 4 sind die für verschiedene Kühlleistungen und Anordnungen der Wetterkühler errechneten Effektivtemperaturen im Vergleich zum ungekühlten Streb aufgezeichnet.

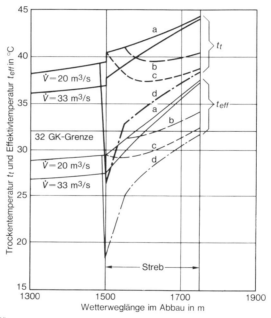

a Ohne Kühlung
b 20 Strebkühler (470 kW)
c 30 Strebkühler (700 kW)
d 20 Strebkühler und 2 Grundkühler (930 kW)

Bild 4. Temperaturen und Klimawerte im Strebbereich bei aufsteigender Wetterführung mit und ohne Kühlung.

Wenn man beispielsweise 20 Strebkühler mit zusammen 470 kW Leistung im Streb unterbringt, läßt sich die Effektivtemperatur am Strebausgang von rd. 37,5 auf rd. 34 °C senken. Das reicht bei weitem nicht. Mit Hilfe von 30 Strebkühlern würde die Effektivtemperatur am Strebausgang noch geringfügig die 32 GK-Grenze überschreiten. Es wäre also unter Beachtung der Fehlergrenzen der Rechnung von ±1 bis 1,5 GK eine größere Kühlleistung sehr erwünscht. Eine noch größere Kälteleistung kann aber im Streb selbst nicht untergebracht werden. Wählt man bei einer Gesamtkälteleistung von 930 kW eine Verteilung der Leistung zu gleichen Teilen auf 20 Streb- und 2 Streckenkühler, so wird für den Strebaus-

204

gang ein Klimawert $t_{eff} = 31,8\,°C$ errechnet. Etwas bessere Werte würde man erhalten, wenn bei konstanter Gesamtleistung die Zahl der Strebkühler auf 25 oder 30 erhöht würde. Alle Werte in Bild 4 für Wetterkühlung gelten für den klimatisch ungünstigeren Fall einer Wettermenge $\dot{V} = 20\,m^3/s$ in der Abbaustrecke. Man erkennt, daß das Grubenklima nur mit Hilfe einer Strebkühlanlage mit einer für einen einzelnen Abbau sehr hohen Leistung beherrscht werden kann.

Die in diesem Abschnitt berechneten Klimawerte gelten ebenso wie alle folgenden Berechnungen für eine Gleichstromführung der Wetter und der Förderkohle im Abbaubereich, das heißt die einziehende Abbaustrecke ist nicht Förderstrecke. Eine Gegenstromführung sollte im Abbau unbedingt vermieden werden, weil sie das Klima weiter verschlechtert.

3.3 Klimawerte im Abbau bei abfallender Wetterführung

Die abfallende Wetterführung ist beim Eintritt in den Streb noch wesentlich, am Strebausgang mit rd. 0,5 K nur noch geringfügig günstiger als die aufsteigende Wetterführung.

Die klimatischen Verhältnisse am Strebausgang bei Wetterkühlung sind denen bei aufsteigender Bewetterung sehr ähnlich, wenn man bei abfallender Wetterführung eine um 115 kW niedrigere Kühlleistung ansetzt. Der oben erwähnte kleine Temperaturunterschied am Strebausgang bedeutet also immerhin eine Einsparung von 115 kW Kälteleistung.

3.4 Klimawerte im ausziehenden Wetterweg

Da am Strebausgang im Sommer Klimawerte nahe der 32 GK-Grenze auftreten werden, müssen die aus dem Streb austretenden Wetter aufgefrischt werden, damit im ausziehenden Wetterweg zumutbare klimatische Verhältnisse vorliegen. Die zuzumischende Wettermenge sollte rd. 13 m^3/s betragen und der Klimawert nicht nennenswert ungünstiger als jener der Wetter am Strebeingang bei Gleichstromführung der Wetter mit $t_{eff} = 28\,°C$ sein. Wenn diese Auffrischung vorgenommen wird, sinkt die Effektivtemperatur hinter dem Streb unter $t_{eff} = 30\,°C$. Je nach Strebstand (bzw. Länge der Abbaustrecken) steigt die Effektivtemperatur bis zum Austritt aus dem Abbau noch auf 30,5 bis 31,5 °C. Bei aufsteigender Wetterführung fällt dann die Temperatur beim Aufstieg im Blindschacht rasch ab, auch im weiteren Wetterweg kühlen sich die Wetter noch geringfügig ab.

3.5 Klimaverbesserung durch Anwendung von Blasversatz

Wenn anstelle von Bruchbau mit Blasversatz gearbeitet wird, verbessern sich erfahrungsgemäß die klimatischen Verhältnisse erheblich. Für den Fall der abfallenden Wetterführung mit großer Wettermenge $\dot{V} = 33\,m^3/s$ in der einziehenden Abbaustrecke (vgl. Bild 1) werden am Strebausgang die Trockentemperatur von 44,7 auf 38,6 °C und die Effektivtemperatur von 37,4 auf 33,2 °C gesenkt. Das ist eine Verbesserung des Grubenklimawertes, wie sie auch mit einer Kühlleistung von 580 kW erzielt wird. Die Senkung der Trockentemperatur ist sogar noch stärker als bei einer solchen Wetterkühlung. Zwar reicht Blasversatz allein noch nicht aus, um den Klimawert unter 32 GK senken zu können, aber man könnte dieses Ziel mit geringem Mehraufwand erreichen, beispielsweise mit 5 Strebkühlern im heißesten Strebteil.

Die Wärmeabgabe der elektrischen Betriebsmittel verursacht eine Erhöhung der Effektivtemperatur um über 3 K. Würde man Druckluftmotoren zusammen mit Blasversatz verwenden können, so würden die Klimawerte auch im ungekühlten Streb die 32 GK-Grenze nicht überschreiten. Diese Methode der Klimaverbesserung ist allerdings sehr teuer. Außerdem ist ein Ersetzen der starken Motoren von Gewinnungs- und Fördermittel durch Druckluftantriebe auch technisch nicht zu realisieren.

3.6 Einfluß der Wettermenge

Die Strebwettermenge kann im Flöz B kaum über 20 m³/s erhöht werden, weil dann zu hohe Wettergeschwindigkeiten im Streb auftreten würden. Dennoch soll einmal ausgerechnet werden, wie sich eine radikale Erhöhung der Wettermenge in einziehender Abbaustrecke und Streb auswirken würde.

Das Bild 5 enthält die errechneten Temperaturen und Klimawerte bei Strebwettermengen von 33, 50 und 67 m³/s.

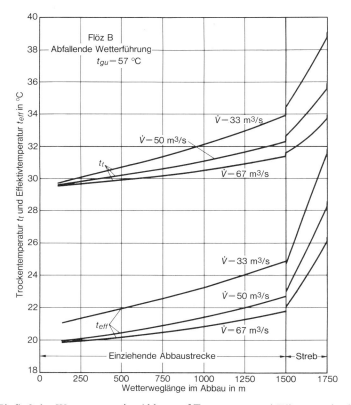

Bild 5. Einfluß der Wettermenge im Abbau auf Temperatur und Klimawert im Sommer.

Die Trockentemperatur am Strebausgang fällt demnach von rd. 44 °C (bei 17 m³/s im Streb) über rd. 39 und 36 auf 34 °C bei $\dot{V} = 67$ m³/s. Die Effektivtemperatur könnte mit einer Wettermenge von 33 m³/s im Streb ohne Wetterkühlung gerade noch unter 32 GK gehalten werden. Bei $\dot{V} = 67$ m³/s würde die Effektivtemperatur nur bis auf 26,3 °C am Strebausgang ansteigen.

Leider bleibt der Wunsch nach solchen Strebwettermengen in einem rd. 1,5 m mächtigen Flöz mit Ausbaurahmen Utopie, denn schon bei 33 m³/s würde die mittlere Wettergeschwindigkeit im Streb etwa 6,5 m/s betragen.

206

3.7 Einfluß der Fördermenge

Mit abnehmender Fördermenge sinkt die Wärmeabgabe der Förderkohle und auch die der elektrischen Antriebe von Förder- und Gewinnungsmaschine. Die Rechnung führt zu dem Ergebnis (Bild 6), daß man bei einer Rohfördermenge von weniger als 1000 t/d auch ohne Wetterkühlung nicht mehr über den Klimagrenzwert $t_{eff} = 32$ °C kommen würde.

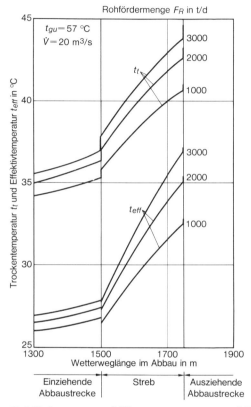

Bild 6. Einfluß der Rohfördermenge auf Wettertemperaturen und Klimawerte im Strebbereich.

Da eine solch geringe Fördermenge aus wirtschaftlichen Gründen indiskutabel ist, läßt sich jedoch eine Klimatisierung nicht vermeiden. Dennoch sind die in Bild 6 dargestellten Ergebnisse von Wert, weil sie zeigen, in welchem Umfang der Klimatisierungsaufwand sich mit abnehmender Fördermenge verringern würde. Auf keinen Fall kann im Flöz B die Fördermenge noch über den geplanten Wert $F = 2000$ t v.F./d hinaus gesteigert werden.

3.8 Der Einfluß der Gebirgstemperatur

In 1250 m Teufe haben wir hier eine ursprüngliche Gebirgstemperatur von rd. 57 °C zu erwarten. Je 100 m Teufendifferenz verändert sich die Gebirgstemperatur um rd. 5 K. In 1150 m Teufe würden also 52 °C, in 1050 m Teufe 47 °C vorliegen. Das Bild 7 zeigt, wie sich die klimatischen Schwierigkeiten mit abnehmender Teufe und Gebirgstemperatur verringern. Es ist klar, daß Flöz B (in 1250 m Teufe) bereits das tiefste Flöz ist, in dem man noch eine Fördermenge von $F = 2000$ t v.F./d gewinnen kann, und zwar unter Einsatz von Wetterkühlanlagen großer Leistung und bei großzügigem Zuschnitt der Wetterführung. In einer Teufe von weniger als 1050 m kommt man dagegen in den Bereich, wo man auch bei Bruchbau noch ohne Wetterkühlung zurechtkommen kann, vorausgesetzt, es werden die größtmögliche Strebwettermenge und Gleichstromführung von Wettern und Kohle verwirklicht.

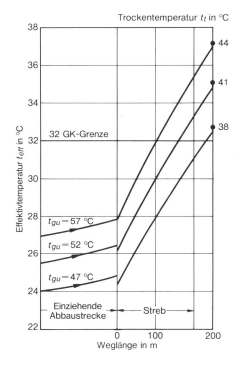

$\dot{V}$ (vor Streb) = 20 m³/s
F = 2000 t v.F./d
F_R = 3000 t/d

Bild 7. Einfluß der Gebirgstemperatur t_{gu} auf das Grubenklima im Strebbereich im Sommer bei abfallender Wetterführung ohne Wetterkühlung und bei Gleichstrombewetterung.

4. Zur Durchführung der Wetterkühlung

Bei Verwirklichung der Planungsdaten und einer Wetterführung nach Bild 1 benötigt man eine Kühlleistung im Strebbereich von rd. 700 kW, die möglichst weitgehend durch Strebkühler übertragen werden sollte. Die Kälteerzeugungsanlage (Wasserkühlmaschine) sollte am Rande des Abbaubereiches, zum Beispiel in der Nähe des Fußes des Förderberges stehen und die Kühlwasserrückkühlanlage in der Nähe vom Einziehschacht VI, eventuell aber auch über Tage, wenn die zur Rückkühlung erforderliche Frischwettermenge unter Tage nicht zur Verfügung steht.

Der Kaltwasserkreislauf ist unbedingt zu isolieren, um den Wärmeaustausch und damit die erforderliche Kälteleistung an der Kältemaschine nicht zu groß werden zu lassen. Bei einer Isolierung der Kaltwasserringleitung und 1500 m Entfernung von der Kühlmaschine bis zum Streb wird der Wärmeaustausch knapp 120 kW betragen. Zusammen mit der

Kühlleistung von 700 kW im Strebbereich ergibt das eine Nettoverdampferleistung $\dot{Q}_{on} = 800$ kW. Diese Leistung ist mit einer Kältemaschine mit Schraubenverdichter leicht zu erbringen.

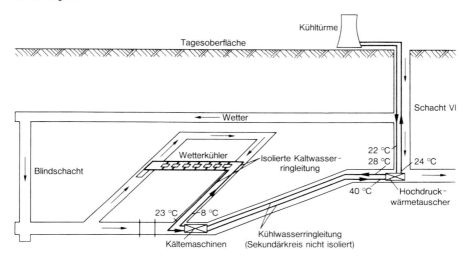

Bild 8. Beispiel für die Anordnung der Kühlaggregate und Rohrleitungen bei geschlossenen Wasserkreisläufen und Rückkühlung über Tage.

Sollen jedoch zwei Abbaubetriebe in 1200 bis 1250 m Teufe laufen, so verdoppelt sich die Leistung. Bei einer Gesamtleistung $\dot{Q}_{on} = 1,6$ MW entstehen bereits beachtliche Probleme bei der Wahl der Maschinengröße, ihres Standortes und insbesondere der Abführung der an den Kältemaschinen anfallenden Wärme. Es gibt verschiedene Möglichkeiten, die Rückkühlung durchzuführen; die wichtigste Entscheidung ist die Frage, ob die Rückkühlanlage über Tage oder unter Tage stehen soll. Es ist zu überprüfen, ob eine Verwendung von Grubenwasser sinnvoll ist. Außerdem muß der Standort der Kältemaschinen gründlich durchdacht werden, damit man eine zuverlässige und möglichst wirtschaftliche Lösung der Wetterkühlung findet. Auf diese Probleme kann hier jedoch aus Platzgründen nicht eingegangen werden. Im Bild 8 wird lediglich als ein Beispiel eine Anordnung der Kühlaggregate und Rohrleitungen skizziert, die mit geschlossenen Wasserkreisläufen arbeitet. Die gezeigte, starke Rückkühlung des Kühlwassers (auf 28 °C im Sekundärkreislauf) bietet die Möglichkeit, die Kühlwasserringleitung unisoliert zu verlegen. Dadurch werden Isolierkosten in der Größenordnung von 150 000 DM gespart. Noch wichtiger ist der Umstand, daß bei niedrigeren Kühlwassereintrittstemperaturen in die Kältemaschinen deren Leistung wesentlich höher liegt.

Berechnungsgrundlagen für die Kosten von Wetterkühlanlagen im Steinkohlenbergbau

1. Vorbemerkung

Bei der Klimatisierung von Grubenbauen im deutschen Steinkohlenbergbau bewirkt die Zunahme der erforderlichen Kühlleistungen einen allmählichen Übergang von der dezentralen zur zentralen Kälteerzeugung. Bisher gibt es drei Gruben mit zentraler Kälteerzeugung, darunter eine auf der Zeche Schlägel und Eisen über Tage aufgestellte Großkälteanlage mit Turboverdichtern und eine unter Tage aufgestellte mit Schraubenverdichter auf der Zeche Consolidation (102). Die beiden letztgenannten haben eine Kälteleistung von 2 bis 2,5 MW, entsprechend 7 bis 9 GJ/h. Die andere hat eine Nennleistung von mehr als 5 MW (18 GJ/h) und befindet sich auf der Zeche Monopol noch im Ausbaustadium. Auf mehreren Zechen sind weitere zentrale Kälteerzeugungsanlagen in der Planung mit Kälteleistungen von 2,5 bis zu 9 MW (9 bis zu 32 GJ/h). Damit nimmt die Klimatisierung einen Umfang an, bei dem es notwendig ist, eine sorgfältige Kostenrechnung mit dem Ziel einer Kostenminimierung durchzuführen. Allerdings darf das Ergebnis einer Kostenrechnung nicht das alleinige Entscheidungskriterium sein; es muß vor allem eine Lösung gesucht werden, welche die gewünschte Klimaverbesserung gewährleistet und sicherheitlich allen Anforderungen genügt. Darüber hinaus sind die Forderungen nach Betriebssicherheit, guter Regelbarkeit und zuverlässiger Überwachung aller Aggregate zu berücksichtigen (100, 140).

Ohne diese Probleme hier zu behandeln, sollen einige grundsätzliche Überlegungen und Zahlenangaben zu Betriebs- und Anlagekosten gemacht werden, nach denen überschlägige Rechnungen vorzunehmen sind. Die Zahlenangaben stammen von den Bergwerken, den Zulieferern und der Forschungsstelle für Grubenbewetterung und Klimatechnik bei der Bergbau-Forschung GmbH.

2. Die Kosten

2.1 Anlagekosten

Die Anlagekosten für die Kälteerzeugungsanlagen, Wetterkühler und Rückkühlwerke für Steinkohlenbergwerke sind, im Gegensatz zur allgemeinen Kostenentwicklung, einige Jahre lang nahezu konstant geblieben. Die Tabelle 1 zeigt einige Richtwerte für die Ermittlung der Anlagekosten, bezogen auf die Einheit der Kälteleistung (Nennkälteleistung), wobei diese für ungefähr 0 °C Verdampfungs- und 40 °C Kondensationstemperatur gilt. Eine Wetterkühlanlage im engeren Sinne, bestehend aus Wasserkühlmaschine, Wetterkühler und Rückkühler kostet zusammen nur rund 440 DM/kW, das heißt zum Beispiel bei 2 MW Kälteleistung 880 000 DM. Dazu kommen jedoch Kosten für Motoren, Rohrleitungen und Pumpen sowie für anderes Zubehör, wodurch die Anlagekosten, zumindest bei langen Rohrleitungen, verdoppelt werden können. Der größte Posten bei diesen Zusatzkosten sind die Rohre, insbesondere Hochdruckrohre und Rohrisolierungen.

Das Bild 1 enthält Richtpreise für Schachtrohrleitungen. Die Zahlen gelten für 8 m lange Flanschenrohre St. 35, Preisindex 1977. Es handelt sich nur um die Materialpreise für Stahlrohre und Flansche. Zusätzlich entstehen erhebliche Einbaukosten, die bis zu 80% Aufpreis ausmachen können. Dazu kommen gegebenenfalls die Kosten für die Isolierung. Grobe Richtpreise für eine brauchbare Isolierung von Kaltwasserrohrleitungen sind:

Tabelle 1. Richtwerte zur Ermittlung der Anlagekosten für die Grubenklimatisierung, Stand 1976/77.

Nennkälteleistung		Spezifische Anlagekosten
kW	MJ/h	DM/kW
Wasserkühlmaschine		
420	1500	240
570	2100	200
760	2800	210
2300	8300	180 bzw. 410[a]
2600	9400	190 bzw. 350[a]
Wetterkühlmaschine		
190	680	290
290	1050	230[b]
290	1050	270
Wetterkühler		
23	83	310 bis 390[c]
230	830	130
Rückkühlwerk mit geschlossenem Kühlwasserkreislauf		
350	1260	110
520	1900	100
Hochdruckwärmetauscher		
2600	9400	250

[a] Mit Rückkühlanlage.
[b] Kompakte Bauweise.
[c] Unterschiedliche Bauarten

60 DM/m für Rohre der Nennweite NW 100, 100 DM/m für Rohre NW 200 und so weiter annähernd proportional zur Nennweite. Die Kosten der üblicherweise unter Tage verwendeten Flanschenrohre ND 40 sind durch den horizontalen Teil der Kurvenzüge im Bild 1, links (bis 250 m Teufe) wiedergegeben.

Ein Zahlenbeispiel: Zu dezentralen Kälteerzeugungsanlagen unter Tage von insgesamt 4 MW Nennleistung (14 GJ/h) sollen 10 km Rohrleitungen unter Tage (ND 40) gehören, davon 5 km NW 200 mit Isolierung in Hauptstrecken (5000 [120 + 100] = 1,1 Mill. DM) und 5 km NW 100 ohne Isolierung in Abbaustrecken (5000 · 40 = 200 000 DM). Diese Rohrleitungen kosten also 1,3 Mill. DM oder 330 DM/kW. Dazu addiere man zum Beispiel 130 DM/kW für Motoren und Pumpen, dann erhält man 440 + 330 + 130 = = 900 DM/kW bzw. rund 0,25 DM je KJ/h Kälteleistung. Bei Hochdruckrohrleitungen im Schacht treten naturgemäß wesentlich höhere Anlagekosten auf. Bei der Nennweite NW 250 und 1250 m Teufe läge der Rohrpreis bei 940 000 DM (Bild 1). Dazu kämen noch rund 300 000 DM für eine Isolierung und ein von Fall zu Fall stark schwankender Betrag an Arbeitskosten für das Verlegen der Rohre in der Größenordnung von 600 000 DM. Eine solche Schachtrohrleitung kostet also ungefähr 1,8 Mill. DM für 4 MW Nennleistung bzw. 450 DM/kW.

Diese Angaben ermöglichen eine Abschätzung der Anlagekosten, die jedoch je nach Kälteleistung, Schachtteufe, Länge des Rohrleitungssystems und Besonderheiten der Wetterkühlanlagen erheblich um die genannten Werte schwanken können.

Für dezentrale Wetterkühlanlagen üblicher Konzeption stellt die Faustzahl 900 DM/kW Kälteleistung einen brauchbaren Richtwert dar. Als üblich wird hier die Anordnung

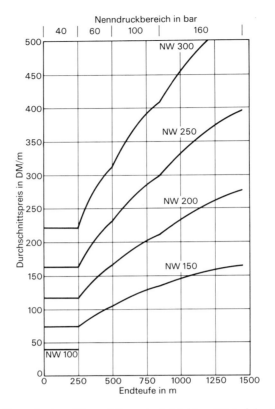

Bild 1. Durchschnittspreis einer Wasserleitung in Schächten (Materialpreis für Rohre und Flanschen), Stand 1977.

von Wasserkühlmaschinen, Streckenwetterkühlern, Rückkühlern und Rohren unter Tage (keine zusätzlichen Kältemaschinen im Kälteträgerkreislauf) angesehen. Bei zentralen Wetterkühlanlagen sind die Anlagekosten wesentlich höher. Bei Aufstellung einer Kälteerzeugungsanlage von 4 MW Kälteleistung über Tage fallen die genannten 450 DM/kW für Rohre sowie 250 DM/kW für Hochdruckwärmetauscher und Mehrkosten für ein Maschinenhaus (ungefähr 200 DM/kW) zusätzlich an; dafür reduzieren sich die Kosten für die Rückkühler um rund 50 DM/kW. Die Gesamtkosten erreichen also 1750 DM/kW. Bei Aufstellung der Kälteerzeugungsanlage von 4 MW unter Tage dagegen entstehen gegenüber der dezentralen Kälteerzeugung Mehrkosten für die Kältemaschinen (rund 100 DM/kW) sowie für die elektrische Installation, Fundamentarbeiten und Montage der Kälteanlage (zusammen nochmals rund 170 DM/kW).

Für luftgekühlte Kondensatoren entstehen Kosten in Höhe von rund 120 DM/kW, dafür entfallen die 100 DM/kW für Rückkühler. Die Mehrkosten für eine Großkälteanlage unter Tage betragen also (bei Verzicht auf eine Kühlwasserrohrleitung im Schacht) rund 290 DM/kW gegenüber rund 850 DM/kW bei der Kälteerzeugung über Tage.

Ein wesentlicher Nachteil dieser kostengünstigen Konzeption unter Tage ist jedoch eine enge Begrenzung der Kälteleistung, weil man die Kondensatorwärme oft nicht an den

Wetterstrom abgeben kann. Eine Kälteerzeugungsanlage von 4 MW Leistung wird mit ziemlicher Sicherheit eine Hochdruck-Kühlwasserleitung im Schacht zur Abführung wenigstens eines Teiles der Kondensatorwärme benötigen.

Braucht man aber eine Schachtrohrleitung, so erhöhen sich die Mehrkosten für die Kälteanlage unter Tage auf ungefähr 800 DM/kW; sie sind also für Kälteanlagen unter Tage und über Tage annähernd gleich.

Wichtiger als die Anlagekosten sind jedoch die Betriebskosten, und es ist durchaus möglich, daß die Wetterkühlanlage mit den geringsten Anlagekosten (dezentrale Kälteerzeugung) erheblich höhere Betriebskosten haben kann als die Wetterkühlanlage mit den höchsten Anlagekosten.

2.2 Betriebskosten

Unter Betriebskosten sollen hier alle Kosten einschließlich Abschreibung und Verzinsung gerechnet werden. Wie die Tabelle 2 zeigt, sind die wichtigsten Posten Energiekosten, Kühlwasserkosten, Abschreibung und Zinsen sowie Personalkosten für Wartung und Überwachung. Bei der dezentralen Wetterkühlung, wenigstens bei geringen Kälteleistungen, verzichtet man gelegentlich auf eine Kühlwasserrückkühlung, verwendet also Frischwasser, das dann mit der Wasserhaltung zum Tage gefördert werden muß. In diesem Fall sind die Kühlwasserkosten von entscheidender Bedeutung. Bei zwei Wasserkühlmaschinen von zusammen 740 kW Nennleistung kostet das Kühlwasser 680 + 520 = 1200 DM/d, das sind rund 40% der gesamten Betriebskosten einer Strebkühlanlage von 3060 DM/d (Tabelle 2). Bei Kühlwasserrückkühlung spart man 680 DM/d. Die Kosten für die Rückkühlung betragen 520 DM/d und damit nur noch 17% der Gesamtkosten. Bei der heute

Tabelle 2. Betriebskosten von Wetterkühlanlagen im deutschen Steinkohlenbergbau in DM/d.

Anlage zur Grubenklimatisierung	Miete	Energie	Sonstige	Gesamt-kosten	Bezogene Kosten DM/d MW
Dezentrale Kälteerzeugung[a]					
Kühlmaschine mit Antrieb	264	576	100	940	1270
Wetterkühlsystem	240	350	330	920	1240
Rückkühlsystem	210	260	50	520	700
Wetterkühlanlage im Abbau[b] . . .	.	.	.	2380	3210
Zentrale Kälteerzeugung[c]					
Kälteerzeugung und Rückkühlanlage	370	.	.	—	—
Einrichtungen im Abbau	250	.	.	—	—
Hauptrohrleitungen und Hochdruckwärmetauscher	1310	.	.	—	—
Zentrale Wetterkühlanlage über und unter Tage	1930	2600	1230[d]	5760	2210

[a] Bestehend aus 2 Wasserkühlmaschinen mit zusammen 740 kW Nennleistung für einen Streb, dazu 2 Wetterkühler, 2000 m Rohrleitung, 2 Rückkühlwerke und Zubehör.

[b] Mehrkosten, falls keine Rückkühlung vorgesehen ist, von 680 DM/d bzw. 920 DM/d MW.

[c] Bestehend aus 2 Kältemittelverdichtern über Tage von je 1,3 MW Nennleistung, Kühltürmen über Tage, Schachtrohrleitung, Hochdruckwärmetauscher unter Tage, rund 10 km Rohrleitung sowie verschiedenen Kühlaggregaten unter Tage.

[d] Hierin sind Personalkosten in Höhe von 530 DM/d enthalten.

vorherrschenden Kühlwasserrückkühlung stellt der Verbrauch an elektrischer Energie den Hauptteil der Gesamtkosten. Bei einer Strebkühlanlage mit 740 kW Nennleistung betragen die Stromkosten für den Antriebsmotor der Kältemaschine, für Pumpen im Kaltwasserkreislauf und für Lüftermotoren in den Wetterkühlern zusammen 926 DM/d. Dazu kommen 260 DM/d Energiekosten für die Rückkühlanlage, die in den Gesamtkosten von 520 DM/d enthalten sind. Die Stromkosten betragen also insgesamt rund 1190 DM/d bzw. 50% der Gesamtkosten. Der Kapitaldienst für Rohrleitungen wurde hier, entgegen üblichen Gepflogenheiten, berücksichtigt. Er schwankt in weiten Grenzen, etwa zwischen 100 und 500 DM/d um den willkürlich gewählten Mittelwert 330 DM/d. — Auch bei zentralen Kälteerzeugungsanlagen sind die Energiekosten mit rund 45% der Betriebskosten für die Wetterkühlanlage (einschließlich Maschinenhaus, Rückkühlung und Rohrleitungen) der entscheidende Kostenfaktor.

Diese recht hohen Stromkosten gelten für die im deutschen Bergbau üblichen Kondensationstemperaturen bei 45 °C und Verdampfungstemperaturen bei 0 °C. Bei der dezentralen Wetterkühlung (Tabelle 2) dürften die angegebenen Stromkosten für Wetterkühl- und Rückkühlsystem überdurchschnittlich hoch sein.

Es muß also alles getan werden, um den Energiebedarf zu senken. Dies ist möglich 1. durch eine bei gegebener Kühlleistung an den Arbeitsplätzen möglichst geringe Kälteleistung aller Kälteerzeugungseinrichtungen und 2. durch die Wahl niedriger Kondensations- und hoher Verdampfungstemperaturen. Der Forderung 1 widerspricht zum Beispiel ein Ineinanderschachteln von mehreren Kälteträgerkreisläufen, indem man diese als Kühlwasserkreisläufe für weitere Kälteerzeugungsanlagen benutzt. Die Forderung 2 kann durch eine ausgezeichnete Isolierung der Kälteträgerrohrleitungen und durch ausreichend bemessene Wärmetauscher und Wasserumlaufmengen Rechnung getragen werden; betriebliche Wünsche und Gegebenheiten, aber auch die Forderung 1 stehen jedoch häufig der Forderung 2 entgegen.

3. Theoretische Grundlagen

3.1 Der Energieverbrauch als Funktion von Kondensations- und Verdampfungstemperatur

Der spezifische Energieverbrauch für den Antriebsmotor eines Kältemittelverdichters ist von der Kondensationstemperatur t (°C) und der Verdampfungstemperatur t_o (°C) abhängig. Der theoretische Energiebedarf $1/\varepsilon$ für den Carnot-Prozeß ergibt sich aus

$$\varepsilon = \frac{T_o}{T - T_o} = \frac{\dot{Q}}{P}$$

mit $T_o = t_o + 273,2$ in K und $T = t + 273,2$ in K und $\dot{Q}$ als Kälteleistung in kW sowie P als Antriebsleistung in kW.

Das Verhältnis ε nennt man die spezifische Kälteleistung, auch Leistungsziffer oder Kältezahl. Das Bild 2 zeigt die in der Gleichung formulierte Abhängigkeit. Bei einer Kondensationstemperatur $t = 40$ °C und einer Verdampfungstemperatur $t_o = 0$ °C ist zum Beispiel $\varepsilon = 6,8$, das heißt, mit 1 kW Antriebsleistung könnte man theoretisch 6,8 kW Kälteleistung erreichen. Die realen Kaltdampfmaschinen erreichen jedoch nur 40 bis 60% dieser theoretischen Kälteleistung. Das Verhältnis von realer zu theoretischer spezifischer Kälteleistung (nach dem Carnot-Prozeß) bezeichnet man als den Gütegrad η_G. Bei modernen Schraubenverdichtern erreicht man überdurchschnittlich hohe Gütegrade von mehr als 0,6. Das Bild 3 enthält Kurvenzüge für $\eta_G = f(t, t_o)$ für Schraubenverdichter. Die Werte gelten für R 22 und beziehen sich auf die Kupplungsleistung. Bezogen auf die vom Motor aufgenommene elektrische Energie müssen die Werte noch mit dem Wirkungsgrad des Motors, also etwa mit 0,94 multipliziert werden. Das Produkt $0,94 \, \eta_G \, \varepsilon$ ergibt dann den realen Kältegewinn in kW je kW Antriebsleistung, der im Bild 4 dargestellt ist.

214

Es seien einige Zahlenwerte genannt: Kann man zum Beispiel eine sehr niedrige Kondensationstemperatur von 30 °C erreichen, weil man große Mengen Kühlwasser mit einer Temperatur von 10 bis 15 °C zur Verfügung hat und begnügt man sich mit einer Kaltwasservorlauftemperatur von 8 °C (Verdampfungstemperatur höchstens 5 °C), so ist $\varepsilon_{real} = 6,0$.

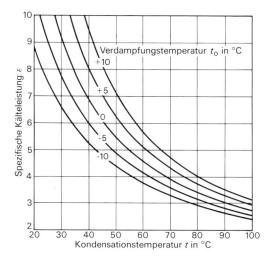

Bild 2. Die spezifische Kälteleistung, auch Leistungsziffer oder Kältezahl genannt, in Abhängigkeit von Verdampfungs- und Kondensationstemperatur.

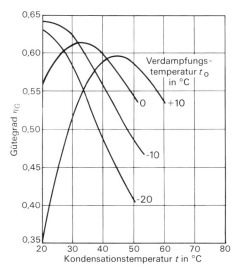

Bild 3. Gütegrade, insbesondere von Schraubenverdichtern, bezogen auf die Kupplungsleistung, Kältemittel R 22.

Dies ist sicher ein extrem hoher Wert. Für eine Kälteleistung von 4 MW benötigt man dann 0,67 MW Antriebsleistung, das sind bei 300 Tagen Laufzeit im Jahr und einem Strompreis von 0,12 DM/kWh 580 000 DM/a oder rund 1900 DM/d, bezogen auf die Laufdauer der Kälteerzeugungsanlage (300 d/a und 24 h/d). Im deutschen Bergbau liegen die Temperaturen im Durchschnitt bei $t = 45\,°C$ und $t_o = 0\,°C$. Dafür erhält man $\varepsilon_{real} = 3,25$. Bei 4 MW Kälteleistung sind das 1,23 MW Antriebsleistung und 1,06 Mill. DM/a bzw. 3550 DM/d. Man spart also bereits rund 480 000 DM/a bzw. 5,8 Mill. DM in 12 Jahren an Stromkosten, wodurch Aufwendungen für bessere Rückkühlwerke, größere Wetterkühler sowie größere Rohrdurchmesser oder bessere Rohrisolierungen meistens gerechtfertigt sein dürften. (Die Lebensdauer einer zentralen Kälteanlage wird oft mit 12 Jahren angegeben; Erfahrungen im Bergbau liegen jedoch noch nicht vor.) Wesentlich ungünstiger ist die Leistungsziffer, wenn man absichtlich sehr hohe Kondensationstemperaturen anstrebt, zum Beispiel, weil man mit geringen Kühlwassermengen auskommen, luftgekühlte Kondensatoren verwenden oder Warmwasser erzeugen will. Eine zusätzliche Verschlechterung bringt eine Tiefkühlung des Kälteträgers zum Beispiel auf $-2\,°C$ ($t_o = -5\,°C$) mit sich. — Diese tiefe Temperatur des Kälteträgers hat neben Nachteilen (es kann kein reines Wasser mehr als Kälteträger verwendet werden) auch den Vorteil, daß die Leistung von Wetterkühlern erhöht wird. — Bei der Kombination dieser in der Praxis sicher extremen Daten $t = 65\,°C$ und $t_o = -5\,°C$ ist $\varepsilon_{real} \approx 1,5$. Das ergibt bei 4 MW Kälteleistung eine Antriebsleistung von 2,67 MW und Energiekosten von 2,3 Mill. DM/a bzw. 7700 DM/d.

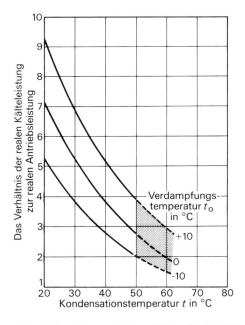

Bild 4. Realer Kältegewinn (Schraubenverdichter, Kältemittel R 22).

Diese Energiekosten sind so hoch, daß sie wohl kaum durch Kosteneinsparungen bei den Rohrleitungen ausgeglichen werden können. Neben den Energiekosten ist unter diesen Bedingungen zu beachten, daß auch die Stromversorgung und die großen Motoren besondere Probleme mit sich bringen.

4. Zusammenfassung

Die Klimatisierung von Steinkohlenbergwerken gewinnt im deutschen Steinkohlenbergwerk rasch an Bedeutung. Es ist notwendig, für geplante große Wetterkühlanlagen vergleichende Kostenberechnungen anzustellen, um für eine vorgegebene Kühlleistung an den Arbeitsplätzen ein Wetterkühlsystem mit möglichst geringen Betriebskosten auswählen zu können.

Dazu dient eine Auswahl von Richtwerten, zum Beispiel die spezifischen Anlagekosten in DM/kW von Kühlmaschinen, Wetterkühlern und Rückkühlwerken sowie die Kosten von Rohrleitungen und die Betriebskosten bei dezentraler und bei zentraler Kälteerzeugung. Die Energiekosten (Stromkosten) und dort insbesondere die Abhängigkeit der Antriebsleistung von Kondensations- und Verdampfungstemperatur der Kältemaschine spielen eine bedeutende Rolle.

Formelzeichen und Einheiten

Zeichen	Größe	Einheit Technisches System	SI	Rechnerische Beziehungen; Zahlenwerte
α	Wärmeübergangszahl	kcal/m²hK	W/m²K	
β	Stoffübergangszahl	m/h	m/s	
β	thermische Ausdehnungszahl	—	—	$\beta = \dfrac{1}{273,2}$
δ	Diffusionszahl	m²/h	m²/s	
ε	Leistungsziffer von Kältemaschinen	—	—	
η	Wirkungsgrad	—	—	
η	dynamische Zähigkeit	kp s/m²	Pa s	1 Pa s = 1 Ns/m²
η_f	Feuchtigkeitskenngröße	—	—	
T	absolute Temperatur	K	K	$T = t + 273,2$
t	Temperatur	°C	°C	
t_w	Wettertemperatur	°C	°C	
t_t	Trockentemperatur	°C	°C	
t_f	Feuchttemperatur	°C	°C	
t_g	Gesteinstemperatur	°C	°C	
t_{gu}	Temperatur des unverritzten Gebirges	°C	°C	
t_{go}	Temperatur an der Gesteinsoberfläche	°C	°C	
$\varkappa$	Exponent der adiabatischen Verdichtung	—	—	$\varkappa = \dfrac{c_p}{c_v}$
λ	Wärmeleitfähigkeit	kcal/mhK	W/mK	
$\lambda_{äq}$	äquivalente Wärmeleitfähigkeit	kcal/mhK	W/mK	
μ	Diffusionswiderstandsfaktor	—	—	
ν	kinematische Zähigkeit	m²/s	m²/s	$\nu = \eta \dfrac{g}{\varrho}$
ϱ	Dichte	kg/m³	kg/m³	
σ	Verdunstungszahl	kg/m²h	kg/m²s	
φ	relative Luftfeuchtigkeit	—; %	—; %	
ψ	Sättigungsgrad	—	—	
A	mechanisches Wärmeäquivalent	kcal/mkp		$A = \dfrac{1}{427}$

Zeichen	Größe	Einheit Technisches System	Einheit SI	Rechnerische Beziehungen; Zahlenwerte
A	Fläche	m^2	m^2	
a	Temperaturleitzahl	m^2/h	m^2/s	$a = \dfrac{\lambda}{c\,\varrho}$
Bi	Biot-Zahl	—	—	$Bi = \dfrac{\alpha\,r_o}{\lambda}$
C	Strahlungszahl	$kcal/m^2 h K^4$	$W/m^2 K^4$	
c	spezifische Wärme	$kcal/kgK$	J/kgK ; kJ/kgK	
c_p	spezifische Wärme bei konstantem Druck	$kcal/kgK$	J/kgK ; kJ/kgK	
c_f	dimensionsloser Widerstandsbeiwert	—	—	
D, d	Durchmesser	m	m	
d_h	hydraulischer Durchmesser	m	m	$d_h = \dfrac{4\,F}{U}$
F	Fördermenge	t/d	t/d ; kg/s	
Fo	Fourier-Zahl	—	—	$Fo = \dfrac{a\,t}{r_o^2}$
M	Mächtigkeit	m	m	
$\dot m$	Mengenstrom	kg/h	kg/s	
g	Erdbeschleunigung	m/s^2	m/s^2	
Gr	Grashof-Zahl	—	—	$Gr = \dfrac{g\,\beta\,\vartheta \cdot L^3}{v^2}$
H	Höhe, Teufe	m	m	
$\Delta \dot Q$	Wärmeaufnahme der Wetter	$kcal/h$	kW	$\Delta \dot Q = \Delta h\,\dot m$ $1\ W = 1\ Nm/s = 1\ J/s$
h	spezifische Enthalpie	$kcal/kg$	kJ/kg	
$K(\alpha)$	Altersbeiwert	—	—	$K(\alpha) = f\,(Fo, Bi)$
k	Wärmedurchgangszahl	$kcal/m^2 h K$	$W/m^2 K$	
k_s	äquivalente Sandrauhigkeit	m	m	
L	Länge, Körperabmessung	m	m	
l, z	Länge	m	m	
M	Molekulargewicht	$kg/kmol$	g/mol	
m	Masse	kg	kg	
$\dot m$	Massenstrom, Mengenstrom	kg/h ; kg/s	kg/s	
Nu	Nusselt-Zahl	—	—	$Nu = \dfrac{\alpha\,d}{\lambda}$
n	Exponent der polytropen Verdichtung	—	—	

Zeichen	Größe	Einheit Technisches System	SI	Rechnerische Beziehungen; Zahlenwerte
P	elektrische Leistung	W, kW	W, kW	
Pr	Prandtl-Zahl	—	—	$Pr = \dfrac{v}{a}$
p	Gasdruck	Torr; kp/m²	bar, mbar, Pa	
p_L, b	Luftdruck, Barometerstand	Torr; kp/m²	bar, mbar, Pa	
p_D	Dampfdruck	Torr; kp/m²	bar, mbar, Pa	
p_S	Sättigungsdampfdruck	Torr; kp/m²	bar, mbar, Pa	
$\dot{Q}$	Wärmemenge, Wärmestrom Verflüssigerleistung	kcal/h	W, kW	
$\dot{Q}_o$	Verdampferleistung	kcal/h	W, kW	
$\dot{q}$	Wärmestromdichte	kcal/m²h	J/m²h	$1\ J = 1\ Nm$
R_L	Gaskonstante der Luft	mkp/kgK	J/kgK	$R_L = 29{,}27\ \text{mkp/kgK}$ $= 287\ \text{Nm/kgK}$
R_D	Gaskonstante des Wasserdampfes	mkp/kgK	J/kgK	$R_D = 47{,}06\ \text{mkp/kgK}$ $= 462\ \text{Nm/kgK}$
Re	Reynolds-Zahl	—	—	$Re = \dfrac{w\,d}{v}$
r_v	Verdampfungswärme von Wasser	kcal/kg	kJ/kg	$r_v = 597\ \text{kcal/kg}$ $= 2500\ \text{kJ/kg}$
r	Radius, laufende Koordinate	m	m	
r_o	gleichwertiger Radius	m	m	
r_h	hydraulischer Radius	m	m	$r_h = \dfrac{2\,F}{U}$
S, s	Entropie	kcal/kgK	Nm/K	
S, s	Schichtdicke, Dicke	m	m	
t, T, τ	Zeit; Bewetterungsdauer	h	h	
$\tau_H;\ T_H;$ $t_{1/2}$	Halbwertzeit	h	h	
U	Umfang	m	m	
V	Volumen	m³	m³	
$\dot{V}$	Wettervolumen-strom	m³/min	m³/s	
w	Wetter-geschwindigkeit	m/s; m/min	m/s	

Zeichen	Größe	Einheit Technisches System	SI	Rechnerische Beziehungen; Zahlenwerte
x	Wasserdampfgehalt der Wetter	kg/kg; g/kg	kg/kg; g/kg	
x_s	Wasserdampfgehalt der Wetter bei Sättigung	kg/kg; g/kg	kg/kg; g/kg	
x	Wassergehalt von Stoffen	Gew.-%		
x, y, z	Länge, laufende Koordinate	m	m	

Zeichen	Benennung

Mathematische Zeichen

d	Zeichen für Differential
∂	Zeichen für partielle Differentiation
Δ	Zeichen für Differenz; Beispiel: $\Delta t = t_2 - t_1$ $\Delta x = x_2 - x_1$
f	Zeichen für Funktion; Beispiel: $f(x)$ bedeutet Funktion von x
$grad_n$	Gradient in Richtung der Normalen
lg	Logarithmus zur Basis 10
ln	„natürlicher" Logarithmus zur Basis e

Häufig gebrauchte Indices, insbesondere bisher nicht genannte:

a	außen
ab	abgegeben
$äq$	äquivalent, gleichwertig
eff	effektiv, wirksam
f	feucht
ges	gesamt
i	innen
k	konvektiv
max	Höchstwert
min	Tiefstwert
o	an der Oberfläche, am Weganfang
s	Strahlung
t	trocken

221

Zeichen	Benennung
v	Verdunstung
z	am Wegende
1	am Punkt 1
2	am Punkt 2
B	nach Bidlot und Ledent
D	Dampf
K	Kohle; nach König
L	Luft; Lutte
R	resultierend; Richt-; Rohfördermenge

Schrifttumsverzeichnis

I. Arbeitsphysiologie, Klimasummenmaße

1. *Yaglou, C. P.:* Temperature, humidity and air movement in industries: The effective temperature index. J. Ind. Hyg. 9 (1927) S. 297/309.

2. *Belding, H. S., et T. F. Hatch:* Index for evaluating heat stress in terms of resulting physiological strains. Heat., Pip., Air Cond. 27 (1955) S. 129/36.

3. *Spitzer, H., et T. Hettinger:* Tafeln für den Kalorienumsatz bei körperlicher Arbeit. Verband für Arbeitsstudien Refa e.V., Darmstadt, 1958.

4. *Brüner, H.:* Arbeitsmöglichkeiten unter Tage bei erschwerten klimatischen Bedingungen. Int. Z. Phys. 18 (1959) S. 31/61.

5. *Hollmann, F.:* Der Einsatz von Grubenwehren unter extremen Temperaturverhältnissen. Dräger-Hefte April/Juli 1960, Nr. 239, S. 5251/61.

6. *Sieber, W.:* Die körperliche Belastung des Bergmannes in unterschiedlich mechanisierten Abbaubetriebspunkten des Steinkohlenbergbaus. Glückauf 99 (1963) S. 65/75.

7. *Wenzel, H. G.:* Möglichkeiten und Probleme der Beurteilung von Hitzebelastungen des Menschen. Arbeitswiss. 3 (1964) S. 73/81.

8. *Wyndham, C. H.:* A survey of the causal factors in heat stroke and their prevention in the gold mining industry. J. S. Afric. Inst. Min. Met. 66 (1965/66) S. 125/55, S. 245/59.

9. *Menzel, H.:* Häufung schädlicher Einflüsse bedroht die Gesundheit der Bergleute. Gewerksch. Rundschau 20 (1967) S. 445/46.

10. *Wenzel, H. G.:* Untersuchungen zur Frage der Skalierung von Hitzebelastungen des Menschen. Kongreßbericht über d. III. Tagung der Deutsch. Tropenmedizinischen Ges. e.V., Hamburg, 1967. München–Berlin–Wien, Urban u. Schwarzenberg, 1968, S. 299/315.

11. *Wenzel, H. G.:* Formen der Überbeanspruchung des thermoregulatorischen Systems des Menschen. Arb.med. Soz.med. Arb.hygiene 4 (1969) H. 8, S. 216/19.

12. *Schulze — Temming — Hanhoff, J.:* Untersuchungen über die Grenze zumutbarer Belastung des Menschen durch Klima und Arbeit im Steinkohlenbergbau. Glückauf-Forsch.-H. 31 (1970) S. 182/95.

13. *Weuthen, P.:* Bewertung und Messung des Klimas oberhalb des Behaglichkeitsbereiches. Kältetechnik-Klimatisierung, Jahrg. 23 (1971) H. 11 S. 318/26.

14. *Fanger:* Thermal Comfort. Mc Graw — Hill Book Company New York u. a., 1972.

15. *Wenzel, H. G.:* Arbeitswissenschaftlich gesicherte Erkenntnisse über klimatische Belastungen des Menschen. Institut f. angew. Arb.wiss. e.V. Sonder-Nr. 39/2, Nov. 1973.

16. *Precht, Christophersen, Hensel* et *Larcher:* Temperature and Life. Springer-Verlag 1973.

17. Bergverordnung über den Schutz der Gesundheit gegen Klimaeinwirkungen im Erz- und Salzbergbau (Klimaverordnung). Vom 10. Dezember 1975. Erlassen vom Oberbergamt Clausthal-Zellerfeld.

18. Bergverordnung des Landesoberbergamtes Nordrhein-Westfalen zum Schutz der Gesundheit gegen Klimaeinwirkungen im Steinkohlenbergbau (Klimaverordnung) vom 3. Febr. 1977.

19. *Hettinger, T., Müller, B.* et *G. Eissing:* Klima. Symposium 1978. G. H. Wuppertal. Leser-Service der Zeitschrift für Arbeitswiss., 1980.

20. *Eissing, G., et T. Hettinger:* Belastungsgrenzen bei Hitzearbeit. Z. Arb.wiss. 33 (5 NF) 1979/4. S. 224/28.

21. *Wenzel, H. G.:* Klima und Arbeit. Bayer. Staatsministerium für Arbeit u. Soz., München 1980.

II. Klimavorausberechnung

22. *Stoces* et *Cernik:* Bekämpfung hoher Gebirgstemperaturen. Springer-Verlag, Berlin 1931.

23. *Batzel, S.:* Die Ermittlung thermischer Werte in Grubenbauen und ihre Verwendung für die mathematische Lösung klimatischer Probleme. Bergbau-Archiv 13 (1952) H. 3/4, S. 15/34.

24. *Krischer, O.,* et *K. Kröll:* Trocknungstechnik. Bd. 1. Springer-Verlag, 1956.

25. *Gröber, H.,* et *S. Erk:* Die Grundgesetze der Wärmeübertragung. 3. Auflage. Springer-Verlag, 1957.

26. *Scerban* et *Kremnev:* Die wissenschaftlichen Grundlagen der Berechnung und Regelung der Wärmeverhältnisse in tiefen Gruben (in russ. Sprache). Kiew, Verlag AN Ukrain. SSR, 1959.

27. *Reuther, E. U.:* Untersuchungen zur Frage des Einflusses der Wärmeabgabe elektrischer Betriebsmittel auf die Trockentemperatur und den Wärmeinhalt der Wetter in Abbaubetrieben des westdeutschen Steinkohlenbergbaus. Diss. TH Aachen, 1959.

28. *Jones, C.,* et *Sheila E. H. Shuttleworth:* Air temperature at the discharge end of a leakless, forcing ventilation during the driving of a heading. M.R.E. Report No. 2162, 1960 Research Programme.

29. *Timmer, K.:* Untersuchungen über den Einfluß der Wasserverdunstung auf die Wettererwärmung und die Bildung des Wärmeausgleichsmantels. Diss. TH Aachen, 1961.

30. *Michejew:* Grundlagen der Wärmeübertragung. Berlin, VEB Verlag Technik, 1962.

31. *Mücke, G.:* Untersuchungen über die Wärmeleitfähigkeit von Karbongesteinen und ihre Beeinflussung durch Feuchtigkeit im Zusammenhang mit der Wärmeübertragung des Steinkohlengebirges an die Grubenwetter. Diss. TH Aachen, 1962.

32. *Voß, J.:* Untersuchungen über Wärmeübertragungsvorgänge an feuchten, überströmten Schüttgütern und deren Einfluß auf das Grubenklima im Steinkohlenbergbau. Diss. TH Aachen, 1963.

33. *Mücke, G.:* Die Wärmeleitfähigkeit von Karbongesteinen und ihr Einfluß auf das Grubenklima. Bergbau-Archiv 25 (1964) Nr. 2, S. 35/58.

34. *Voß, J.:* Beitrag zur Vorausberechnung der Erwärmung und der Wasserdampfaufnahme der Wetter in Steinkohlenbergwerken. Glückauf-Forsch.-H. 26 (1965) S. 187/98.

35. *Jordan, D. W.:* The numerical solution of underground heat transfer problems. Part. III. The calculation of temperature distribution in dry and wet force-ventilated headings. Int. J. Rock. Mech. Min. Sci., Vol. 2, pp. 365/87, 1965.

36. *Starfield, A. M.:* The computation of temperature increases in wet and dry airways. J. Mine Vent. Soc. S. Africa 19 (1966) S. 157/65.

37. *Tarjan, I.:* Windkanalventilation in Ortsvortrieben warmer Bergwerke. Acta Technica Academiae Scientiarum Hungaricae 53 (1966), S. 257/73.

38. *Reifgerste, K.:* Untersuchungen über Gebirgs- und Wettertemperaturen im Steinkohlenbergbau und daraus abgeleitete Näherungsverfahren für die Vorausberechnung. Diss. TU Clausthal, 1967.

39. *Kempf, E.:* Zur Berechnung der Wettertemperatur in sonderbewetterten Grubenbauen. Dissertation BA Freiburg, 1967.

40. *Lindemaier, G.:* Beitrag zur Frage der Vorausberechnung der Auswirkung klimatischer Maßnahmen in tiefen Gruben bergbaulicher Betriebe mittels eines hierfür entwickelten kombinierten Analogrechners-Analogmodells. Diss. TH Aachen, 1968.

41. *Voß, J.:* Ein neues Verfahren zur Klimavorausberechnung in Steinkohlenbergwerken. Glückauf-Forsch.-H. 30 (1969) S. 321/31.

42. *Sadee, C. P. M.:* Klimaatbeheersing in de Steenkolenmijnbouw. Proefschrift TH Delft, 1969.

43. *Voß, J.:* Die Bestimmung wärmetechnischer Kenngrößen in Abbaustrecken und Streben. Glückauf 106 (1970) Nr. 5, S. 215/20.

44. *Marzilger, B.:* Eine analytische Untersuchung über die Beeinflussung der Grubenwetter durch molekulare Transportvorgänge im Gebirge. Diss. TU Berlin, 1970.

45. *Voß, J.,* et *G. Schnitters:* Klimavorausberechnung für sonderbewetterte Grubenbaue und Tunnel. Glückauf-Forsch.-H. 32 (1971) S. 109/21.

46. *Voß, J.:* Klimavorausberechnung für Abbaubetriebe. Glückauf 107 (1971) S. 412/18.

47. KEG-Forschungshefte Kohle, Heft Nr. 43: Verbesserung des Grubenklimas in Abbaubetrieben des Steinkohlenbergbaus. Luxemburg, 1972.

48. *Mohamed, S. A.:* Untersuchungen über die Wärme- und Wasserdampfaufnahme der Grubenwetter und Bestimmung von Kenngrößen für die Klimavorausberechnung im Abbau unter besonderer Berücksichtigung der zeitlichen Schwankungen von Temperatur und Wasserdampfgehalt. Diss. TU Clausthal, 1972.

49. *Marzilger, B.,* et *B. Wagener:* Eine numerische Lösung zur Berechnung des wärmetechnischen Altersbeiwertes mit Fehlerabschätzung. Glückauf-Forsch.-H. 33 (1972), S. 134/43.

50. *Voß, J.:* Kenngrößen für die Klimavorausberechnung. Glückauf 109 (1973) H. 13, S. 675/81.

51. Steinkohlenbergbauverein Essen. Synthesebericht über das KEG-Forschungsvorhaben: Verbesserung der klimatischen Bedingungen in den Abbaubetrieben. Synthesebericht 1971/74.

52. *Hermanns, K.:* Rechenprogramm zur Bestimmung der Wärme- und Wasserdampfabgabe der Förderkohle auf Stetigförderern. Glückauf-Forsch.-H. 37 (1976), H. 5, S. 209/15.

53. Steinkohlenbergbauverein Essen. Synthesebericht über das KEG-Forschungsvorhaben: Klimatisierung im Abbau. Synthesebericht 1974/77.

54. Bericht über das Forschungsvorhaben: Steinkohlenbergwerk der Zukunft (BMFT). Teilprojekt: Grubenklima. Bearbeitung des Teilprojektes durch Institut für Bergbaukunde I der RWTH Aachen. Bearbeitungszeitraum: 1. 4. 1976 bis 30. 6. 1977.

55. *Aner, L., D. Krause* et *J. Schmidt:* Untersuchungen zur Präzisierung der Klimavorausberechnungen für trockene Gruben. XVII Intern. Konferenz für Grubensicherheit, Varna, 1977.

56. *Whittaker, D.:* Heat emission in longwall coalmining. Paper presented at the Second International Mine Ventilation Congress, Reno, Nov. 1979 (138).

57. *Schnitters, G.:* Ein neues EDV-Programm zur Klimavorausberechnung für sonderbewetterte Streckenvortriebe. Glückauf-Forsch.-H. 41 (1980) H. 5, S. 197/203.

58. *Browning, E. J.,* et *R. A. Burell:* Untersuchungen über die Wärmeabgabe aus Abbaubetrieben bei gemäßigten Gesteinstemperaturen. Vortrag. Informationstagung Luxemburg, 1980 (139).

59. *Voß, J.:* Bestimmung der äquivalenten Wärmeleitfähigkeit für Streben. Glückauf 117 (1981) H. 2, S. 59/64.

III. Klimamessung, Gebirgstemperaturen u. ä.

60. *Fritz, W.:* Allgemeiner Überblick über das Verhalten der Wärme- und Temperaturleitfähigkeit von Kohle. Forsch.Geb.Ing.Wes. Bd. 14 (1943) S. 1/10.

61. *Weuthen, P.:* Das ix-Diagramm und seine Anwendung bei grubenklimatischen Untersuchungen. Glückauf 90 (1954) S. 311/15.

62. *Weuthen, P.:* Die Bestimmung der Feuchtigkeit in Grubenwettern. Schlägel und Eisen 1956, Heft 5, S. 292/99.

63. *Jahns, H.,* et al.: Richtlinien für die Ermittlung der natürlichen Gebirgstemperatur. Mitteilung an das Markscheidewesen 1956, S. 174/84.

64. *Weuthen, P.:* Die wärmetechnischen Eigenschaften von einigen Naturgesteinen. Kältetechnik 17 (1965) H. 8, S. 243/47.

65. *Creutzburg, H.:* Bestimmung thermischer Stoffwerte von Salzgesteinen und Nebengesteinen. Kali u. Steinsalz, Bd. 4 (1965), H. 5, S. 170/72.

66. *Voß, J.:* Die Bestimmung thermischer Kenngrößen aus Messungen über die Wärmeaufnahme der Wetter und die Auskühlung des Gebirges um einziehende Wetterwege. Glückauf-Forsch.-H. 28 (1967), H. 2, S. 67/80.

67. *Reifgerste, K.:* Gebirgstemperaturen im Steinkohlenbergbau und ihre Vorausberechnung. Bergbauwiss. 15 (1968) H. 4, S. 121/28.

68. *Weuthen, P.,* et *P. Chatel:* Ein Gerät zur Messung und Aufzeichnung von Temperatur und Feuchtigkeit der Grubenwetter. Glückauf-Forsch.-H. 32 (1971) S. 229/36.

69. *Voß, J., P. Hubig* et *G. Schnitters:* Ergebnisse von Klimamessungen in Abbaubetrieben des bundesdeutschen Steinkohlenbergbaus. Glückauf 109 (1973) H. 4, S. 256/64.

70. *Weuthen, P.,* et *B. Marzilger:* Das hx-Diagramm für Grubenwetter im Internationalen Einheitssystem. Glückauf-Forsch.-H. 35 (1974) H. 1, S. 11/14.

71. *Voß, J.:* Klimatische und wärmetechnische Untersuchungen beim maschinellen Auffahren von Gesteinsstrecken. Glückauf 111 (1975) H. 4, S. 161/69.

72. Bericht über das Forschungsvorhaben: Steinkohlenbergwerk der Zukunft (BMFT). Teilprojekt: Lagerstätte. Förderungszeitraum: 1. 1. 75 bis 31. 3. 78. Bearbeitung durch Bergbau-Forschung GmbH, Essen.

73. *Schlotte, W.:* Klimatische Untersuchungen in Streckenvortrieben mit Teilschnitt-Vortriebsmaschinen. Glückauf-Forsch.-H. 41 (1980) H. 4, S. 139/44.

74. *Voß, J.,* et *G. Schnitters:* Ergebnisse von Klimamessungen der deutschen Steinkohlenbergwerke im Sommer 1978. Glückauf 116 (1980) H. 11, S. 552/61.

75. *D'Albrand, N.,* et *J. Profizi:* Parameter für die Klimavorausberechnung in neuen Feldesteilen. Vortrag Informationstagung Luxemburg, 1980 (139).

76. *Voß, J.:* Wettertechnische Maßnahmen zur Bewältigung grubenklimatischer Probleme. Glückauf 117 (1981) H. 3, S. 124/31.

IV. Klimabeeinflussung ohne Wetterkühlung

77. *Voß, J.:* Einfluß der Wärmeabgabe von Förderkohle und Versatzbergen auf das Klima im Abbau. Glückauf 100 (1964) S. 329/37.

78. *Linsel, E.,* et *P. Weuthen:* Klimatisierung von Bergwerken. Sonderdruck aus: Handbuch der Kältetechnik von R. Plank, Bd. 12, Springer-Verlag, 1967.

79. *Mücke, G.:* Klimatisierung mechanisierter Abbaubetriebe bei hohen Gebirgstemperaturen. Glückauf 107 (1971) S. 169/75.

80. *Mücke, G.,* et *J. Voß:* Climatic Conditions on Deep Mechanized Faces. Colliery Guardian 219 (1971) S. 281/88.

81. *Voß, J.:* Klimaverbesserung durch Blasversatz. Glückauf 110 (1974) H. 4, S. 121/25.

82. *Voß, J.:* Der Einfluß der Streblänge auf die Wettererwärmung im Streb bei konstanter Rohfördermenge. Glückauf 110 (1974) H. 12, S. 478/79.

83. *Voß, J.:* Control of the mine climate in deep coal mines. Proceedings International Mine Ventilation Congress. Johannesburg 1975. J. G. Ince and Son (Pty.) Ltd.

84. *Weuthen, P.,* et *G. Schnitters:* Die Beeinflussung des Grubenklimas durch Abbaustreckenbegleitdämme aus Blitzdämmer. Glückauf 111 (1975) S. 510/13.

85. *Dohmen, A.:* Untersuchung über klimatische Grenzen der Betriebskonzentration in Abbaubetrieben des deutschen Steinkohlenbergbaus. Diss. TH Aachen, 1977.

86. *Voß, J.:* Beherrschung der Ausgasung und des Grubenklimas durch W-Bewetterung. Teil 2: Grubenklima. Bergbau 30 (1979) H. 3, S. 148/53.

V. Klimatisierung durch Wetterkühlung

87. *Houberechts, A., F. Lavenne* et *J. Patigny:* Le travail humain aux températures élevées. Maroc-Medical, Nr. 395-37-58, S. 328/45.

88. *Hoffmann, W.:* Die Verbesserung des Grubenklimas mit Hilfe von Klimaanlagen. Glückauf 95 (1959) H. 1, S. 30/46.

89. *Weuthen, P.:* Verfahren der Grubenwetterkühlung. Glückauf 98 (1962) H. 13, S. 731/40.

90. *Weuthen, P.:* Auswahl und Bewertung von Wetterkühlern. Glückauf 105 (1969) H. 6, S. 251/59.

91. *Frycz, A.:* Klimatisierung von Gruben (in poln. Sprache). Kattowitz, Verlag Slask, 1969.

92. *Weuthen, P.:* Die Ableitung der in Wetterkühlanlagen anfallenden Wärme. Glückauf-Forsch.-H. 34 (1973) H. 6, S. 221/27.

93. Lehrbuch der Klimatechnik, Bd. 1, Grundlagen. Verlag C. F. Müller, Karlsruhe, 1974.

94. ASHRAE. Handbook of Fundamentals. American Society of Heating, Refrigeration and Air-Conditioning Eng., New York, 1974.

95. *Stroh, R. M.:* The refrigeration systems on Western Deep Levels, Limited. J. Mine Vent. Soc. S. Afric. 27 (1974) Nr. 1, S. 7/18.

96. *Glodek, E.:* Wärmedurchgangszahl und Leistungsverlust eines Wetterkühlers bei Staubbelastung. Glückauf-Forsch.-H. 36 (1975) S. 180/84.

97. *Weuthen, P.:* Air coolers in mines with moist and warm climatic conditions. Proceedings International Mine Ventilation Congress. Johannesburg 1975. J. G. Ince and Son (Pty.) Ltd.

98. *von Cube, H. L.:* Lehrbuch der Kältetechnik, Bd. 1. Verlag C. F. Müller, Karlsruhe, 1975.

99. *Altena, H., M. Gonswa* et *L. Ratmer:* Strebklimatisierung durch Tiefkühlung der Wetter. Glückauf-Forsch.-H. 37 (1976) H. 6, S. 235/42.

100. *Voß, J.:* Klimatisierung im Grubenbetrieb. Glückauf 112 (1976) S. 961/69.

101. *Mücke, G., J. Voß* et *P. Weuthen:* Wetter- und Klimatechnik im südafrikanischen Goldbergbau. Glückauf 112 (1976) S. 1364/74.

102. *Feckler, W.:* Grubenklimatisierung auf der Zeche Consolidation mit einer Großkälteanlage unter Tage. Glückauf 114 (1978) S. 1027/32.

103. *Voß, J.:* Aktuelle Ergebnisse grubenklimatischer Forschungsarbeit. Glückauf-Forsch.-H. 39 (1978) S. 270/74.

104. *Macke — Eckert — Pohlmann:* Taschenbuch der Kältetechnik. Verlag C. F. Müller, Karlsruhe, 16. Aufl., 1978.

105. Steinkohlenbergbauverein Essen. Abschlußbericht über das Forschungsvorhaben „Zentrale Wetterkühlanlage über Tage" (NW, BMFT) 1978.

106. *Uhlig, H.:* Untersuchungen zum Betriebsverhalten hochberippter Lamellenrohr-Kühler in der Klimatechnik. Diss. TH Aachen, 1978.

107. *Bluhm, S. J.,* et *A. Whillier:* The design of spray chambers for bulk cooling of air in mines. J. of the South African Institute of Min. and Met. Vol. 79, Nr. 1, August 1978.

108. *Potthoff, A.:* Versuche zur Klimatisierung von Großlademaschinen im Kalibergbau Niedersachsens. Kali und Steinsalz, Bd. 7 (1978) H. 6, S. 234/41.

109. *Mücke, G.,* et *J. Voß:* Das Klima- und Wetterkühltechnikum der Bergbau-Forschung GmbH. Glückauf 115 (1979) H. 2, S. 56/63.

110. *Voß, J.:* Berechnungsgrundlagen für die Kosten von Wetterkühlanlagen im Steinkohlenbergbau. Glückauf 115 (1979) H. 4, S. 152/55.

111. *Voß, J.:* Wärmetechnische Berechnung und Kostenrechnungen für zentrale Wetterkühlanlagen großer Leistung. Glückauf-Forsch.-H. 40 (1979) H. 4, S. 158/63.

112. *Recknagel* et *Sprenger:* Taschenbuch für Heizung und Klimatechnik. Verlag Olden-
bourg, München, Wien 1979.

113. Forschungsbericht „Humanisierung des Arbeitslebens" (BMFT). Vergleichende Untersuchung der im HdA-Programm geförderten Bergbau-Klimavorhaben. Institut für Bergbaukunde I der RWTH Aachen. September 1980.

114. *Voß, J.:* Klimaplanung für sonderbewetterte Grubenbaue. Glückauf-Forsch.-H. 41
(1980) H. 6, S. 233/37.

115. *Mücke, G., E. Glodek* et *H. Uhlig:* Die Kühlleistung von Streb- und Streckenkühlern.
Glückauf 116 (1980) H. 21, S. 1095/1104.

116. *Hamm, E.:* Grubenklimatisierung mit Zentralkälteanlagen. Vortrag. Informationstagung Luxemburg, 1980 (139).

VI. Kühlkleidung

117. *Strydom, N. B., Mitchell, D., van Rensburg, A. J.,* et *C. H. van Graan:* The physical
aspects of microclimate suits. Chamber of Mines of South Africa Research Organisation.
Research Report No. 50/72.

118. Offenlegungsschrift 2 419 524: Gas-Wärme-Schutzanzug (aus der Sowjetunion).

119. Autorenkollektiv: Grubenwehreinsätze bei hohen Temperaturen. Fachbuchverlag
GmbH, Leipzig 1953.

120. *Crockford, G. W.,* et *Lee, D. E.:* Heat-protective ventilated jackets: A comparison of
humid and dry ventilated air. British J. Industr. Med., vol. 24, 1967, pp. 52/59.

121. *Sarah A. Nunneley:* Water Cooled Garments: A Review. Space Life Sciences 2 (1970)
S. 335/60.

122. *Petit, J. M., Hausman, A., Pirnay, F.,* et *R. Deroanne:* A Refrigerated Suit. Arch. Envi-
ron. Health-Vol 20, Feb. 1970, S. 274/76.

123. Research aids deep level mine productivity. aus: coal gold and base minerals of sout-
hern africa. 66 — october 1978.

124. *Konz, S., C. Hwang, R. Perkins* et *S. Borell:* Personal Cooling with dry Ice. American
Industrial Hygiene Association Journal, March 1974.

125. *van Graan, C. H.:* A Cooling Suit for Use in Hot Environments in Gold Mines. Proceedings International Mine Ventilation Congress, Johannesburg 1975, S. 277/87.

126. *Strydom, N. B., Benade, A. J. S.,* et *W. H. van der Walt:* The Performance of the Im-
proved Microclimate Suit. Journal of the South African Institute of Mining and Metall-
urgy. August 1975, S. 329/33.

127. *De Rosa, M. I.,* et *R. L. Stein:* An Ice Cooling Garment for Mine Rescue Teams. Report of Investigations 8139/1976. U.S.-Department of the Interior, Bureau of Mines.

128. *Pasternack, A.:* Die Kühlweste — Ein weiterer Schritt in der Humanisierung des Arbeitslebens. Drägerheft 310, S. 17/24.

129. *Stein, R. L.:* Personal Cooling Systems for Mine Rescue. Bureau of Mines Research
1977, U.S.-Department of the Interior, S. 75 und 131.

130. *Webbon, B.,* et al.: A Portable Personal Cooling System for Mine Rescue Operations.
Paper No. 77-ENAS-53. Transactions of the ASME (Americ. Soc. of Mechan. Eng.), 1977.

131. *Mairiaux, P.,* et al.: Evaluation des effets d'un vêtement refroidissant sur l'adaption
aux efforts prolongés réalisés à haute température par des ouvriers mineurs. Rev. Inst.
Hyg. 32 (1977), Nr. 3.

132. *Schutte, P. C., Rogers, G. G., van Graan, C. H.,* et *N. B. Strydom:* Heat acclimatisation by a method utilizing microclimate cooling. Aviation, Space, and Environmental Medicine. May, 1978.

133. *Barlow, G. F.:* The Development of Portable Coolers for the Liquid Conditioned Suit. Royal Aircraft Establishment, Technical Report 74114, October 1974.

134. *Hausman, A.,* et *J. M. Petit:* Lichamelijke arbeid in een warme omgeving in de steenkohlenmijnen. Annales des Mines de Belgique, Nov. 1978, S. 1110/29.

VII. Verschiedenes, insbesondere Kongreßberichte

135. Allgemeines Berggesetz für die Preußischen Staaten vom 24. Juni 1865. (Erst durch die Novelle vom 14. Juli 1905, Art. II, wurden die Vorschriften der §§ 93a bis e eingefügt).

136. The Ventilation of South African Gold Mines. MVS of SA, Cape Town 1974.

137. Proceedings, International Mine Ventilation Congress, Johannesburg 1975.

138. Second International Mine Ventilation Congress Reno 1979.

139. Informationstagung Grubengas, Grubenklima und Wetterführung im Steinkohlenbergbau der Europäischen Gemeinschaften. Luxemburg, 4. bis 6. Nov. 1980, Bd. 1. Verlag Glückauf, Essen 1980.

Nachtrag zu V.

140. *Rauß, B.:* Kälteanlagen zur Bewältigung grubenklimatischer Probleme. Glückauf 117 (1981), H. 3, S. 131/40.

GLÜCKAUF-BETRIEBSBÜCHER

Lieferbare Bände dieser Schriftenreihe:

VERLAG GLÜCKAUF GMBH · POSTFACH 10 39 45 · D-4300 ESSEN 1